中等职业学校规划教材

化妆品生产工艺

HUAZHUANGPIN SHENGCHAN GONGYI

李冬梅　胡芳　主编

化学工业出版社

·北京·

全书共三个部分十二章。基础部分是化妆品的基础理论，包括绪论，化妆品与皮肤、毛发和牙齿科学，表面活性剂理论，化妆品原料；专业部分是典型化妆品的生产，包括乳液及膏霜类护肤化妆品、洁面化妆品、水剂类化妆品、沐浴及洗发用品、粉剂类化妆品；拓展部分是其他一些常见化妆品的生产，包括护发及美发用品、美容化妆品、口腔卫生用品。

本教材共设计了8个实训项目，在完成实训项目过程中，学习者经过“明确学习任务、获取信息、制定计划、确定工作方案、实施方案、评价和反馈”等这一完整的工作过程，不但可学会制备膏霜乳液类、液洗类、水剂类、粉剂类等典型化妆品，还可培养独立学习、独立思考的能力。

本书可作为中等职业学校精细化工专业及其他相关专业的教材，也可供从事化妆品研究、开发、生产和管理的人员阅读。

图书在版编目（CIP）数据

化妆品生产工艺/李冬梅，胡芳主编．—北京：化学工业出版社，2009.12（2018.7重印）
中等职业学校规划教材
ISBN 978-7-122-06969-6

Ⅰ．化…　Ⅱ．①李…②胡…　Ⅲ．化妆品-生产工艺-中等学校-教材　Ⅳ．TQ658

中国版本图书馆CIP数据核字（2009）第195653号

责任编辑：旷英姿　　文字编辑：颜克俭
责任校对：李　林　　装帧设计：史利平

出版发行：化学工业出版社（北京市东城区青年湖南街13号　邮政编码100011）
印　　装：三河市延风印装有限公司
787mm×1092mm　1/16　印张15¼　字数382千字　2018年7月北京第1版第3次印刷

购书咨询：010-64518888（传真：010-64519686）　售后服务：010-64518899
网　　址：http://www.cip.com.cn
凡购买本书，如有缺损质量问题，本社销售中心负责调换。

定　　价：25.00元

前　言

化妆品是日常生活用品。随着人们物质和文化生活水平的普遍提高，人们对化妆品的需求量越来越大，质量要求也越来越高。这对化妆品生产从业人员的数量和质量都提出了更高的要求。传统的先理论后实践的教学模式，已不能适应社会发展的要求，为更好地完成培养生产一线技能人才的任务，本书在编写过程中，打破常规，借鉴了当今在职业教育中较实用的学习领域课程教学模式，广泛收集近年来国内外一些科技文献资料，把化妆品按剂型及生产工艺特点分类，结合每类产品的生产过程，在讲述理论的基础上开设一系列典型的实训项目，让学习者在完成实训项目的同时学会如何工作，并通过完成典型产品的生产掌握产品的配方组成、配制原理、生产工艺流程及工作的一般思路。本书主要有以下特点。

按产品的剂型及生产工艺特点划分章节，更有利于学习。化妆品的种类繁多，分类方法也较多。传统的化妆品书籍是按化妆品的使用功能划分的，本书则是按产品的生产工艺特点把化妆品分为膏霜乳液类、液洗类、水剂类、粉剂类等，这种分类方法更有利于学习者的学习，可起到举一反三、触类旁通的效果。

突出做学一体化，以完成工作任务（实训项目）引领教学。对于每个实训项目，本书并未写出操作步骤，有的甚至无产品配方，目的是要让学习者经过“明确学习任务、获取信息、制定计划、确定工作方案、实施方案、评价和反馈”等这一完整的工作过程，培养独立学习、独立思考的能力，进而达到培养职业能力所要求的方法能力及关键能力的目的。

本书共三个部分十二章。基础部分是化妆品的基础理论，包括绪论，化妆品与皮肤、毛发和牙齿科学，表面活性剂理论，化妆品原料；专业部分是典型化妆品的生产，包括乳液及膏霜类护肤化妆品、洁面化妆品、水剂类化妆品、沐浴及洗发用品、粉剂类化妆品；拓展部分是其他一些常见化妆品的生产，包括护发及美发用品、美容化妆品、口腔卫生用品。本教材共设计了8个实训项目，通过完成实训项目，可学会制备膏霜乳液类、液洗类、水剂类、粉剂类等典型化妆品。

本书由李冬梅（广州市信息工程职业学校）、胡芳（广东省石油化工职业技术学校）主编，崔笔江（广东省石油化工职业技术学校）参编。第一章、第四章、第五章、第十一章及第十二章由李冬梅编写，第二章、第六章、第七章及第九章由胡芳编写，第三章、第八章及第十章由崔笔江编写，全书由李冬梅统稿。在编写过程中得到了化学工业出版社的大力支持和帮助，在此特别表示感谢。由于作者水平和经验有限，书中难免有不妥之处，恳请读者和同行专家批评指正。

编者

2009.9

目　录

基础部分

专业部分

拓展部分

基础部分

第一章 绪　论

学习目标及要求：

1. 能叙述化妆品的定义。
2. 能解释化妆品的作用。
3. 能概述化妆品的类别。

随着人们生活水平的提高，人们对化妆品的需求量越来越大，对化妆品的品质和功能要求也越来越高，化妆品已是人们日常生活中不可缺少的一部分，这无疑加快了我国化妆品工业的迅速发展。化妆品行业具有鲜明的特点：化妆品工业是综合性较强的技术密集型工业，涉及面广，要求多门学科知识相互配合，并综合运用，才能生产出优质、高效的化妆品；化妆品的生产一般不经过化学反应过程，而是将各种原料经过混合，使之产生一种制品的性能，故掌握复配技术，是改善制品性能、提高产品质量的一个重要方面；化妆品属于流行产品，更新换代特别快；化妆品大多是直接与人的皮肤长时间连续接触的，质量和安全尤为重要。

一、化妆品的定义及作用

1. 定义

广义地说，化妆品是指化妆用的物品。不同的国家对化妆品的定义有所不同。按照我国《化妆品卫生监督条例》中的规定，化妆品是指以涂擦、喷洒或其他类似的方法，散布于人体表面任何部位（皮肤、毛发、指甲、口唇等）以达到清洁、消除不良气味、护肤、美容和修饰目的的日用化学工业产品。

化妆品对人体的作用必须是缓和、安全、无毒、无副作用，并且主要以清洁、保护、美化为目的。应当指出，我国《化妆品卫生监督条例》中规定的“特殊用途化妆品”，是指用于育发、染发、烫发、脱毛、美乳、健美、除臭、祛斑、防晒等目的的化妆品。无论是化妆品，或是特殊用途化妆品都不同于医药用品，其使用目的在于清洁、保护和美化修饰方面，并不是为了达到影响人体构造和机能的目的。为方便起见，常将化妆品和特殊用途化妆品统称为化妆品。

2. 作用

化妆品的作用主要体现在以下 5 个方面。

（1）清洁作用　祛除皮肤、毛发、口腔和牙齿上面的脏物。如清洁霜、清洁奶液、净面面膜、清洁用化妆水、泡沫浴液、洗发香波、牙膏等。

（2）保护作用　保护皮肤及毛发，使其滋润、柔软、光滑、富有弹性，抵御寒风、烈日、紫外线辐射等的损害。如雪花膏、润肤露、防晒霜、润发油、护发素。

（3）营养作用　补充皮肤及毛发营养，增加组织活力，保持皮肤角质层的含水量，减少皮肤皱纹，减缓皮肤衰老以及促进毛发生理机能，防止脱发。如人参霜、维生素霜、珍珠霜、营养面膜、生发水、药性发乳、药性头蜡等。

（4）美化作用　美化皮肤及毛发，使之增加魅力，或散发香气。如香粉、胭脂、发胶、唇膏、香水等。

（5）防治作用　预防或治疗皮肤及毛发、口腔和牙齿等部位影响外表功能的生理病理现象。如雀斑霜、粉刺霜、药物牙膏、生发水、祛臭剂等。

二、化妆品的分类

化妆品种类繁多，其分类方法也五花八门。如按剂型分类、按内含物成分分类、按使用部位分类、按使用目的分类、按使用者年龄或性别分类等。

1. 按剂型分类

即按产品的外观性状、生产工艺和配方特点分类。共 15 类，如水剂、油剂、乳剂、粉状、块状、悬浮状、表面活性剂溶液类、凝胶状、气溶胶、膏状、锭状、笔状、蜡状、薄膜状、纸状等。

此种分类方法有利于化妆品生产装置的设计和选用、产品规格标准的确定以及分析试验方法的研究，对生产和质检部门进行生产管理和质量检测是有利的。

2. 按使用部位分类

（1）皮肤用化妆品　指皮肤及面部用化妆品。有洁肤用品如洗面奶、清洁霜、磨砂膏；有护肤用品如雪花膏、润肤乳液、护肤水、保湿霜等；有美肤用品如香粉、胭脂、美白霜等。

（2）发用化妆品　指头发专用化妆品。有洗发香波、洗发膏等；有护发用品如护发素、发乳、发油、焗油等；有美发用品如摩丝、烫发液、染发剂、漂白剂等。

（3）唇、眼用化妆品　指唇及眼部用化妆品。唇部用品如唇膏、唇线笔、亮唇油等。眼部用品有眼影粉、眼影液、眼线液、眼线笔、眉笔、睫毛膏等。

（4）指甲用化妆品　有指甲上色用品如指甲油、指甲白等；有指甲修护用品如去皮剂、柔软剂、抛光剂、指甲霜等；有卸除用品如去光水、漂白剂等。

此种分类较直观，有利于配方研究过程中原料的选用、有利于消费者了解和选用化妆品，但不利于生产设备、生产工艺条件和质量控制标准等的统一。

3. 按功能分类

（1）洁肤化妆品　能去除污垢、洗净皮肤而又不伤害皮肤的化妆品，如清洁霜、洗面奶、浴液、香波、清洁面膜、洁面乳、洁面水、洁面凝膏、磨面膏、去死皮膏、洗手膏、去痱水、去甲水、卸装液等。

（2）护肤化妆品　给皮肤及毛发补充水分、油分或养分，具有特殊营养功效的化妆品，如化妆水、润肤露、按摩膏、雪花膏、香脂、保湿霜、营养霜、奶液、蜜、防裂油、精华素、防皱霜、护发素、发油、发乳、护手霜、护足霜、柔肤水、收敛水、紧肤水、保湿平衡霜等。

（3）美容类化妆品　用于眼、唇、颊及指甲等部位，以达到改善容颜的化妆品。如胭脂、唇膏、粉底、眉笔、指甲油、眼影粉、眼影膏、眼线笔、睫毛膏、眼线液、粉饼等。

（4）特殊用途化妆品　用于育发、染发、烫发、脱毛、丰乳、健美、除臭、祛斑、防晒等。

常用化妆品归类见表 1-1 所列。

表 1-1　常用化妆品归类

产品类型		产品举例
一般液态类（不需经乳化的液体类）	护发清洁类	洗发液、洗发膏、浴液、洗手液、发露、发油（不含推进剂）、摩丝（不含推进剂）、梳理剂、洗面奶、液体面膜等
	护肤水类	护肤水、紧肤水、化妆水、收敛水、卸妆水、眼部清洁液、按摩液、护唇液等
	染烫发类	染发剂、烫发剂等
	啫喱类	啫喱水、啫喱膏、美目胶等
膏霜乳液类（需乳化）	护肤清洁类	膏、霜、蜜、香脂、奶液、洗面奶等
	发用类	发乳、焗油膏、染发膏、护发素等
粉类	散粉类	香粉、爽身粉、痱子粉、定妆粉、面膜（粉）等
	块状粉类	胭脂、眼影、粉饼等
气雾剂及有机溶剂类（含推进剂、易燃易爆有机溶剂）	气雾剂类	摩丝、发胶、彩喷等
	有机溶剂类	香水、花露水、指甲油等
蜡基类（主基料为蜡）	—	唇膏、眉笔、唇线笔、发蜡、睫毛膏等
口腔清洁类	—	牙膏、牙粉、漱口剂等

三、化妆品的发展趋势

纵观化妆品的发展历程，1970 年以前化妆品的研究重点是制造产品，20 世纪 80 年代以后步入了人和物相互调和的时代，化妆品的安全性、功效性受到极大的重视，化妆品的研究领域由原来的胶体化学、流变学、统计学扩展到了皮肤学、生理学、生物学、药理学及心理学。20 世纪末已推出了高安全性并具有一定生理学功效的化妆品，如美白、保湿、防衰老、防脱发等产品。进入 21 世纪以后，科学技术的发展推动了社会文明的发展，化妆品类产品也由传统的化妆品转变为现代化妆品，其发展趋势体现在以下几方面。

1. 赋予功能化

人们的美容观念随着时代的进步而发生着变化，已由“色彩美容”转向“健康美容”，要求化妆品在确保安全性的前提下，力求能在皮肤细胞的新陈代谢、保持皮肤生机、延缓衰老等方面取得效果，使化妆品具有一定的疗效性，如抗衰老、祛斑、防晒、美白、保湿等。消费者对功效化妆品的渴求，推动了化妆品的功效评价研究，有利于指导开发功效明确的化妆品，规范功效化妆品的商业宣传，保护消费者的权益。

2. 回归天然性

虽然化学合成产品的大量应用推动了化妆品的发展，但是随之带来的环境污染和毒性作用，以及化妆品的安全性等问题引起了人们的关注，以致对合成产品是否安全产生了疑问，从而“回归大自然”的倾向迅速波及整个化妆品工业。现代的天然化妆品是应用先进的科学技术，通过对天然物的合理选择，对其中有效成分的抽提、分离、提纯和改性，以及和化妆品其他原料的合理配用，调制技术的研究和提高，已使当代的天然化妆品的性状大为改观，不仅具有较好的稳定性和安全性，其使用性能、营养性和疗效性亦有明显提高，在世界范围内已开始进入了一个崭新的发展阶段。

3. 应用高新技术

高新科技为化妆品的功能化提供了切实的保证，高新技术应用于化妆品主要表现在新材料、新技术方面，如生物技术和纳米技术的应用。生物技术的发展对化妆品的发展起了极大的促进作用，这表现在以生物化学和分子生物学的理论，是从分子水平上提示了对皮肤老化、色素形成过程、光毒性机制及营养成分对皮肤的影响等生物化学过程，并从理论上给以科学解释。在此基础上，人们可以依据皮肤的内在作用机制并通过适当的体外模型，有针对性地选择化妆品原料、设计新配方、制得有疗效的化妆品，达到改善或抑制某些不良过程的效果。特别是利用生物技术制得有生理活性的生物制品，如超氧化歧化酶（SOD）、表皮生长因子（EGF）、透明质酸和聚氨基葡萄糖等添加到化妆品中，使化妆品具有某种特殊功能。纳米技术是指创造出体积不超过数百个纳米的细小微粒，其宽度只有几十个原子聚集在一起的宽度。采用纳米技术研制的化妆品，其特点是将化妆品中最具有功效的成分特殊处理成纳米级的微小结构，使之尽量成为超微细粒子而能顺利地渗透到皮肤内层，被吸收后，有效地发挥护肤的疗效作用。最具代表性的是纳米技术与DNA结合，经纳米技术处理的DNA添加于化妆品，已成为化妆品生产中非常新颖的原材料，同时，给予人们新的启发，即应用纳米技术处理其他材料，将会使化妆品原料及生产技术有新的突破。据报道，纳米化妆品最大的突破是解决祛斑顽症，它是将祛斑成分处理成纳米级，使之极易渗透，提高其功效。此外，先进的有效成分提取技术、超微乳化技术、多相乳化技术、微胶囊技术等在化妆品中的应用，可以开发出易于吸收的高质量化妆品。

思考题

1. 何谓化妆品，包括哪些类型？
2. 现代化妆品的发展趋势体现在哪些方面？
3. 化妆品有何作用？
4. 化妆品工业有何特性？

第二章　化妆品与皮肤、毛发和牙齿科学

学习目标及要求：

1. 叙述皮肤的结构和性能。
2. 叙述皮肤的生理功能、皮肤的老化原因及皮肤的保健方法。
3. 叙述皮肤的颜色和着色机理以及由化妆品引起的皮肤疾患。
4. 简单讲述毛发的组织结构及其化学组成。
5. 简单讲述毛发的化学性质及其变化、毛发的生长及其影响因素。
6. 简单讲述牙面沉积物与常见牙病及其预防。

第一节　化妆品与皮肤科学

化妆品大多涂擦在人的皮肤表面，与人的皮肤长时间连续接触。配方合理、与皮肤亲和性好、使用安全的化妆品能起到清洁、保护、美化皮肤的作用；相反，使用不当或使用质量低劣的化妆品，会引起皮肤炎症或其他皮肤疾病。因此，为了更好地研究化妆品的功效，开发与皮肤亲和性好、安全、有效的化妆品，有必要了解有关的皮肤科学。

一、皮肤的结构

皮肤是人体的主要器官之一，它覆盖着全身，与人体的其他器官密切相连。成人的皮肤总面积约为1.5～2.0m^2，重量约占人体总重量的15%，厚度（皮下组织除外）约为0.5～4.0mm。皮肤的厚度依年龄、性别、部位的不同而不同。一般讲女人的皮肤比男人的要薄；眼睑的皮肤最薄，约为0.4mm；臀部、手掌和脚掌的皮肤较厚，约为3～4mm；而儿童特别是婴儿的皮肤要比成年人薄得多，平均只有1mm厚左右。

人的皮肤由外及里共分为3层：最外一层叫表皮；中间一层叫真皮；最里面的一层叫皮下组织。皮肤的结构如图2-1所示。

1. 表皮

表皮是皮肤的最外层，由角化的复层扁平上皮构成。人体各部位的表皮厚薄不等，一般厚度为0.07～0.12mm；手掌和足跖处表皮最厚，为0.8～1.5mm。表皮由两类细胞组成：一类是角朊细胞，占表皮细胞的绝大多数，它们在分化中合成大量角蛋白，使细胞角化并脱落；另一类为树枝状细胞，数量少，分散存在于角蛋白形成细胞之间，包括黑（色）素细胞、郎格汉斯细胞和梅克尔细胞。该类细胞与表皮角化无直接关系。

（1）表皮的分层和角化　根据角朊细胞由基底层逐渐向皮肤表面推移过程发生的变化，表皮由内向外依次可分为5层，即基底层、棘层、颗粒层、透明层及角质层。

① 基底层　是表皮的最里层，由一层矮柱状或立方形的基底细胞组成。基底细胞是未分化的幼稚细胞，代谢活跃，不断进行有丝状分裂，新生的细胞向浅层移动，分化成表皮其余几层的细胞，以更新表皮。基底细胞内尚含有不均匀的黑素细胞，其含量往往会影响到皮肤的颜色。

② 棘层　位于基底层上方，一般由4～10层细胞组成。细胞较大，呈多边形，并且向

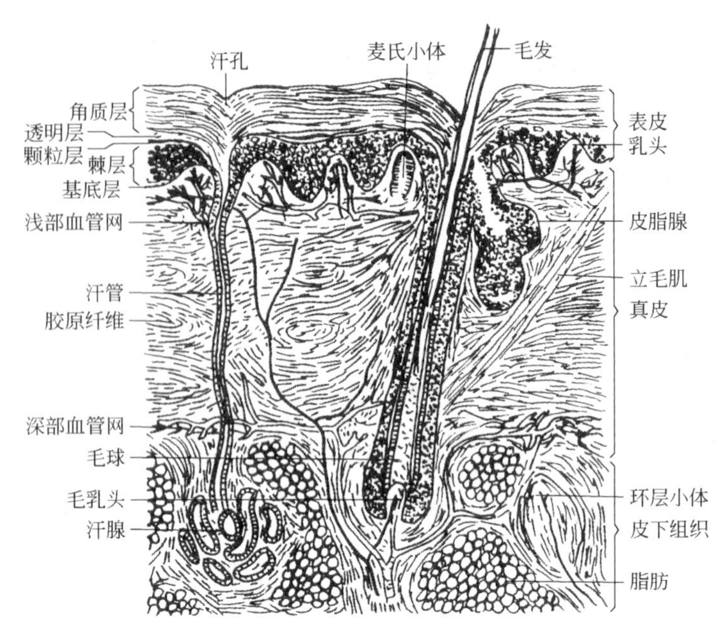

图 2-1 皮肤的解剖和组织

四周伸出许多细短的突起，故名棘细胞。相邻细胞的突起由桥粒相连，胞质丰富，也含有许多游离核糖体。胞质内含许多角蛋白丝，常成束分布，并附着在桥粒上。光镜下能见成束的角蛋白丝，称为张力原纤维。在棘细胞间还可分散有郎格汉斯细胞。

③ 颗粒层 位于棘层之外，约由 3～5 层较扁的梭形细胞组成。细胞的主要特点是胞质内含有许多透明角质颗粒。颗粒形状不规则且大小不等，主要成分为富有组氨酸的蛋白质。颗粒层细胞含板层颗粒多，能够将所含的糖脂等物质释放到细胞间隙内，在细胞外面形成多层膜状结构，构成阻止物质透过表皮的主要屏障。颗粒层厚度与角质层厚度一般成正比。

④ 透明层 位于颗粒层上方，只在无毛的厚表皮中明显易见，由几层更扁的梭形细胞组成。细胞呈透明均质状，细胞界限不清，胞核和细胞器已消失，细胞的超微结构与角质层细胞相似。

⑤ 角质层 是表皮的最外层，由多层扁平、无核的角化细胞组成。这些细胞干硬，是已完全角化的死细胞，已无细胞核和细胞器。在电镜下，可见胞质中充满密集平行的角蛋白丝，浸埋在均质状的物质中，其中主要为透明角质颗粒所含的富有组氨酸的蛋白质。细胞膜内面附有一层厚约 12nm 的不溶性蛋白质，故细胞膜明显增厚而坚固。在代谢过程中，靠近表面的细胞间的桥粒解体，细胞彼此连接不牢，逐渐脱落，即为日常所称的皮屑。

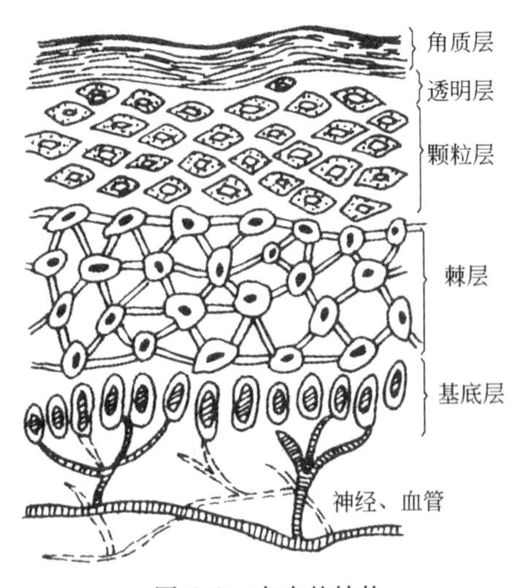

图 2-2 表皮的结构

表皮的结构如图 2-2 所示。薄的表皮与厚的表皮的分层相比，略有差别：基底层相同；但薄表皮棘层的细胞层数少，颗粒层只有 2～3 层细胞，没有透明层，角质层也薄，只有几层细胞。

表皮由基底层到角质层的结构变化，反映了角朊细胞增殖、分化、移动和脱落的过程，同时也是细胞逐渐生成角蛋白和角化的过程。表皮角蛋白形成细胞不断脱落和更新，使表皮各层得以保持正常的结构和厚度，其更新周期一般为3～4周。

(2) 树枝状细胞　除角朊细胞外，表皮还存在3种类型的树枝状细胞。

① 黑素细胞（melanocyte）　是生成黑色素的细胞。它们大多镶嵌于表皮基底细胞之间，只有少数分散于真皮中。黑素细胞的主要特点是胞质中有多个长圆形的小体，称黑素体(melanosome)。这种小体有界膜包被，内含酪氨酸酶，能将酪氨酸转化为黑色素（melanin)。黑素体充满色素后成为黑素颗粒（melanin granule)。黑素颗粒再通过树枝状突起被输送到邻近的基底细胞中。黑色素为棕黑色物质，是决定皮肤颜色的一个重要因素。由于细胞中黑素颗粒的大小和含量的差别，并由于黑素细胞合成色素的速度不同，决定了不同种族和个体不同部位皮肤颜色的差异。黑色素能吸收和散射紫外线，可保护表皮深层的幼稚细胞不受辐射损伤。

② 郎格汉斯细胞（Langerhans'cell）　是无色透明呈树枝状细胞，分散在表皮的棘细胞之间。这种细胞的性质与免疫系统的树突状细胞很相似，能识别、结合和处理侵入皮肤的抗原，是皮肤免疫功能的重要细胞，在对抗侵入皮肤的病毒、监视表皮癌变细胞和排斥移植的异体组织等方面起重要作用。

③ 梅克尔细胞（Merkel cell）　是一种具有短指状突起的细胞，分散在光滑皮肤的基底细胞层及有毛皮肤的毛盘中，数量很少。梅克尔细胞可能是一个异质性的细胞群，其中有些细胞可能是感觉细胞，与神经末梢共同构成触觉感受器；其余的细胞也许对表皮细胞增殖和皮肤附属器的发生，或对皮肤内神经纤维的生长起诱导和调节作用。

2. 真皮

真皮在表皮之下，由胶原纤维、弹力纤维和网状纤维组成的结缔组织与纤维束间的无定形基质构成，对皮肤的弹性、光泽和张力等有很重要的作用。衰老或长期过度日晒会使皮肤发生皱纹，弹性松弛，是胶原纤维及弹力纤维变性或断裂的结果。真皮的厚度因身体各部位不同而不同，一般厚度为1～2mm。表皮与真皮的结合，形如波状曲线。表皮下伸部位称为钉突；真皮上伸部位称为乳头。真皮除将表皮与皮下组织连接起来外，还是血管、淋巴管、神经及皮肤附属器官等的支架，并为皮肤代谢物质交换的途径，也是对抗外伤的第二道防线，还可作为一定量的血液、电解质和水的承受器。

3. 皮下组织

皮下组织位于真皮下部，由结缔纤维束和大量脂肪组织所构成，所以又称为皮下脂肪组织。皮下组织的厚度，因个体、年龄、性别和部位的不同而有较大的差别。一般腹部皮下组织中脂肪丰富，厚可达3cm以上；眼睑、阴茎和阴囊等部位皮下组织最薄，不含脂肪。脂肪具有供给热量、减少体温散失和缓冲外来压力等作用。分布到皮肤的血管、淋巴管和神经由皮下组织中通过，毛囊和汗腺也常延伸到此层组织中。

4. 附属器官

皮肤的附属器官主要是指汗腺、皮脂腺、毛发、指（趾）甲等。有关毛发的结构详见本章第二节。

(1) 汗腺　根据分泌性质的不同，可分为两类，即小汗腺和大汗腺。

① 小汗腺　小汗腺位于真皮下层，通过直线形或螺旋状的排泄管在皮肤表面的皮丘上开口，腺体位于皮下组织或真皮深层。除口唇、小阴唇、龟头、包皮内板外，几乎遍布全身，而头部、面部、手掌、脚掌尤其多。它是由腺体、导管和汗孔3部分组成。汗液由腺体内层细胞分泌到导管、再由导管输送至汗孔而排泄到表皮外面。具有调节体温、柔化角质层

和杀菌等作用。

② 大汗腺 大汗腺与小汗腺不同，腺体比较大，导管开口于毛囊的皮脂腺开口的上部，少数直接开口于表皮。仅在特殊部位，如腋窝、脐窝、外阴部、肛门等处才生成这种汗腺。通常情况下，黑种人较白种人多，女性较男性多，于青春期后分泌活动增加，在月经及妊娠期亦较活跃。这种汗腺不具有调节体温的作用，是带有气味的腺体。大汗腺分泌出来的汗是弱碱性物质，其臭味来源于脂肪酸和氨，是由细菌的分解作用而产生的。有些人带有狐臭气味，就是与大汗腺有关。因此防止狐臭的化妆品就是抑制大汗腺排汗，或是清洁肌肤，防止细菌的侵蚀，掩抑其不良气味。

(2) 皮脂腺 除掌跖部分外，也遍布全身皮肤，特别是头皮、脸面、前胸等部位较多。大多数皮脂腺都发生于毛囊的上皮细胞，而乳晕、口腔黏膜、唇红及小阴唇区的皮脂腺单独开口于皮肤表面。皮脂腺分泌皮脂，用以润滑毛发和皮肤，在一定程度上有抑制细菌的作用。

(3) 指（趾）甲 是长在手指或足趾末端背面的外露部分，为坚硬透明的角化上皮，平均厚度约为 0.3mm，成人每天生长 0.1mm。指甲的含水量为 7%～12%，脂肪含量为 0.15%～0.75%。

二、皮肤的生理功能

皮肤的生理功能是使体内各种组织和器官免受外界环境的侵袭或刺激，以维持机体的健康；将外界环境的刺激与中枢神经系统联系起来，通过神经的调节使机体更好地适应外界的各种变化；维持整个机体的平衡及与外界环境的统一。此外，许多内部组织和器官的变化，皮肤也能很快地作出适当的反射，及时反映出机体的某些病变。

1. 保护作用

皮肤是身体的外壳。由于表皮坚韧，真皮中的胶原纤维及弹力纤维使皮肤有抗拉性及较好的弹性，加上皮下脂肪这一软垫作用，因而皮肤能缓冲外来压力、摩擦等机械性刺激，保护深部组织和器官不受损伤。经常受摩擦和压迫的部位，如手掌、足跖、臀部等，角质层增厚或发生胼胝，可增强对机械性刺激的耐受性。皮肤损伤后发生的裂隙等可由纤维母细胞及表皮新生而愈合。

角质层细胞有抵抗弱酸、弱碱的能力。角质层细胞排列紧密，对水分及一些化学物质有屏障作用，因而可以阻止体内液体的外渗和化学物质的内渗。角质层表面尚有一层皮脂膜，可防止皮肤水分的过快蒸发及外界水分过快地渗入皮肤，调节和保持角质层适当的含水量，从而保持表皮的柔软，防止发生裂隙。

皮肤对紫外线有防护作用。角质层有反射光线及吸收波长较短的紫外线（180～280nm）的作用。棘细胞层、基底细胞和黑素细胞可吸收波长较大的紫外线（320～400nm）。黑素颗粒有反射和遮蔽光线的作用，以减轻光线对细胞的损伤。适量日光照射可促进黑素细胞产生黑色素，增强皮肤对日光照射的耐受性。

在人体生活的周围环境中，有许多致病的微生物，它们之所以不能随便地侵入人体，就是由于皮肤发挥了重要的防御作用。皮肤表面是由从皮脂腺分泌出来的皮脂包覆着的，这层薄薄的皮脂呈弱酸性，pH 值 4.5～6.5 左右，不利于病菌的生存和繁殖。同时表皮角质的不断脱落、汗液的分泌可以把黏附在皮肤上的细菌清除掉一些。所以在完整、清洁的皮肤上，病菌是难以生存、繁殖，也是难以侵入体内的。

2. 感觉作用

皮肤的感觉极其发达，有人把它称为感觉器官。皮肤内遍布能够感知温度、触觉、挤压、痛觉等环境变化的感受器，把来自外部的种种刺激通过无数神经传达大脑，从而有意识或无意识地在身体上做出相应的反应，以避免机械、物理及化学性损伤。

3. 体温调节作用

不论是寒冷的冬天，还是炎热的夏季，人的体温总是保持在摄氏37℃左右，这是由于皮肤通过保温和散热两种方式参与体温的调节而发挥作用。当外界气温降低时，交感神经功能加强，皮肤毛细血管收缩，血流量减少；同时立毛肌收缩，排出皮脂；保护皮肤表面，阻止热量散失，防止体温过度降低。当外界气温升高时，交感神经功能降低，皮肤毛细血管扩张，血流量增多，流速加快，汗腺功能活跃，水分蒸发就多，促使热量散发，使体温不致过高。皮肤就是依靠辐射、传导和蒸发来维持人体恒定的体温的。

4. 分泌和排泄作用

皮肤的分泌和排泄作用主要来自于真皮中的汗腺分泌汗液以及皮脂腺分泌皮脂。

汗液是由小汗腺分泌出来的，是无色透明的液体，其中水分占99%～99.5%，另外还有盐分、乳酸、氨基酸和尿素等。正常情况下汗液呈弱酸性，pH值约为4.5～5.0，大量排汗时pH值可达7.0。汗液排出后与皮脂混合，形成乳状的脂膜，可使角质层柔软、润泽、防止干裂。同时汗液使皮肤带有酸性，可抑制一些细菌的生长。大量排汗可使角质层吸收水分而膨胀，汗孔变窄，排汗困难，是痱子发生的原因之一。

皮脂是由皮脂腺分泌出来的，主要含有脂肪酸和甘油三脂肪酸酯等。皮脂具有润滑皮肤和毛发、防止体内水分的蒸发和抑制细菌的作用，还有一定的保温作用。当皮脂排出达到一定量，且在皮肤表面扩展到一定厚度时，就减缓或停止皮脂分泌，这一量叫饱和皮脂量。此时如将皮肤表面上的皮脂除去，则皮脂腺又迅速排泄皮脂，表面上的皮脂从被除去至达到饱和皮脂量，大约需要2～4h。皮脂分泌量因身体各部位、年龄和性别、季节、营养等的不同而有所差别。皮脂腺多的头部、面部、胸部等的皮脂分泌量较多，手脚较少；皮脂排泄在儿童期较少，在接近青春期迅速增加，到了青春期及其以后一段短的时期则比较稳定，到老年时又有下降，尤以女性更甚；夏季比冬季皮脂分泌量大；过多的糖和干粉类食物使皮脂分泌量显著增加，而脂肪对皮脂分泌量的影响则较小。

5. 吸收作用

皮肤不是绝对严密而无通透性的屏障，它也具有选择性地吸收外物的性质。吸附、渗透和吸收作用是很复杂的。皮肤吸收的主要途径是渗透通过角质层细胞膜，进入角质层细胞，然后通过表皮其他各层而进入真皮；其次是少量脂溶性及水溶性物质或不易渗透的大分子物质通过毛囊、皮脂腺和汗腺导管而被吸收；仅极少量通过角质层细胞间隙进入皮肤内。通常情况下，角质层吸收外物的能力很弱，但如使其软化，某些物质则可渗透过角质层细胞膜而进入角质层细胞，然后通过表皮各层而被吸收，如手或足久浸水中，会肿胀发白，即证明水已浸入角质层。

化妆品的活性物和药物经皮肤吸收而起营养或治疗的作用具有重要的意义。例如，常用皮质激素、性腺激素等，在局部外用时，均可经过皮肤吸收，产生局部或全身影响；有些药物（如汞等）也可经皮肤吸收而引起中毒。能否吸收取决于皮肤的状态、物质性状以及制剂类型等。通常情况下，水及水溶性成分（如电解质、维生素C、葡萄糖等）不能经皮肤吸收，但油和油溶性物质（如维生素A、睾丸酮及皮质类胆固醇激素等）可以从角质层和毛囊被吸收；皮肤对粉剂、水溶液、悬浮剂的吸收性较差，但油剂、乳剂类由于能在皮肤表面形成油膜、使皮肤柔软，故能增加吸收。

综上所述，供皮肤收敛、杀菌、增白等用途的化妆品，采用水溶性药剂为宜，以避免皮肤过度吸收，造成伤害；从皮肤表面吸收到体内起营养作用的化妆品，以油溶性药剂为宜。为了促进皮肤对化妆品营养成分的吸收，在涂搽化妆品前，先用皮肤清洁剂脱除皮脂（最好用温水），然后再搽用化妆品，并配以适当的按摩等，均会收到良好的效果。

人体皮肤除有上述的生理作用外，也参与免疫和变态反应，还稍有呼吸和代谢作用等。

三、皮肤的颜色

1. 皮肤的颜色

皮肤的颜色随人种和个体而变化，也随着年龄、地域、季节和身体各部位的不同而有所不同。皮肤的颜色受色素体系的影响，包括血管中的红色血红蛋白、皮下脂肪中的黄色胡萝卜素和表皮中的黑色素等，这些色素的含量与分布状况是决定肤色的主要因素。此外，皮肤的颜色还受到角质层的厚度和含水量、血流量、血液中氧含量和角质细胞间的黏附性等很多因素的影响。对皮肤的反射光谱进行研究发现，“白皮肤”的吸收曲线在549～578nm之间，与氧合血红蛋白相近。这种皮肤的表皮中黑色素含量很低，皮肤的透明度很高，血管的影响显著，皮肤的颜色呈现粉色。相反，“黑皮肤”中包括较多的黑色素，血液中的血红蛋白含量较低。与白种人对比，东亚人的肌肤黑色素吸收紫外线的能力较强，肌肤往往呈黄色。总体来说，肌肤随着年龄的增长颜色会逐渐由微红向浅黄色过渡，而且不同人种之间皮肤色度会有明显的差别。例如，东亚人的皮肤与欧美人相比要明显偏黄。

2. 皮肤着色机理

皮肤的颜色是由黑色素、胡萝卜素和血红蛋白等色素共同决定的。

黑色素是决定人类皮肤颜色的最主要色素，它是通过黑素细胞中的黑素粒细胞器合成出的，然后通过黑素细胞中的树突将合成的黑色素传递到角化细胞附近。一般在皮肤的表皮基底层以及发根和根鞘中，每7～8个基底细胞中含有一个黑素细胞，这一密度在不同种族之间是不变的。实际上不同人种之间肤色的变化是由黑素细胞中的黑素粒产生的色素决定的，即由黑素粒传递到角化细胞的数目、成熟度和在角化细胞中的分布方式决定的。

黑色素是在黑素细胞内生成的。氨基酸之一的酪氨酸在含高价铜离子（Cu^{2+}）的酪氨酸酶的作用下，氧化生成3,4-二羟基苯丙氨酸（多巴），再由酪氨酸酶氧化为多巴醌，进一步氧化为5,6-二羟基吲哚，聚合后生成黑色素。黑色素的生成途径可表示如下：

酪氨酸 —[O]→ 多巴 → 多巴醌 →

5,6-二羟基吲哚 → 吲哚-5,6-醌 —聚合→ 黑色素

皮肤黑色素合成的能力，受脑下垂体分泌的黑色素细胞刺激素的调节，还可受雌激素、前列腺素、亲脂肪激素、求偶素及黄体酮等的影响。此外，紫外线照射可使酪氨酸酶活性升高，以致使皮肤黑色素增加。太阳光线中波长为290～320nm的紫外线对皮肤的作用最强，能使皮肤表皮细胞内的核酸或蛋白质变性，发生急性皮肤炎，即出现红斑。而太阳光线中的320～700nm的紫外线能使皮肤黑化（即黑色素增多）。为了防止上述日光的有害作用，需要使用安全而有效的防晒剂。防晒化妆品就是根据这一需要而设计的。

已知胡萝卜素是一种类胡萝卜色素。胡萝卜素羟基衍生物、叶黄素也是一种类胡萝卜色素。从食物中摄入的胡萝卜素大多数直接由肠黏膜转化成维生素A，一些胡萝卜素没有转化成维生素A而被胃肠道直接吸收进入血液。血液中的胡萝卜素很容易沉积在角质层并在角质层厚的部位及皮下组织中产生明显的黄色。一般认为女性皮肤中的类胡萝卜色素比男性的要多。

血红蛋白存在于红细胞中，是由血红素、铁原子和珠蛋白组成的。血红蛋白能够与氧分子可逆结合，从而将氧气从肺部输送到全身各个组织。脱氧之后的血红蛋白在静脉血中使血液呈现深红色，在肺部与氧结合的血红蛋白在动脉血中使血液呈现鲜红色。血液的这种颜色能够影响到面颊等毛细血管丰富的皮肤表面色调。

四、皮肤的老化及其保健

人体衰老是一个复杂的过程，也是生命发展过程的自然规律。随着年龄的增长，给人最直接的感觉就是人体最外层的器官——皮肤失去了往日的弹性和光泽。人们在渴望拥有健康身体的同时，更渴望拥有健康美丽的皮肤，因此抗衰老一直是化妆品开发的主题内容。

1. 皮肤的老化

人的成长经历幼年期、少年期、青春期、壮年期、老年期，皮肤的状态也随之发生相应的变化。一般讲，24岁左右是肌肉的转折点，这时的皮肤已经变成弹性纤维了。超过成熟期后，肌肉渐渐地开始萎缩，皮肤的弹性纤维变粗，弹性减弱。到40～50岁时皮肤开始明显衰老。人到了衰老阶段，皮肤纤维组织逐渐退化萎缩，弹性松弛，汗腺、皮脂腺的新陈代谢功能逐渐减退，引起皮肤干燥、松弛，脸部特别是眼角、前额等处首先出现皱纹。但各人情况不尽相同，有的人皮肤衰老得早点、严重点，而有的人则晚点、轻微点。

皮肤老化的原因是多方面的：人到中年至老年，由于皮下脂肪减少，而使皮肤松弛、变薄、弹性降低，以致引起下垂或皱纹；年龄增长及长期过度日晒，使真皮中的胶原纤维和弹力纤维变性或断裂，而弹性松弛、导致皱纹；老年人由于内源性雄性激素的分泌降低，皮脂腺和汗腺分泌减少，使皮肤长期得不到润滑和养分，加速了皮肤的老化。此外因消耗性疾病、营养不良、睡眠不足和过度劳累、精神不振以及化妆品使用不当等都会加速皮肤老化，造成皱纹。

皮肤老化的原因多种多样，关于老化的机理也不尽相同，但有一点是公认的，即紫外线照射是加速皮肤老化的最重要的外部原因。

2. 皮肤的保健

皮肤是人体自然防御体系的第一道防线。健康美丽的皮肤，不仅使人显得年轻而富有朝气，而且能给人以美的享受。健康美丽的皮肤应该是：洁净卫生，滋润，柔滑，有光泽，张力佳而富有弹性，肤色自然纯正，显得生机勃勃。因此，保护好皮肤，特别是面部皮肤，对于美化容貌、延缓衰老是非常重要的。

如何防止皮肤的老化，是一个复杂的问题。由于机体生命的有限性，要想从根本上解决老化问题是不现实的，也是不可能的。但是如果及早采取必要的措施，重视对皮肤采用科学的方法进行护理，就能够减轻和延缓皮肤的衰老过程。下面就日常生活中应该注意的，也是容易做到的一些有关皮肤保健的措施介绍如下。

(1) 注意皮肤的清洁卫生　由于角质层的老化脱落、皮脂腺分泌皮脂、汗腺分泌汗液，以及其他内分泌物和外来的灰尘等混杂在一起附着在皮肤上构成污垢。这些污垢一方面会堵塞汗腺和皮脂腺，妨碍皮肤的正常新陈代谢；同时皮脂极易为空气氧化，产生不愉快的臭味，促使病原菌的繁殖，最终导致皮肤病的发生，加速皮肤的老化。因此必须经常将其清除干净。

洗脸以温水为宜。水温过热，皮肤会变得松弛，容易出现皱纹；冷水洗不干净，而且能使血管收缩，会使皮肤变得干燥。

洗脸不要使用碱性过强的洗涤用品。一般来说，皮肤干燥者或患湿疹等过敏性皮肤病患者，应使用香皂；而皮脂分泌较多者或患有粉刺等脂溢性皮肤病患者，则可常用肥皂，如有不适之感，也可改用香皂；对于中性皮肤的人，则可根据喜好选用香皂或其他清洁制品。清洁霜和洗面奶是专为溶解和去除皮肤上的皮脂、化妆料和灰尘等的混合物而设计的清洁用化妆品，用后在皮肤上留下一层滋润性薄膜，对干性皮肤有保护作用。但对油性皮肤来说，最好避免使用这种性质的清洁用品。

(2) 正确使用化妆品　化妆品的正确使用是个不容忽视的问题。正确使用化妆品应不妨碍皮肤的正常排泄、呼吸等生理功能，有益于皮肤健康。只有科学地、有针对性地选用化妆品，才可以起到清洁肌肤、美化容貌、保护和营养皮肤等作用。倘若使用不当，也可能会加速皮肤的老化。

首先，要根据各自的皮肤类型、生活和工作环境等来选择适合自己皮肤特点和需要的化妆品。皮脂分泌较多（即油性皮肤）的人或在夏季湿热环境中，宜用雪花膏、蜜类、化妆水等少油的化妆品；皮肤干燥者（即干性皮肤）或在冬季气候干燥时，可选用冷霜、润肤霜等多脂的化妆品。

其次，要注意化妆品的使用方法。要保持面部皮肤的滋润、光滑、柔软，除需要补充油分外，水分也是一个重要因素。在搽用化妆品前，宜先用温湿毛巾在皮肤上敷片刻，不仅可以补充一部分水分，而且可以柔软角质层，促进皮肤的吸收功能。如在搽用营养化妆品时配以适当的按摩，则可增进皮肤对营养成分的吸收，更能有效地防止皮肤的衰老。

(3) 防止外界不良刺激　致使皮肤衰老的一个重要原因是受外界的许多不良因素的刺激，如一些物理的、化学的因素，以及自然环境如寒冷、炎热、风沙和日光等不利条件的刺激，其中尤以长时间的日光照射对皮肤的影响最为严重。虽然日光中的紫外线有强化皮肤的作用，但一定波长范围的紫外线照射，可杀伤皮肤，致使皮肤产生红斑、皮肤炎、色素沉着等症状，甚至还可引起皮肤癌。因此，预防紫外线照射是防止皮肤衰老的一个重要手段。白天特别是在强烈的日光下，应使用防晒指数适宜的防晒化妆品。

(4) 保证充足的睡眠，保持精神愉快　睡眠对机体的新陈代谢等生理机能都有促进作用。保持精神愉快也是非常重要的，精神状态与皮肤和头发早衰关系密切。过分焦虑忧愁对皮肤和头发是有害的，易导致早期衰老现象发生。心情舒畅，则显得人精神焕发，有助于防止皮肤的衰老。

(5) 注重饮食的营养　皮肤是人机体的一部分，要保护皮肤、延缓皮肤的衰老，就必须使得皮肤具有充足的营养。与人体相关的蛋白质、脂肪、糖、维生素、微量元素、纤维素、激素等都是维持皮肤健美的要素，只有进行合理摄取、及时补充，才能使皮肤得以滋润与营养。特别是蛋白质，能增强皮肤的弹性，延缓皮肤出现皱纹。一般营养充足的人，皮肤较不易衰老；若营养不良，则皮肤就易出现干燥、粗糙、皲裂等老化现象。

五、由化妆品引起的皮肤疾患

由化妆品引起的皮肤炎症主要有：原发刺激性皮炎，即化妆品中某些物质对皮肤有刺激性而引起的皮炎；过敏性皮炎，即某些人对化妆品中某些物质会产生皮肤过敏而引起的皮炎；光敏性皮炎，即有些化妆品含有光敏性物质，人们搽过后遇到日光照射，有时会发生过敏反应而引起皮炎。其症状是在使用部位有瘙痒并伴有红斑、丘疹、小水疱等。症状不论轻重都会使皮肤发红、肿胀。

引起皮肤过敏、刺激和光敏的化妆品原料有香料、色素、防腐剂、抗氧剂、表面活性剂及某些油脂等。这些物质可单独地、也可几种协同作用而诱发炎症。冷烫液和染发剂由于其性能的独特而引起的皮肤障碍较多。冷烫液引起的斑疹，一般是由于巯基乙酸铵、碱的浓度及 pH 值等而导致的一次性刺激；而染发剂大多是由于对苯二胺等染料中间体引起过敏性皮炎。化妆品中的不饱和化合物，醛、酮、酚等含氧化合物，在光的作用下会发生氧化反应而致刺激、过敏，引起皮肤炎症。

由于表面活性剂的独特性能，其在化妆品中的应用非常广泛，几乎所有的化妆品都或多或少添加有表面活性剂。研究认为：由化妆品引起的皮肤疾患，表面活性剂起着直接或间接的重要作用。表面活性剂对皮肤的作用主要表现为：对皮脂膜的脱除作用；对表皮细胞及天然调湿因子的溶出作用；对皮肤的刺激作用；对皮肤的致敏作用；促进皮肤对化妆品中其他成分的吸收作用以及表面活性剂本身经皮肤吸收等。综上所述，表面活性剂易导致皮肤干燥、皲裂、过敏及出现炎症反应等皮肤疾患。

另外，使用存放时间过久或劣质的化妆品，或使用方法不当而引起的皮肤疾患，亦极为常见。

大多数化妆品是直接与皮肤长时间接触的，为了确保化妆品的安全性，避免化妆品导致皮肤疾患的发生，在研究、开发化妆品的过程中，或者在化妆品质量检测中，必须对皮肤做斑贴试验。但是，化妆品在使用时，往往不是单独一种，而有重叠、混合等。不仅与个人的皮肤特性、体质、精神状态等有关，也受肠胃障碍、月经周期、便秘等影响，而且还和涂搽方式、接触状态、时间和频率、温湿度等外界环境有关。各种因素复杂地结合在一起，使得试验结果有时与实际情况并不相符。但不管怎样，斑贴试验以判定化妆品的刺激性仍然是需要的。

第二节 化妆品与毛发科学

毛发具有保护皮肤、保持体温等作用，但和其他哺乳类动物相比，人类的毛发几乎处于退化状态，仅在头部和身体的一小部分还残余一些硬毛。头发不仅为了美观，还能保护人的头皮和大脑。夏天可以防止日光对头部的强烈照射，冬天可以起到御寒保暖的作用。蓬松而细软的头发，具有自然的弹性，对外来的机械性刺激等起缓冲作用，防止损伤头皮。头皮汗腺排出的汗液，可通过头发帮助蒸发。头发经物理的或化学的修饰，可得到风格各异的造型，增加人的美感。另外，因毛发的毛根和神经相连，故有触觉作用。

一、毛发的组织结构

毛发由角化的表皮细胞构成，根据有无毛髓和黑色素，毛发可分为毳毛、软毛、硬毛。毳毛无毛髓和黑色素，胎生期末期即脱落；软毛有黑色素但无毛髓，广泛地分布在皮肤各部位；硬毛既含黑色素又有毛髓，只分布在头部、腋窝和阴部。

头发是头皮的附属物，也是头皮的重要组成部分。头发的质地和色泽随人种、性别、年龄、自然环境、营养状况等的不同而有差异，其颜色分为黑色、棕色、棕黄、金黄、灰白色、白色等。一般东方人多是黑色直发；欧洲人多为松软的棕黄或金黄色的羊毛发；非洲、美洲人多呈扁形卷发。另外，头发还有疏密、光泽、油性和干性等之分。

从纵向看，毛发由毛杆、毛根、毛球、毛乳头等组成，其结构如图 2-3 所示。毛发露在皮肤外面的部分称为毛杆；在皮肤下处于毛囊内的部分称为毛根；毛根下端膨大而成毛球，由分裂活跃、代谢旺盛的上皮细胞组成，又称为毛基质，是毛发及毛囊的生长区，相当于基底层及棘细胞层，并有黑素细胞；毛乳头位于毛球的向内凹入部分，它包含有结缔组织、神经末梢及毛细血管，可向毛发提供生长所需要的营养，并使毛发具有感觉作用。

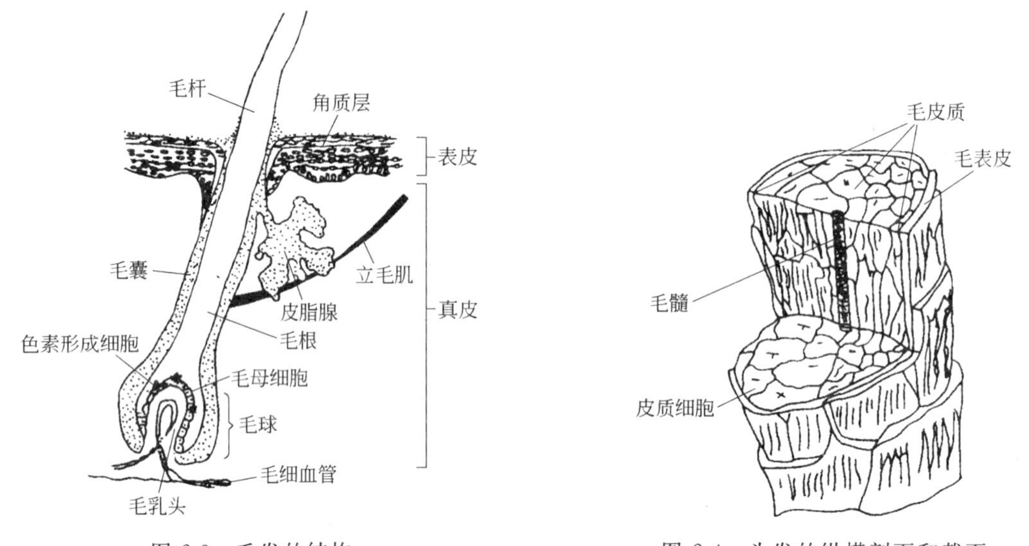

图 2-3 毛发的结构　　图 2-4 头发的纵横剖面和截面

将毛发沿横向切开，其横截面呈不规则圆形，如图 2-4 所示。可以看到，毛发常不是实心的，它的中心为髓质，周围覆盖有皮质，最外面一层为毛表皮。

髓质位于皮质的中心，是部分角化的多角形细胞，含有黑色素颗粒。其作用是在几乎不增加毛发自身重量的情况下，赋予毛发强度和刚性，故髓质较多的毛发较硬。但并不是所有的毛发都有髓质，一般细毛如毳毛不含髓质，毛发的末端亦无髓质。

皮质也称发质，完全被毛表皮所包围，是毛发的主要组成部分，几乎占毛发总重量的90%以上。毛发的粗细主要由皮质决定。皮质是几层已角化了的梭形表皮细胞，无细胞核，胞浆中有黑色素颗粒及较密的纵行含二硫键较多的角质蛋白纤维，使毛发有一定的抗拉能力。皮质具有吸湿性，对化学药品有较强耐受力，但不耐碱和巯基化物。皮质内所含色素颗粒的大小和多少导致毛发具有各种颜色。

毛表皮为毛发的外层，又称护膜。是角化的扁平透明状的无核细胞，如瓦状互相重叠，其游离缘向上，交叠鳞节包裹着整个毛发。此护膜虽然很薄，但它却具有独特的结构和性能，可以保护毛发不受外界影响，保持毛发乌黑、光泽、柔韧的性能。

毛囊起源于表皮，含有毛母细胞。在毛囊的稍下段有立毛肌，属于平滑肌，受交感神经支配，其下端附着在真皮乳头下层。精神紧张及寒冷可引起立毛肌的收缩，即所谓起“鸡皮疙瘩”。

二、毛发的化学组成及其结构

毛发的基本成分是角蛋白质，由 C、H、O、N 和 S 元素构成。其中 S 的含量大约为4%左右，但这少量的 S 却对毛发的很多化学性质起着重要的作用。角蛋白是一种具有阻抗性的不溶性蛋白，这种蛋白质所具有的独特性能来自于它有较高含量的胱氨酸，其含量一般高达 14%以上。其他还含有谷氨酸、亮氨酸、精氨酸、赖氨酸、天冬氨酸等十几种氨基酸。各种氨基酸原纤维通过螺旋式、弹簧式的结构相互缠绕交联，形成角蛋白的强度和柔韧，从而赋予毛发所独有的刚韧性能。

氨基酸分子内带有氨基（$-NH_2$）和羧基（$-COOH$）。两个氨基酸分子之间，以一个氨基酸的α-羧基和另一个氨基酸的α-氨基（或者是脯氨酸的亚氨基）脱水缩合，形成酰胺键，即肽键。多个氨基酸之间通过肽键这种重复的结构彼此连接组成了多肽链的主干。由形成纵轴的众多肽链与在其中间起联结作用的胱氨酸结合、盐式结合、氢键等支链，形成了具有网状结构的天然高分子纤维，即毛发。其化学结构示意如图 2-5 所示。

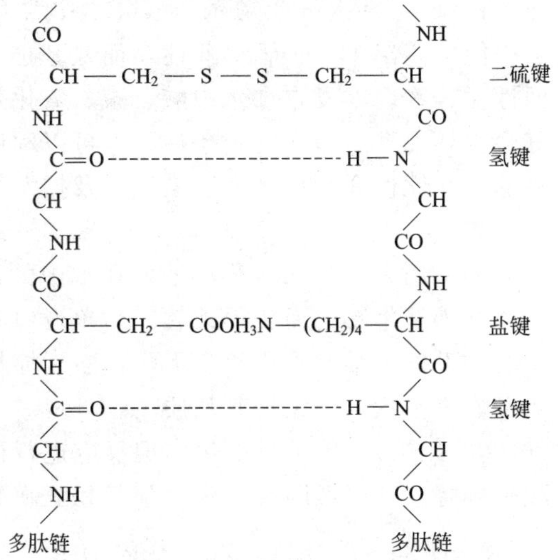

```
  /                                          \
 CO                                           NH
  \                                          /
   CH — CH2 — S — S — CH2 — CH                  二硫键
  /                                          \
 NH                                           CO
  \                                          /
   C=O ---------------------- H — N             氢键
  /                                          \
 CH                                           CH
  \                                          /
   NH                                       CO
  /                                          \
 CO                                           NH
  \                                          /
   CH — CH2 — COOH3N — (CH2)4 — CH              盐键
  /                                          \
 NH                                           CO
  \                                          /
   C=O ---------------------- H — N             氢键
  /                                          \
 CH                                           CH
  \                                          /
   NH                                       CO
  /                                          \
多肽链                                      多肽链
```

图 2-5　毛发角蛋白的结构示意

1. 二硫键

亦称胱氨酸结合或二硫结合，是由两个半胱氨酸残基之间形成的一个化学键。它使多肽链的两个不同的区域之间能够紧密地靠拢起来。

$$\underset{\displaystyle NH_2}{\underset{|}{HOOCCH}}CH_2SH+HSCH_2\underset{\displaystyle NH_2}{\underset{|}{CH}}COOH\longrightarrow \underset{\displaystyle NH_2}{\underset{|}{HOOCCH}}CH_2S-SCH_2\underset{\displaystyle NH_2}{\underset{|}{CH}}COOH$$

二硫键是一种结构上的要素，它能维持分子折叠结构的稳定性。在构成二硫键的两个半胱氨酸残基之间还可以夹进许许多多的其他氨基酸残基，所以在多肽链的结构上就会形成一些大小不等的肽环结构。这种结合对头发的变形起着最重要的作用。烫发水的原理就是基于二硫键的还原断裂及其后的氧化固定反应。

2. 盐键

亦称离子键。在多肽链的侧链间存在着许多氨基（带正电）和羧基（带负电），相互之间因静电吸引而成键，即离子键：

$$R-NH_3^+\ \ {}^-OOC-R$$

如赖氨酸或精氨酸带正电荷的氨基和天冬氨酸或谷氨酸带负电荷的羧基之间，由于相互静电作用而形成离子键。

3. 氢键

由于肽键具有极性，所以一个肽键上的羧基和另一个肽键上的酰氨基之间可能发生相互作用形成氢键：

$$>C=O\cdots H-N<$$

毛发角蛋白分子之间形成的氢键有两种情况，一是主链的肽键之间形成的，二是侧链与侧链间或侧链与主链间形成的。虽然氢键是一种微弱的相互作用力，但由于在一条多肽链中可存在的氢键数目很多，所以它们也是多肽结构上一个重要的稳定因素。

除上述几种键合之外，多肽链间还有非极性基团之间的疏水键、范德瓦耳斯力的连接等。

三、毛发的化学性质及其变化

毛发是一种蛋白质（角蛋白质），其水解产物氨基酸分子中含有氨基（$—NH_2$）和羧基（—COOH），羧基在水溶液中能电离出 H^+ 而显示酸性，而氨基能和酸（H^+）结合显示碱性，所以角蛋白质是一个两性化合物。毛发在沸水、酸、碱、氧化剂和还原剂等作用下可发生某些化学变化，控制不好会损坏毛发。但在一定条件下，可以利用这些变化来改变头发的性质，达到美发、护发等目的。在此仅介绍与烫发、染发以及护发等有关的一些化学性质。

1. 水的作用

毛发具有良好的吸湿性，如采用离心脱水法测得毛发在水中的最大吸水量可达 30.8%。水分子进入毛发纤维内部，使纤维发生膨化而变得柔软。当角蛋白和水分子之间形成氢键的同时，肽链间的氢键相对减弱，毛发纤维的强度稍有下降，断裂伸长增加。但当干燥后，肽链间的氢键可重新形成，毛发恢复原状，而无损其品质。

当毛发在水中加热时（100℃以下），即开始水解，但反应进行得很慢。在高温下并有压力的水中，毛发中的胱氨酸被分解（二硫键断裂）生成巯基和亚磺酸基：

$$R—S—S—R' + H_2O \xrightarrow[\text{压力}]{\text{高温}} RSH + R'SOH$$

2. 热的作用

毛发在高温（如 100～105℃）下烘干时，由于纤维失去水分会变得粗糙，强度及弹性受到损失。若将干燥后的毛发纤维再置于潮湿空气中或浸于水中，则将由于重新吸收水分而恢复其柔软性和强度。但是长时间的烘干或在更高温度下加热，则会引起二硫键或碳-氮键和碳-硫键的断裂而引起毛发纤维的破坏，并放出 H_2S 和 NH_3。因此，经常及长时间对头发进行吹风定型，不利于头发的健康。

3. 日光的作用

如前所述，毛发角蛋白分子中的主链是由众多肽键连接起来的，而 C—N 键的离解能比较低，日光下波长小于 400nm 的紫外线的能量就足以使它发生裂解；另外，主链中的羰基对波长为 280～320nm 的光线有强的吸收力。所以主链中的肽链在日光中紫外线的作用下显得很不稳定。再者，日光的照射还能引起角蛋白分子中二硫键的开裂。因此，在持久强烈的日光照射下，会引起毛发变得粗硬、强度降低、缺少光泽、易断等变化。

4. 酸的作用

毛发纤维对无机酸稀溶液的作用有一定的稳定性，在一般情况下，弱酸或低浓度的强酸对毛发纤维无显著的破坏作用，仅仅盐键发生变化。如将羊毛或头发浸在 0.1mol/L 的盐酸溶液中，盐键按下式断裂：

$$R—NH_3OOC—R' + HCl \longrightarrow R—NH_3ClHOOC—R'$$

且纤维很易伸长，假如用水冲洗彻底，将酸洗掉，盐键将回复到原来的状态。而在高浓度的强酸和在高温下，就有显著的破坏作用。如将头发用 6mol/L 的盐酸溶液煮沸几小时，可完全水解成为氨基酸分子。

显然，破坏主多肽键的反应将使毛发纤维强度减弱。酸性条件下能破坏主多肽键，而不破坏胱氨酸结合，即二硫键将完整无损地留在胱氨酸内。

5. 碱的作用

碱对毛发纤维的作用剧烈而又复杂，除了使主链发生断裂外，还能使横向连接发生变化，使二硫键和盐式键等断裂形成新键。毛发受到碱的损伤后，纤维变得粗糙、无光泽、强度下降、易断等。

在碱性条件下，角蛋白质大分子间的盐式结合解离，大分子受力拉伸时，由于受侧链的束缚较小而易于伸直。当溶液碱性较强时，二硫键易于拆散。

碱对毛发的破坏程度受碱的浓度、溶液的 pH 值、温度、作用时间等影响。温度越高，pH 值越高，作用时间越长，则破坏越严重，如煮沸的氢氧化钠溶液，浓度在 3%以上，就可使羊毛纤维全部溶解。

6. 氧化剂的作用

氧化剂对毛发纤维的影响比较显著，其损害程度取决于氧化剂溶液的浓度、温度及 pH 值等。氧化剂可使毛发中的二硫键氧化成磺酸基，且产物不再能还原成巯基或二硫键，使毛发不能恢复原状，以致毛发纤维强度下降、手感粗糙、缺乏光泽和弹性、易断等。但当双氧水浓度不高时，对毛发损伤较少，因此可用低浓度的双氧水溶液对头发进行漂白脱色处理。用双氧水漂白毛发，金属铁与铬具有强烈的催化作用，应予以注意。

7. 还原剂的作用

还原剂的作用较氧化剂弱，主要破坏角蛋白中的二硫键，其破坏程度与还原剂溶液的 pH 值密切相关。溶液的 pH 值在 10 以上时，纤维膨胀，二硫键受到破坏，生成巯基。

可用作还原剂的物质很多，如 $NaHSO_3$、Na_2SO_3、$HSCH_2COOH$ 等。如以亚硫酸钠还原二硫键时，反应如下：

$$R-S-S-R+Na_2SO_3 \longrightarrow R-S-SO_3^- + RS^- + 2Na^+$$

上述反应使毛发中的二硫键被切断，形成赋予毛发可塑性的巯基化合物，使毛发变得柔软易于弯曲。但若作用过强，二硫键完全被破坏，则毛发将发生断裂。

上述反应生成的巯基在酸性条件下比较稳定，大气中的氧气不容易使其氧化成二硫键。而在碱性条件下，则比较容易被氧化成二硫键，在有痕量的金属离子如铁、锰、铜的离子等存在时，更将大大加快转化成二硫键的反应速度。

烫发即是利用上述化学反应，首先使用还原剂破坏部分二硫键，使头发变得柔软易于弯曲，当头发弯曲成型后，再在氧化剂的作用下，使二硫键重新接上，保持发型。

四、毛发的颜色

毛发的颜色是发干细胞中色素的质粒产生的，质粒主要存在于皮质中，髓质中也有质粒存在。毛发本身的自然颜色随人种有黑、褐、金、红等多种色调。但这些色调主要是由两种色素构成的，即真黑色素和类黑色素。真黑色素是黑色或棕色；类黑色素是黄色或红色。两者都是在赖氨酸酶的作用下，经一系列反应由赖氨酸生成的。

在黑色素细胞内产生的色素质粒位于真皮树突尖端部位，然后由手指状的树突尖转移到新生成的毛发细胞中。这些质粒本身是黑色素颗粒的最终产物，原本是无色的，随着外移，所含色素会逐渐变深。这些质粒呈卵圆型或棒状（长 0.8～1.8μm，宽 0.3～0.4μm）。头发越黑，质粒越大。黑色人种的质粒比白色人种的大而少。

头发变灰白的过程包括发干色素的损失和毛球酪氨酸酶活性的逐渐下降。白发可认为是毛发正常的老化。白色人种平均在 34 岁两鬓出现白发，到 50 岁左右时至少有 50%的白发。

五、毛发的生长及其影响因素

毛发的生长过程是毛母细胞变成角质细胞的过程，也即毛的角质化过程。毛乳头内分布有两种细胞，即毛母色素细胞和毛母角化细胞：毛母色素细胞合成色素颗粒；毛母角化细胞的不断分裂增殖，使毛发得以生长。各个毛母细胞的角质方向是不变的，经过毛球、毛皮质、毛髓等完成复杂而有特色的角质化过程，并以完整的毛的形状出现于体表。

毛发的生长是呈周期性的。毛发的生长周期分为生长期、退行期和休止期3个阶段，不同的生长阶段特点如下。

（1）生长期　也称成长型活动期，可持续3～4年，甚至更长。毛发呈活跃增生状态，毛球下部细胞分裂加快，毛球上部细胞分化出皮质、毛小皮。毛乳头增大，细胞分裂加快，数目增多。原不活跃的黑色素细胞长出树枝状突，开始形成黑色素。

（2）退行期　也称萎缩期或退化期，为期2～3周。毛发积极增生停止，形成杵状毛，其下端为嗜酸性均质性物质，周围呈竹木棒状。内毛根鞘消失，外毛根鞘逐渐角化，毛球变平，不成凹陷，毛乳头逐渐缩小，细胞数目减少。黑色素细胞退去树枝状突，又呈圆形而无活性。

（3）休止期　又称静止期或休息期，为期约3个月。在此阶段，毛囊渐渐萎缩，在已经衰老的毛囊附近重新形成1个生长期毛球，最后旧发脱落，但同时会有新发长出再进入生长期及重复周期。在头皮部9%～14%的头发处于休止期，仅1%处于退行期。

人的头皮部约有头发10万根。它们并非同时或按季节地生长或脱落，而是在不同时期分散地脱落和再生。正常人每日可脱落约70～100根头发，同时也有等量的头发再生，因此少量脱发是正常现象。

毛发的生长在一定程度上受内分泌的影响，胎儿出生后至成人，毛发的数目没有明显的改变，但逐渐变粗，成为终毛。而至老年时，又渐退化成毳毛。男性青春期后，须、躯干、腋部及耻部毛发增长，这与睾丸产生的雄性激素有明显的关系。女性在生殖器向成熟发展前即可出现阴毛，故它与肾上腺皮质产生的雄性激素有关。

毛发的生长速度还受性别、年龄、部位和季节等因素影响。通常白天较夜间长得快；春夏季比秋冬季长得快；青少年时期要比中老年时期长得快。

此外，人体饮食与头发生长的关系也很密切。头发的外观虽然是没有生命的角质化蛋白质，但它之所以会不断地生长，是因为头发上的毛乳头吸收血液中的营养，供给发根之故。人体饮食一旦出了问题（如偏食、营养不良、节食等），头发将难以呈现健康的生长和色泽。注意科学均衡地摄取营养，就可使人的发质自然、健康、亮丽。例如，每天应从食物中摄取定量的蛋白质，因为优良的蛋白质是头发的助长剂；复合维生素B会影响头发生长和表皮角化；维生素A过量会导致脱发；含锌的食物，如麦芽、啤酒酵母以及南瓜子等，可有效缓解白发和脱发的状况等。血液是头发营养的主要来源，当血液中的酸碱度持平衡状态时，头发自然会健康润泽。汽水、可乐、巧克力、饼干之类的食品是头发营养的大敌，这些食品吃得太多，容易使血液呈现酸性反应，阻碍发质的健康，并易生头屑。而一些新鲜的水果可平衡血液的酸碱度。

六、头发的护理

头发不仅保护着头皮，而且影响着美观。清洁、健康的头发和美丽的发型，可增加人的俊美，使人精神焕发。但如前所述，头发是有寿命的，由于各种因素会出现白发、脱发等早期衰老现象。因此，必须注意日常护理，使其保持清洁、健康、美观的状态。

1. 头发的清洁

头部汗和皮脂分泌多，是易弄脏的部位。头皮上除脱落的角质层、分泌的汗液和皮脂外，还有变得干硬的化妆料以及尘土和微生物等。头皮上堆积的脏物过多，不仅影响美观，而且会堵塞汗腺和皮脂腺，使其排泄不畅，头皮发痒，细菌也将乘虚而入在头部繁殖，使皮脂腺肿大发炎，最终导致头发易断或脱落。因此必须经常保持头发的清洁卫生。

洗头的次数应根据个人体质、周围环境等具体情况而定，通常每星期1～2次为宜。经常洗头不仅可以除去头上污垢，减少头屑，保持头发清洁、美观，有利于头皮健康，而且可促进新陈代谢、增强脑力等，所以洗发后使人显得格外精神焕发。但洗头次数过多，会过于洗去对头皮和毛发有一定保护作用的皮脂，使头发变得干燥、缺少光泽、易断等，所以洗发也不能过勤，且洗后还应酌情搽用护发用品，以有效地保护头发。

洗头最好使用洗发香波，避免或少用碱性高的皂类（如肥皂等）洗发。这是由于皂类不仅脱脂力过强，而且由于碱的刺激，造成头皮干燥和发痒，缩短头发的寿命。同时由于皂类易和水中的钙、镁离子作用，生成难溶于水的钙盐和镁盐，这是一种黏稠的絮状物，它黏附在头发上，就会使头发发黏，不易梳理。香波是为清洁人的头皮和头发并保持美观而使用的化妆品，具有良好的抗硬水性能。它不仅对头皮和毛发上的污垢及头屑具有清洁作用，而且性能温和，对皮肤和毛发刺激性小，易于漂清，使头发洗后柔软、光亮、易于梳理。

对于患有皮脂溢出症（或称脂溢性脱发）的人，洗发要视不同情况区别对待。患有油性皮脂溢的人，着重是清除皮脂，避免皮脂在毛囊内淤积形成粉刺或脱发，可选用香皂等去污力较强的洗发用品来清除皮脂。对于干性皮脂溢（头皮屑过多）的人，由于头皮细胞新陈代谢加强，并伴随有异常的慢性症状，使角质层变质，从而为微生物的生长和繁殖创造了有利条件，而致刺激头皮，引起瘙痒，加速表皮细胞的异常增殖。如果此时仍用香皂等碱性强的洗发用品洗头，可以产生同样的刺激作用。结果是洗的次数越多，对皮脂腺的刺激越大，排出的皮脂越多，头皮屑也越多。因此要适当减少洗头的次数，同时选用含有去屑、止痒药物（如硫黄、水杨酸、硫化硒、樟脑、吡啶硫酮锌等）的洗发用品，可以恶化微生物的生存条件，减轻瘙痒和头皮屑，保护头皮和头发。

2. 头发的养护及保健

正常的头皮，其油性超过身体的其他部位。头皮分泌的皮脂使头发表面有一层油脂膜，可减少头发水分的散失，维持头发水分平衡，保持头发光泽、柔软和弹性，减少风吹、日晒的侵蚀。如果这层油脂膜的油分比正常少很多，则头发就会变得干枯、容易断裂等。因此在秋冬季节或在洗发之后，头发表面的油脂膜减少或遭受破坏，使头发失去光泽，变得干燥枯萎。另外头发经漂白、染发、烫发后，由于化学药物的作用，头发的油脂膜损失严重，而且头发也受到一定程度的损伤。所以敷用发油、发乳、爽发膏等护发化妆品，补充头发油分和水分的不足，维护头发的光亮、柔软和弹性，是非常必要的。同时要避免过勤地染发和烫发，防止头发的过度损伤。

头发的养护还应避免过度日晒的伤害。头发角蛋白中的酰胺键和二硫键在强烈的日光照射下会发生断裂，使头发变得枯燥、易断等。因此当长时间强烈日光照射时，应搽用发油、发乳等护发化妆品，或戴太阳帽等，防止日光的过分照射。还可以选用含有防晒成分的洗发护发用品。

游泳也可导致头发干枯发黄，这主要是由于水中加入的氯气、漂白杀菌剂以及沉淀剂等在太阳光的影响下会使头发中的角质发生变化。因此，做好游泳前后头发的护理很重要。游泳前，抹上抗紫外线的发胶、发乳，戴上橡胶质地的泳帽，都是不错的选择。游泳后，先用适宜的香波洗头，然后使用营养护发化妆品，就可使头发保持光泽而富有弹性。

理发是保护和美化头发的重要措施之一。头发长到一定程度会出现开叉现象，影响头发继续生长，剪发可以促进头发生长。电吹风会使头发过分干燥以致折断，应勿让热风太靠近头发。

保护头发还可以进行头皮按摩。头皮上神经末梢丰富，通过按摩可促进头皮的血液循环，调节皮脂腺分泌，加强毛囊营养，促进头皮新陈代谢，令头发维持亮泽柔软，防止头发过早变白、脱落；同时还可以松弛神经、解除疲劳等。

梳发也是保护头发的重要因素。经常梳头能够刺激头皮，促进血液循环，去除灰尘和头皮屑，有利于头发的生长和保持头发清洁、整齐、光滑、润泽和弹性。

第三节　化妆品与牙齿科学

牙齿和口腔卫生对人体健康的影响已日益受到医学界和公众的关注。一些牙齿及口腔的疾病已被认为是人类最常见的疾病。牙齿是整个消化系统的一个重要组成部分，它的主要功能是咀嚼食物。牙齿和口腔健康不良，如牙齿蛀蚀脱落等，不仅造成难忍的疼痛、影响外表美观，而且还会因咀嚼食物不完全而引起消化不良，减低营养成分的吸收，影响人体的健康。同时，牙病的细菌及其产生的毒素，还可通过血液到达身体的其他部位，引起其他器官的疾病。除此之外，牙齿还有帮助发音和端正面形等功能。因此，保护好牙齿是非常重要的。

一般口腔卫生制品大都是日常使用的、以防止和控制口腔疾病为主的产品，当然也包括一部分药物。因此，研究关于口腔内使用的制品时，必须考虑化妆品学和牙科医学两个方面。

一、牙齿及其周围组织的结构

牙齿是钙化了的硬固性物质，所有牙齿都牢牢地固定在上下牙槽骨中。露在口腔里的部分叫牙冠；嵌入牙槽中看不见的部分称为牙根；中间部分称为牙颈；牙根的尖端叫根尖。牙齿及其周围组织剖面图如图 2-6 所示。

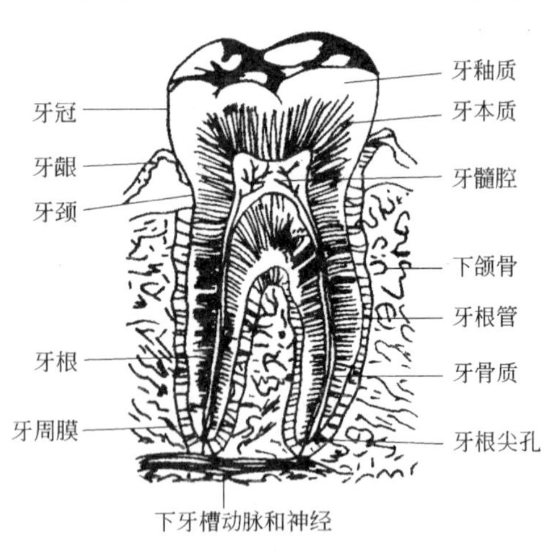

图 2-6　牙齿及其周围组织剖面图

1. 牙体组织

牙齿的本身叫作牙体。牙体包括牙釉质、牙本质、牙骨质和牙髓 4 个部分。

（1）牙釉质　牙冠表面覆盖着牙釉质，亦称珐琅质，是人体中最坚硬的钙化组织。成熟的牙釉质的莫氏硬度为 6～7，差不多与水晶及石英同样硬，在接近牙釉和牙本质交界处（特别是牙颈），硬度较小。釉质的平均密度为 3.0g/mL，抗压强度为 75.9MPa。正是牙釉质的高强硬度，使它可以承受数十年的咀嚼压力和摩擦，将食物磨碎研细，而不致在其行使功能中被压碎。

釉质为乳白色，有一定的透明度。薄而透明度高的釉质，能透出下方牙本质的浅黄色，使牙冠呈黄白色；厚而透明度低的釉质则使牙冠呈灰白色；牙髓已死的牙齿透明度和色泽都有改变。

釉质是高度钙化的组织，无机物占其总重量的 96%～97%，其中，主要是羟基磷灰石［$Ca_3(PO_4)_2 \cdot Ca(OH)_2$］的结晶，约占 90%，其他如碳酸钙、磷酸镁和氟化钙，另有少量的钠、钾、铁、铅、锰、锶、锑、铬、铝、银等元素。釉质中的有机物和水分约占 4%，其中所含的有机物仅占0.4%～0.8%，有机物主要是一种类似角质的糖蛋白复合体，称为角蛋白。釉质内没有血管和神经，能保护牙齿不受外界的冷、热、酸、甜及各种机械性刺激。

(2) 牙本质　牙本质是一种高度矿化的特殊组织，构成牙齿的主体，呈淡黄色。冠部牙本质外覆盖有牙釉质，根部覆盖有牙骨质。牙本质的硬度不如牙釉质，莫氏硬度为5～6，由70%左右的无机物、30%左右的有机物和水组成。无机物中主要为羟基磷灰石微晶。有机物主要是胶原蛋白，另有少量不溶性蛋白和脂类等。牙本质内有很多小管，是牙齿营养的通道，还有不少极微细的神经末梢。所以牙本质是有感觉的，一旦釉质被破坏，牙本质暴露时，外界的温度、机械和化学性刺激就会引起牙齿疼痛，这就是牙本质过敏症。

(3) 牙骨质　牙骨质是覆盖在牙根表面的一种很薄的钙化组织，呈浅黄色。牙骨质的硬度不如牙本质，而和骨相似，含无机物约45%～50%，有机物和水约50%～55%。无机物中主要是羟基磷灰石，有机物主要为胶原蛋白。由于其硬度不高且较薄，当牙骨质暴露时，容易受到机械性的损伤，引起过敏性疼痛。

(4) 牙髓　牙髓位于髓腔内的一种特殊的疏松结缔组织。牙髓可以不断地形成牙本质，提供抗感染防御机制，并维持牙体的营养代谢。如果牙髓坏死，则釉质和牙本质因失去主要营养来源而变得脆弱，釉质失去光泽且容易折裂。牙髓被牙本质所包围，牙本质受牙髓的营养支持和神经支配，同时也保护牙髓免受外界刺激。

牙髓的血管来自颌骨中的齿槽动脉分支，它们经过根尖孔进入牙髓，称为牙髓动脉。牙髓神经来自牙槽神经，伴同血管自根尖孔进入牙髓，然后分成很多细的分支，神经末梢最后进入造牙本质细胞层和牙本质中。

老年人的牙髓组织，也和其机体其他器官一样，发生衰老性变化，如钙盐沉积、纤维增多、牙髓内的血管脆性增加、牙髓腔变窄等，这些都会影响牙髓对外界刺激的反应力。

2. 牙周组织

牙齿周围的组织称为牙周组织，包括牙周膜、牙槽骨和牙龈。

(1) 牙周膜　牙周槽位于牙根与牙槽骨之间的结缔组织。主要是联结牙齿与牙槽骨，使牙齿得以固定在牙槽骨中，并可调节牙齿所承受的咀嚼压力以及缓冲外来压力，使其不直接作用于牙槽骨，即使用力咀嚼，脑也不致受震荡。牙周膜具有韧带作用，故又称为牙周韧带。

牙周膜是纤维性结缔组织，由细胞、纤维和基质所组成。在牙周膜内分布着血管、淋巴管及神经等。不仅可提供牙骨质和牙槽骨所需的营养，而且在病理情况下，牙周膜中的造牙骨质细胞和造骨细胞，能重建牙槽骨和牙骨质。

牙周膜的厚度和它的功能大小有密切关系。在近牙槽嵴顶处最厚，在近牙根端1/3处最薄。未萌出牙齿的牙周膜薄，萌出后担当咀嚼功能，牙周膜才增厚，老人的牙周膜又稍变薄。

牙周膜一旦受到损害，无论牙体如何完整，也无法维持其正常功能。

(2) 牙槽骨　牙槽骨是颌骨包围牙根的突起部分，又称为牙槽突。容纳牙齿的凹窝称为牙槽窝；游离端称为牙槽嵴顶。牙槽骨随着牙齿的发育而增长，而牙齿缺失时，牙槽骨也就随之萎缩。牙槽骨是骨骼中变化最活跃的部分，它的变化与牙齿的发育和萌出、乳牙脱换、恒牙移动和咀嚼功能等均有关系。在牙齿萌出和移动的过程中，受压力侧的牙槽骨骨质发生吸收；而牵引侧的牙槽骨质新生。临床上即利用这一原理进行牙齿错位畸形的矫正治疗。

(3) 牙龈　牙龈是围绕牙颈和覆盖在牙槽骨上的那一部分牙周组织，俗称肉牙。牙龈是口腔黏膜的一部分，由上皮层和固有层组成。其作用是保护基础组织牢固地附着在牙齿上，同时它对细菌感染构成一个重要屏障。

二、牙齿的发育

牙齿的发育经历一个长期、复杂的过程。人出生后 6 个月左右出乳牙，至 2 岁半左右出齐，共 20 个。6 岁左右，在乳磨牙的后面，长出第一恒磨牙，上下左右共 4 个，也称六龄齿。7 岁左右乳牙开始逐步脱落，换上恒牙。13 岁左右乳恒牙交换完毕，并在第一恒磨牙后再出第二恒磨牙，到 20 岁左右又出第三恒磨牙，也称尽根牙。全部出齐共 32 个牙齿。每个牙齿的发育都依次经过生长、钙化和萌出 3 个步骤，此后才能行使其功能。

牙齿发育的全过程与机体内外环境有十分密切的关系。例如，缺乏蛋白质、纤维素和矿物质以及代谢不平衡，神经系统的调节紊乱，或者患有某些传染病等，都会使牙齿的生长发育以及萌出过程发生障碍。牙齿萌出的时间受全身和局部因素的影响，如营养（特别是维生素 D）缺乏和内分泌紊乱均可使牙齿延迟萌出。乳牙迟脱也使继承的恒牙延迟萌出或错位萌出。如果是全部乳牙或恒牙的萌出延迟，则与遗传和系统性因素（如内分泌系统障碍和营养不良等）有关。因此保护牙齿应从发育期开始，加强营养、消灭传染病等，都对牙齿保健有十分重要的意义。

三、牙面沉积物与常见牙病

牙病的患病率高，分布极广，是人类最常见的疾病之一。常见牙病主要包括龋病、牙周病和牙本质敏感症等。处理和治疗这些牙病是牙科医生的任务，化妆品化学家的作用是研究开发预防这些牙病的产品，如口腔卫生用品，通过日常的使用，达到预防牙病或减轻已有牙病的目的。了解这些牙病的成因和预防方法，对研发和生产这类口腔卫生用品是很有帮助的。

牙病发病的原因有全身和局部的因素：全身因素包括营养缺乏，内分泌和代谢障碍等；局部因素主要是附着在牙面上的沉积物对牙齿、牙龈和牙周组织的作用。

1. 牙面沉积物

牙面沉积物概括起来有软、硬两种。软的是牙菌斑和软垢；硬的是钙化了的牙结石。菌斑、软垢和牙结石与龋齿、牙周病的发病和发展有较密切的关系，因此首先介绍这些沉积物的结构和来源。

（1）牙菌斑　彻底清洁的牙釉质表面与唾液（由 99.5%的水分和 0.5%的各种固体成分组成，其 pH 值约为 6.7）接触数秒钟后，即为一层有机薄膜所覆盖，此为获得性膜。获得性膜达到最大厚度的时间尚不清楚，但研究证实，在开始的 1～2h 内获得性膜的厚度增加较快，此后增加速率变得缓慢。获得性膜的主体由唾液蛋白质所构成，其形成机制是蛋白质的选择性吸附。开始 4h 内形成的唾液获得性膜是无菌的；8h 后，逐渐有各种类型的细菌附着；24h 内，牙面几乎全部被微生物所覆盖。各种微生物嵌入到有机基质中，在牙面形成一种不定形的微生物团块，此即牙菌斑。

牙菌斑是一种致密的、非钙化的、胶质样的膜状细菌团，一般多分布在点隙、裂沟、邻接面和牙颈部等不易清洁的部位，而且附着较紧密，不易被唾液冲洗掉或在咀嚼时被除去。

牙菌斑由细菌和基质所组成。菌斑内的细菌至少有 20 多种，最常分离出的细菌有链球菌、放线菌、奈瑟菌、范永菌和棒状杆菌等。菌斑基质由有机质和无机质组成。有机质的主要成分为多糖、蛋白质和脂肪，无机质主要为钙和磷，另有少量的氟和镁。牙菌斑基质是由唾液、食物和细菌代谢产物而来，故口腔卫生不良和常吃易黏附的食物与蔗糖者，牙菌斑形成较快。

（2）软垢　软垢是附着在牙齿表面近龈缘的软性污物，由食物碎屑、微生物、脱落的上皮细胞、白细胞、唾液中的黏液素、涎蛋白、脂类等混合组成。一般在错位牙和龈缘 1/3 处最多。呈灰白色或黄色，容易去除。

(3) 牙结石 牙结石系由牙菌斑矿化后形成。牙菌斑中的钙盐主要由唾液而来，初时呈可溶性钙盐，日久转变成不溶性钙盐，即牙结石。但并不是所有的牙菌斑都要矿化变为牙结石。牙结石多沉积于不易清洁的牙面，尤其是唾液腺开口附近的牙面上，如下前牙的牙面、上颌磨牙的颊面沉积最多。此外，失去咀嚼功能的牙齿，如错位牙等也容易沉积牙结石。牙结石附着牢固，质地坚硬，较难除去。

2. 龋病

龋病是牙齿在多种因素影响下，硬组织发生慢性进行性破坏的一种疾病。

龋病是近代人类比较普遍的疾病之一。在工业发达国家如美国、英国、法国、日本等，龋病的发病率高达90%以上。龋病在我国也是一种分布范围广、患病率较高的疾病。据调查，我国的龋病发病率因民族、地区、年龄、性别的不同而有差异，大多在36%～50%之间，儿童的龋病发病率通常在40%以上。

一般情况下，龋病是由牙釉质或牙骨质表面开始，逐渐向深层发展，破坏牙本质。根据龋坏程度分为浅龋、中龋和深龋。浅龋的龋坏程度限于釉质或牙骨质，尚未达到牙本质，一般无临床症状，因而常常得不到及时治疗；中龋为龋病进展至牙本质浅层，一般无症状，有时对酸、甜、冷或热刺激有反应性疼痛，刺激去除后疼痛立即消失，牙本质龋的发展比牙釉质龋快；深龋是龋病已进展至牙本质深层，接近牙髓腔，一般对温度、化学或食物嵌入洞内压迫等刺激引起疼痛反应，刺激去除后疼痛消失，如龋病进展缓慢，由于牙髓内有修复性牙本质形成，也可能不出现症状。

每个牙齿和它的不同部位对龋病的易感性都有不同，其患龋率也不同。恒牙列中，下颌第一、第二磨牙患龋率最高，上颌第一、第二磨牙次之；乳牙列中，乳磨牙患龋率最高。从牙齿部位看，咬合面点隙、裂、沟处不易清洁，常滞留食物残渣和细菌，因而易患龋病；而牙齿的舌面、颊（唇）面牙尖和切缘部位，不仅光滑，而且又受到咀嚼、舌的运动和唾液的冲洗等自然的清洁作用，使食物和细菌不易滞留，故不易发生龋病。

有关龋病发生的机理，至今尚未完全明确。早期提出的理论有蛋白质溶解学说、蛋白质溶解-螯合学说等，1962年凯斯提出了龋病发病的三联因素，即细菌、食物和宿主，只有在这3种因素同时存在并相互作用的条件下，才会发生龋病。由于龋病的发生是一个复杂的慢性过程，需要较长的时间，故有人主张应增加时间因素，称为四联因素。

(1) 细菌 大量研究表明，细菌的存在是龋病发生的主要条件。口腔内的细菌种类非常多，但并非所有的细菌都能致龋。研究认为，口腔中的主要致龋菌是变形链球菌，其次为某些乳酸杆菌和放线菌等产酸菌。

大多数情况下，细菌只有在形成牙菌斑后才能起到致龋作用。牙菌斑在形成过程中紧附于牙面，细菌和基质逐渐增加，其中代谢产物如乳酸及醋酸等，使牙菌斑内pH值下降，且由于牙菌斑致密的基质结构，影响牙菌斑的渗透性，使酸不易扩散出去，同时又阻止唾液对牙菌斑内酸的稀释和中和作用。若牙面长期处在低pH值中，牙齿就逐渐受到酸的溶解而被破坏。

(2) 食物 研究发现，食物中的糖类对牙齿的局部作用最为重要。这种局部作用与食物的物理性能和化学性能有关。低分子量的糖类，如饼干、糕点和糖果（特别是黏度大的糖果）等，制作较精细，易黏附于牙面上，容易被细菌发酵，有利于龋病的发生。纤维性食物和肉类不易被发酵，对牙面有机械性摩擦和清洗作用，不利于龋病的发生。

糖类中，蔗糖是发生龋病的最适合底物，它能迅速弥散进入菌斑，菌斑内致龋菌很快地将部分蔗糖转化成不溶性细胞外多糖，形成菌斑基质，部分蔗糖被细菌酵解为葡萄糖和果糖，供给细菌代谢，其代谢产物为有机酸（如乳酸等），使菌斑内 pH 值下降。其他的糖类如淀粉，菌斑细菌只能将其代谢转化成细胞内多糖。因此，食物中的糖类（特别是蔗糖）是龋病发生的重要因素。

此外，吃糖的时间和方式对龋病发病也有很大影响，如儿童临睡前吃糖易于患龋。

（3）宿主　宿主对龋病的敏感性涉及多方面因素，如唾液的流速、唾液量与成分、牙齿的形态与结构、机体的全身状况等。

唾液中的重碳酸盐含量高，不但有利于清洗牙面，而且缓冲作用亦强，可中和菌斑内的酸性物质；唾液内的尿素被菌斑内细菌分解，产生氨和胺，亦可抑制菌斑 pH 值下降。两者均有一定的抗龋作用。唾液中的钙和磷与釉质之间不断地进行着离子交换，如唾液中钙和磷的含量高，可促进钙离子在釉质表面的沉积，从而增加釉质的抗龋能力。唾液内的分泌型免疫球蛋白 A（S-IgA）等抗菌物质可抑制致龋菌的生长，而一些唾液蛋白（如氨基酸等）又参与牙菌斑的形成，提供了细菌生长繁殖的营养。

牙齿的结构、组成、形态和位置等对龋病发病也可起到重要的作用。在牙齿发育期间，如营养不良，缺乏蛋白质、维生素 A、维生素 D、维生素 C 或矿物盐，或由于内分泌、某些传染病及遗传因素，都会影响牙齿组织的结构与钙化，釉质矿化程度降低，有利于龋病发生。一些微量元素如氟、钼、钒、锶、铁等的含量，均影响到牙齿的抗龋能力。此外，牙齿的裂沟、牙齿排列不整齐及错位等造成牙齿接触不良，且不易清洁，食物易于滞留和形成牙菌斑，亦易发生龋病。

机体的全身状况，患某些慢性疾病，如结核病、佝偻病、风湿病、内分泌障碍、糖尿病等，均易导致龋病的发生。

因此龋病的预防应针对上述因素进行。如保持口腔清洁卫生，减少致龋物在口腔中滞留的时间，防止牙菌斑的形成；增加宿主的抵抗力，提高牙齿的抗酸能力；抑制能把糖类变成酸的乳酸杆菌、变性链球菌或破坏其中间产物，或改变各种微生物的分布，减少与牙齿接触的微生物数量；少食糖类等易致龋的食物等，均可在一定程度上防止龋齿的发生。

3. 牙周病

牙周病是指牙齿支持组织发生的疾病，其类型有牙龈病、牙周炎以及咬合创伤和牙周萎缩等，其中尤以牙龈病最为普遍。在口腔疾病中，牙周病与龋病一样是人类的一种多发病和常见病，据统计牙周病的发病率可达 80%～90%。

牙龈病是局限于牙龈组织的疾病。在牙龈病中，慢性边缘性龈炎（亦称缘龈炎）最为常见。一般自觉症状不明显，部分患者牙龈有痒胀感；多数患者当牙龈受到机械刺激，如刷牙、咀嚼食物、谈话、吮吸时，牙龈出血；也有少数患者在睡觉时发生自发性出血。早期治疗，不仅效果好，还可以预防其发展成为牙周炎。

牙周炎是牙周组织皆受累的一种慢性破坏性疾病，不仅牙龈有炎症，而且牙周膜、牙骨质、牙槽骨均有改变。牙周炎的主要临床特点为形成牙周袋，即牙周组织与牙体分离，伴有慢性炎症和不同程度的化脓性病变，导致牙龈红肿出血，在化脓性细菌作用下，牙周袋溢脓，最终导致牙齿松动，牙龈退缩，牙根暴露，出现牙齿敏感症状。

牙周病在发展过程中呈周期性发作，有活动期和静止期。活动期与局部刺激的强弱和机体抵抗力有密切关系，如不及时进行适当的治疗，活动期和静止期交替出现，就会逐渐破坏牙齿的支持组织。牙周病的早期往往无明显的自觉症状，故一般人多不重视。一旦病变继续发展，可发生牙龈出血、溢脓、肿胀、疼痛、牙齿松动等，使咀嚼功能下降，严重者可因此而丧失牙齿。因此应及早采取预防措施。牙周病的病因多且复杂，如细菌和菌斑、软垢和结石、食物嵌塞、咬合创伤、全身性疾病等，都会导致牙龈炎和牙周炎等牙周病的发生和发展。其中，减少和防止牙菌斑、软垢和牙结石的形成，避免细菌感染是防治牙周病的关键。

4. 牙本质敏感症

牙本质敏感症是指牙齿遇到冷、热、酸、甜和机械等刺激时，感到酸痛的一种牙病，国内外患过敏病的成年人比例都很大，也是一种常见病。

牙本质敏感症并非一种独立的疾病，而是很多种牙体疾病的一个共有症状，如龋坏、磨损、楔状缺损、外伤牙折、釉质发育不全、酸蚀等，使牙本质暴露，可产生该症。有的牙本质并未暴露也会出现上述过敏症状，如更年期、妇女月经期、神经官能症、头颈部放射治疗等，牙本质并未暴露，全口牙齿也会出现敏感症状。

有关敏感的机理可解释为：外界刺激通过牙本质小管而起作用。当牙本质受到损伤时，刺激可以直接作用于牙本质小管的神经，而激发冲动的传入。牙本质小管内充满着组织液，并且与牙髓组织液相通，在温度改变时，可以引起牙齿硬组织变形，产生小管内液体运动，加压于牙本质神经，激发冲动。因此避免龋病的发生、堵塞牙本质小管、降低牙体硬组织的渗透性、提高牙体组织的缓冲作用等，均可有效地防止牙本质敏感症的发生。

四、牙病的预防

了解了牙齿常见病的基本知识，并不能改变牙齿的健康状况，而只有加强各种常见牙病的预防，才能避免牙病的发生，有益于健康。龋病和牙周病是普遍存在的，但是只要早期采取措施，龋病和牙周病是可以预防的。因此保护牙齿应以预防为主。

牙病的预防，必须从儿童时期就开始。儿童正处于发育时期，牙齿过早龋坏，会影响儿童的咀嚼功能及健康地成长。乳牙过早损坏，可影响颌骨发育，造成牙齿畸形。所以应从小培养良好的口腔卫生习惯，保护好牙齿。

1. 注意口腔卫生

口腔具有自身清洁牙齿及口腔的功能，如唾液的分泌及其作用，摄取食物后咀嚼作用及口腔内细菌群的作用等。但是光靠口腔自身的作用是不够的，还必须借助牙膏或其他口腔卫生用品的刷清作用来保持口腔卫生。

建立常规和正确的刷牙、漱口习惯，不只是为了美观，更重要的是刷牙可除去牙菌斑和软垢，防止牙结石的形成，维护牙齿和牙周组织的健康。特别是睡前刷牙尤为重要，因为白天人们讲话时口腔在活动，唾液分泌较多，细菌的繁殖受到一定的限制。但睡眠中口腔处于静止状态，唾液分泌减少，而且口腔里的湿度和温度又最适合细菌繁殖，若睡前不刷牙，留在牙缝和牙面上的食物残渣被细菌发酵产酸，对牙齿产生腐蚀作用，易导致龋病的发生。而且通过刷牙可按摩牙龈，改善牙龈组织的血液循环，增强抗病能力。但刷牙的方法要正确。如大面积横刷牙齿，不仅牙缝内刷不干净，而且易挫伤牙龈，使牙龈萎缩，牙齿磨损，促使牙病的发生。正确的刷牙方法应该是选用较为柔软的保健牙刷，刷牙时上下转动刷，即顺着牙缝，上牙向下刷，下牙向上刷，咬合面来回刷，里里外外都要刷干净。也可根据情况采用颤动刷牙法（横向短距离滑动）和间隙刷牙法。

洁齿剂是刷牙的辅助用品，有助于清洁牙面和牙刷达不到的部分，并赋予刷牙时爽口感。常用的洁齿剂有牙膏、牙粉和含漱水等，其中牙膏因具有洁齿力强、使用方便、口感舒适等特点，而较常被采用。

2. 氟化物的应用

氟化物的应用，一方面是指在低氟地区公共饮用水源中加入适量的氟化物用来达到预防龋病的目的；另一方面是在低氟地区使用含氟化物的药物牙膏，可有效地降低龋病的发病率。

3. 注意饮食和营养

儿童生长发育时期，牙齿和身体其他部分一样需要营养物质。出生前6个月到出生后8岁期间，牙齿可因食物中蛋白质、钙、磷、氟化物、维生素A、维生素D等各种营养物质的改变而受到影响。至牙齿完全形成，矿化和萌出后，钙剂的补充则不必要。口腔软组织也需要平衡的食物营养。某些食物，如海产品、芋头、甘薯等，含有丰富的氟化物；茶中亦含有较高的氟化物，用来补充当地饮用水中氟含量的不足，对预防龋病也会取得较好效果。

零食应尽量避免吃含大量精制糖类的食品，如饼干、蛋糕、糖果等甜食，且吃后应及时刷牙或立即漱口。纤维性食物，如水果、蔬菜等，有助于清洁牙齿和按摩牙龈，有利于预防龋齿和牙周病，对儿童还能促进其颌骨的发育。

另外，定期检查，早期发现、及时治疗或采取必要的防治措施，是防止牙病进一步发展的有效措施。还要加强体育锻炼，增强体质，提高抗病能力，减少由于某些全身因素对牙齿的影响。

小　结

1. 皮肤是人体的主要器官之一，它由外及里分为表皮、真皮、皮下组织等3层。人体皮肤具有保护作用、感觉作用、体温调节作用、分泌和排泄作用、吸收作用等生理功能。

2. 皮肤的颜色是由黑色素、胡萝卜素和血红蛋白等色素共同决定的。黑色素是决定人类皮肤颜色的最主要色素，它是在黑素细胞内生成的，实际上不同人种之间肤色的变化是由黑素细胞中的黑素粒产生的色素决定的。

3. 皮肤老化的原因多种多样，紫外线照射是加速皮肤老化的最重要的外部原因。如何防止皮肤的老化，是一个复杂的问题。日常生活中应该注意一些有关皮肤保健的措施。由化妆品引起的皮肤炎症主要有刺激性皮炎、过敏性皮炎和光敏性皮炎。

4. 毛发由角化的表皮细胞构成。从纵向看，毛发由毛杆、毛根、毛球、毛乳头等组成；将毛发沿横向切开，其中心为髓质，周围覆盖有皮质，最外面一层为毛表皮。毛发的基本成分是角蛋白质，由C、H、O、N和S元素构成。毛发在沸水、酸、碱、氧化剂和还原剂等作用下可发生某些化学变化，可以利用这些变化来改变头发的性质，达到美发、护发等目的。毛发的生长是呈周期性的，其生长周期分为生长期、退行期和休止期3个阶段。头发不仅保护着头皮，而且影响着美观，必须注意头发的清洁、养护及保健等日常护理。

5. 牙齿是钙化了的硬固性物质。牙齿的本身叫做牙体，包括牙釉质、牙本质、牙骨质和牙髓4个部分。牙齿周围的组织称为牙周组织，包括牙周膜、牙槽骨和牙龈。牙病是人类最常见的疾病之一，常见牙病主要包括龋病、牙周病和牙本质敏感症等。化妆品如口腔卫生用品的作用是通过日常的使用，达到预防牙病或减轻已有牙病的目的。

思考题

1. 人的皮肤由外及里共分为几层？每层皮肤的组织结构和性能如何？
2. 皮肤的生理功能是什么？如何根据皮肤的生理功能选择和使用化妆品？
3. 从使用化妆品的角度说明如何延缓皮肤的衰老？
4. 简述毛发角蛋白的化学结构及其在外界条件下可发生的化学变化。
5. 简述牙面沉积物的成因及其与龋病、牙周病的关系。

第三章 表面活性剂理论

学习目标及要求：

1. 能叙述表面张力的概念，并能初步解释日常生活中表面张力存在的现象。
2. 能叙述表面活性剂的概念。
3. 能讲述表面活性剂分子的结构特点。
4. 能分析并能讲述表面活性剂的作用原理。
5. 识记表面活性剂的几个重要概念并能解释概念与性能的关系。
6. 初步认识表面活性剂的乳化、增溶、发泡、润湿和分散等作用，并能解释以上作用在化妆品生产制备中的应用。

第一节 表面活性剂及其性能

一、表面活性剂

表面活性剂是一类能降低溶液表面张力（或界面张力）的物质，通过降低表面张力从而起到润湿、乳化、起泡以及增溶等一系列作用，在化妆品特别是洗涤用品中应用非常广泛。它的用量虽小，但对改进技术、提高质量、增产节约却收效显著，有“工业味精”之美称。表面活性剂和合成洗涤剂形成一门工业要追溯到 20 世纪 30 年代，以石油化工原料衍生的合成表面活性剂和洗涤剂打破了肥皂一统天下的局面。中国的表面活性剂和合成洗涤剂工业起始于 50 年代，尽管起步较晚，但发展较快，在洗涤用品总量上更是排名世界第二位，仅次于美国。

1. 表面张力

物质相与相之间的分界面称为界面，包括气液、气固、液液、固固和固液 5 种，其中包含气相的界面叫作表面，有气液、气固表面两种。

在液体的表面，存在着表面张力，这可从液体表面上的分子所处状态与液体内部的分子所处状态（或分子所受作用力）之间的不同来分析，如图 3-1 所示。

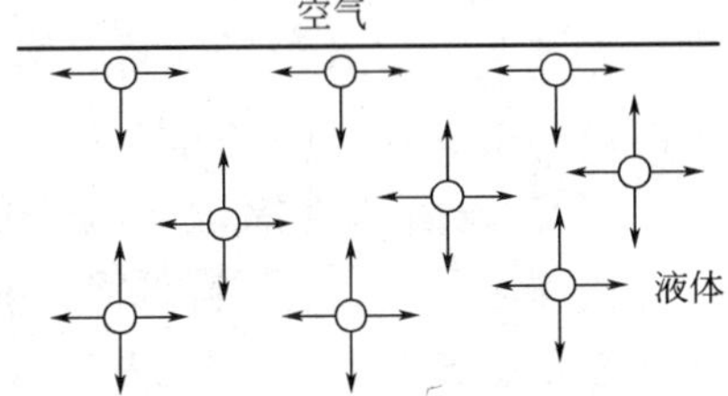

图 3-1 分子在液体内部和表面所收吸引力的不同

在液体内部，每个分子受其周围分子的作用力是对称的，而气液界面上液体分子所受液相分子的引力比气相分子对它的引力强，它所受的力是不对称的，结果产生了表面分子受到指向液体内部并垂直于界面的引力。这个力的存在，使得液体的表面有自动收缩的倾向，这表现在：液体总是趋向于形成球形（当所受重力可以被忽略时）。例如将一滴水放到太空中，它必将形成一个绝对圆的球体。而表面张力就是作用于液体表面单位长度上使表面收缩的力（mN/m）。由于表面张力的作用，使液体表面积永远趋于最小。

由于表面分子所处的状况与内部分子不同，因此表现出很多特殊的现象，称为表面现象，例如荷叶上的水珠、水中的油滴、毛细管的虹吸等。这些表面现象都与表面张力有关。

表面张力是液体的内在性质，其大小主要取决于液体的本身及与其接触的另一相物质的种类。例如水、水银、无机酸等无机物与气体的表面张力大，醇、酮、醛等有机物与气体的表面张力小。气体种类对表面张力也有影响，水银与水银蒸气的表面张力最大，与水蒸气的表面张力则小得多。实验研究表明，水溶液中的溶质浓度对表面张力的影响有3种情况（图3-2）。

① 随浓度的增大，表面张力上升，如图3-2中曲线A所示。无机酸、碱、盐溶液多属于此种情况。

② 随浓度的增大，表面张力下降，如图3-2中曲线B所示。有机酸、醇、醛溶液多属于此种情况。

③ 随浓度的增大，开始表面张力急剧下降，但到一定的程度便不再下降，如图3-2中曲线C所示。肥皂、长链烷基苯磺酸钠、高级醇硫酸酯盐等属于这种情况。

从广义讲，能使体系表面张力下降的溶质均可为表面活性剂；但专业范围内只将对表面张力作用较大的一类化合物称为表面活性剂，即能够大幅度降低体系表面张力的物质称为表面活性剂。它们都具有上述C那样的曲线。

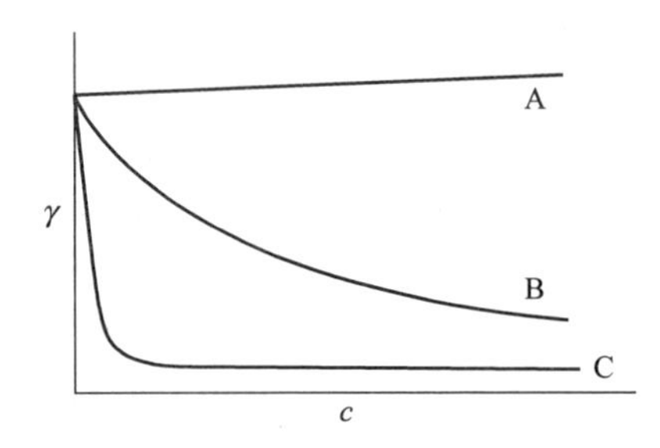

图3-2 水溶液的表面张力与溶质浓度的几种典型关系

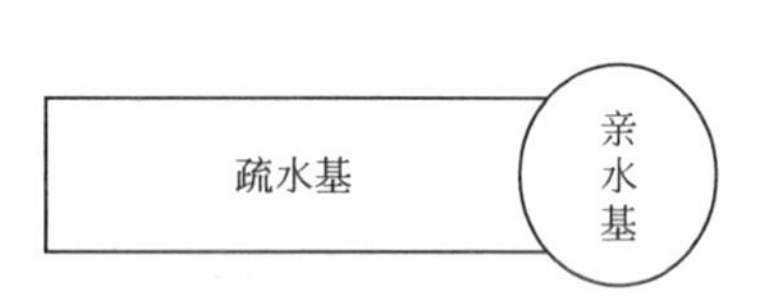

图3-3 表面活性剂双亲结构示意

2. 表面活性剂的分子结构特点

表面活性剂何以能降低表面张力呢？分析表面活性剂的分子结构可发现，它们都有双亲性结构，即同时具有亲油基团和亲水基团（图3-3）。表面活性剂的亲油基一般是由含8个以上碳原子数的长链烃基构成，结构上差别较小；而亲水基的基团种类较多，差别较大，一般为带电的电子基团和不带电的极性基团。以一种常见的表面活性剂十二烷基硫酸钠[$CH_3(CH_2)_{11}SO_4Na$]为例，它是由非极性的$CH_3(CH_2)_{11}$—与极性的—SO_4Na组成，前者为亲油基，后者为亲水基。水溶液中，$CH_3(CH_2)_{11}SO_4Na$电解为$CH_3(CH_2)_{11}SO_4^-$与Na^+，起主要作用的是$CH_3(CH_2)_{11}SO_4^-$，称为表面活性离子，而Na^+则称为反离子。

二、表面活性原理与临界胶团浓度

表面活性剂是怎样降低溶液表面张力的呢？以表面活性剂溶液的浓度从低到高来分析，可参看示意图3-4。图3-4为按（a）、（b）、（c）、（d）顺序，逐渐增加表面活性剂的浓度，水溶液中表面活性剂分子的活动情况。当溶液中表面活性剂浓度极低时即极稀溶液时，如图3-4（a）所示，空气和水几乎是直接接触，水的表面张力下降不多，接近纯水状态。如果稍微增加表面活性剂的浓度，由于表面活性剂的双亲结构，它会优先聚集到水面，形成一层亲水基朝向水、疏水基朝向空气紧密排列的单分子膜，一定程度上减少了水和空气的接触，表面张力急剧下降。同时水中的表面活性剂分子也三三两两地聚集到一起，疏水基互相靠在一起，开始形成如图3-4（b）所示的小胶团。表面活性剂浓度进一步增大，当溶液表面的表面活性剂分子膜达到饱和吸附时，剩余的表面活性剂分子只能留在溶液的内部，这些表面活性剂分子为了解决其疏水性问题，自动地将亲油基聚集在一起，亲水基在外面，形成了一个个胶团，如图 3-4（c）所示，此时溶液的表面张力降至最低值，开始大量形成胶团的表面活性剂浓度叫临界胶团浓度（cmc）。当溶液的浓度达到临界胶团浓度之后，若浓度再继续增加，由于溶液表面的表面活性剂分子不能再增加，溶液的表面张力几乎不再下降，只是溶液中的胶团数目和聚集数增加而已，如图 3-4（d）所示。此状态相当于图 3-2（c）曲线上的水平部分。

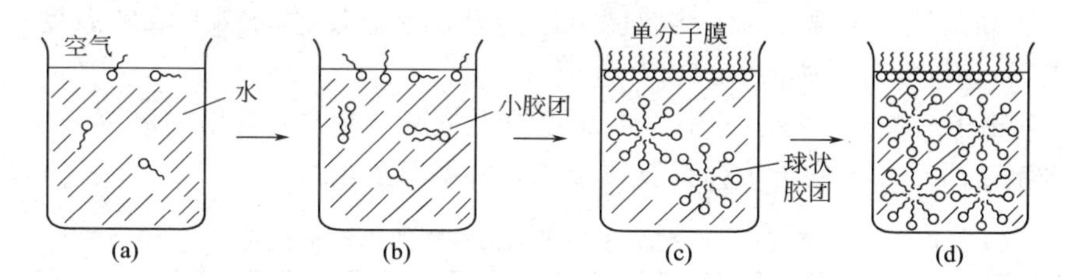

图 3-4 表面活性剂浓度变化和表面活性剂活动情况的关系

由上可知：为什么提高表面活性剂浓度，开始时表面张力急剧下降，而达到一定浓度后就保持恒定不再下降，临界胶团浓度是一个重要界限。

临界胶团浓度是表面活性剂的重要特性参数，它可以作为表面活性剂性能的一种量度。cmc 越小，此种表面活性剂形成胶团所需浓度越低，为改变体系表面（界面）性质，起到润湿、乳化、起泡、加溶等作用所需的浓度也越低。也就是说，临界胶团浓度越低，表面活性剂的应用效率越高。此外，临界胶团浓度还是表面活性剂溶液性质发生显著变化的一个“分水岭”。所以，临界胶团浓度是表征表面活性剂性质不可缺少的数据。

三、表面活性的表征

表面活性剂的表面活性通常用加入表面活性剂后，溶剂表面张力的降低以及其形成胶束的能力（胶束化能力）两个性质来表征。

表面活性剂的胶束化能力用其临界胶束浓度（cmc）表示，cmc 越小，表面活性剂越容易在溶液中自聚形成胶束。

表面张力降低的量度可分为以下两种。

一是降低溶液表面张力至一定值时，所需表面活性剂的浓度——称为表面活性剂表面张力降低的效果。可用 cmc 的倒数代表降低表面张力的效果，通常也以降低 20mN/cm 表面张力所需表面活性剂在溶液内的浓度 c_{20} 或 pc_{20}（$pc_{20}=-\lg c_{20}$，称为效率因子）作为表面张力降低的效率量度。

二是表面张力降低所能达到的最大程度（即溶液表面张力所能达到的最低值，而不管表面活性剂的浓度如何）——称为表面活性剂表面张力降低的能力。一般以 cmc 时的表面张力 γ_{cmc} 或 cmc 时的表面张力降低值作为“能力”的量度。

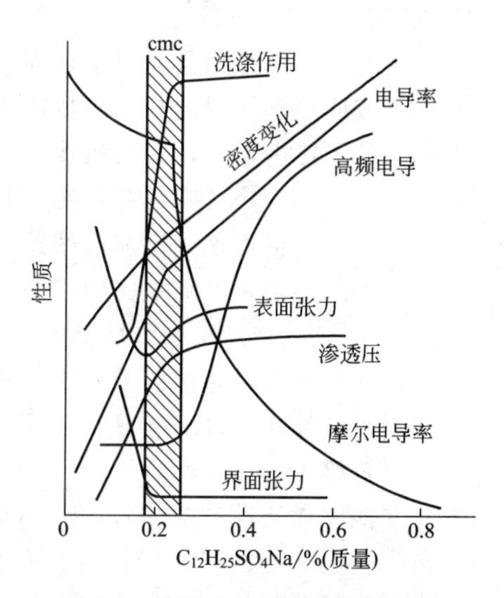

图 3-5 表面活性剂溶液特性示意

四、表面活性剂溶液的性质

1. 溶液的物理化学性质

表面活性剂水溶液的表面张力随浓度的变化而改

变，当浓度比较低时，表面张力随浓度的增加而降低，但当浓度增加到一定值，表面张力几乎不再随浓度的增加而降低，也就是说表面活性剂溶液的表面张力随其浓度变化的曲线中有一个突变点。不仅表面张力的变化有此特征，许多物理化学性质，如渗透压、密度、摩尔电导率、折射率、黏度等均有相同的变化规律，如图 3-5 所示，$C_{12}H_{25}SO_4Na$ 水溶液的各种性质都在一个相当窄的浓度范围内发生突变。

2. 表面活性剂的溶解度

(1) 临界溶解温度（克拉夫特点） 离子型表面活性剂在水中的溶解度随温度的上升逐渐增加，当达到某一特定温度时，溶解度急剧陡升，该温度称为临界溶解温度（Krafft 点/克拉夫特点），该温度称为临界以 T_k 表示。

表 3-1 列出了一些离子型表面活性剂的克拉夫特点。溶解度陡增的原因是由于在该温度以上，离子型表面活性剂分子缔合呈胶团形式，使溶解度增大。

表 3-1 一些离子型表面活性剂的克拉夫特点

表面活性剂	T_k/℃	表面活性剂	T_k/℃
$C_{12}H_{25}SO_4Na$	9	$C_8F_{17}COONa$	8
$C_{12}H_{25}SO_3Na$	38	$C_8F_{17}COOLi$	<0
$(C_{12}H_{25}SO_4Na)_2Na$	50	$C_8F_{17}COOK$	25.6
$(C_{12}H_{25}SO_4Na)_2Mg$	25	$C_8F_{17}COOH$	0
$(C_{12}H_{25}SO_4Na)_2Ba$	105		

(2) 表面活性剂的浊点 非离子表面活性剂在水中的溶解度随温度上升反而降低，升至某一温度，透明的溶液出现浑浊，这个温度称为该表面活性剂的浊点。这个现象是可逆的，溶液冷却后，即可恢复成清亮的均相。表 3-2 列出了一些非离子型表面活性剂的浊点。

表 3-2 一些非离子型表面活性剂的浊点

表面活性剂	T_p/℃	表面活性剂	T_p/℃
$C_{12}H_{25}(OC_2H_4)_3OH$	25	$C_8H_{17}(OC_2H_4)_6OH$	68
$C_{12}H_{25}(OC_2H_4)_6OH$	52	$C_8H_{17}C_6H_4(OC_2H_4)_{10}OH$	75
$C_{10}H_{21}(OC_2H_4)_6OH$	60		

出现浊点的原因是非离子表面活性剂通过它的极性基与水形成氢键，温度升高不利于氢键的形成或打断了原先与水形成的氢键，使其水溶性降低，溶液出现浑浊。浊点受无机盐类中的阴离子影响最大，有盐析作用的阴离子（Cl^-、SO_4^{2-} 等）使浊点降低，没盐析作用的阴离子（I^-、SCN^- 等）则使浊点上升。尿素和低级醇等也具有使浊点上升的作用，浊点还随着离子表面活性剂的添加而快速上升，也受溶液 pH 值的影响。

对于应用而言，克拉夫特点为下限温度，浊点为上限温度。

(3) 亲水-亲油平衡（HLB）值 不同的表面活性剂带有不同的亲油基和亲水基，其亲水亲油性便不同。这里引入一个亲水-亲油性平衡的值（即 HLB 值）的概念来描述表面活性剂的亲水亲油性。HLB 值是表面活性剂亲水-亲油性平衡的定量反映。

以石蜡 HLB=0、油酸 HLB=1、油酸钾 HLB=20、十二烷基硫酸钠 HLB=40 为标准，其他表面活性剂的 HLB 值通过乳化实验对比其乳化效果，分别排列于 1～40 之间。如非离子型表面活性剂 HLB 值在 1～20。

表面活性剂的 HLB 值直接影响着它的性质和应用。例如，在乳化和去污方面，按照油或污垢的极性、温度不同而有最佳的表面活性剂 HLB 值。表 3-3 是具有不同 HLB 值范围的表面活性剂所适用的场合。

表 3-3　具有不同 HLB 值范围的表面活性剂所适用的场合

HLB 值范围	适合的场合	HLB 值范围	适合的场合
3～6	油包水型乳化剂	13～15	洗涤
7～9	润湿、渗透	15～18	加容
8～15	水包油型乳化剂		

对离子型表面活性剂，可根据亲油基含碳数的增减或亲水基种类的变化来控制 HLB 值；对非离子表面活性剂，则可采取一定亲油基上连接的聚环氧乙烷链长或羟基数的增减，来任意微调 HLB 值。

表面活性剂的 HLB 值可计算得来，也可测定得出。常见表面活性剂的 HLB 值可由有关手册或著作中查得。

第二节　乳化和乳状液

一、乳状液

乳状液在日常生活中广泛存在，牛奶就是一种常见的乳状液。乳状液是指一种液体分散在另一种与它不相混溶的液体中形成的多相分散体系。乳状液属于粗分散体系，液珠直径一般大于 0.1μm，由于体系呈现乳白色而被称为乳状液。乳状液中以液珠形式存在的相称为分散相（或称内相、不连续相）。另一相是连续的，称为分散介质（或称外相、连续相）。通常，乳状液有一相是水或水溶液，称为水相；另一相是与水不相混溶的有机相，称为油相。

乳状液分为以下几种。

① 水包油型，以 O/W 表示，内相为油，外相为水，如牛奶等。

② 油包水型，以 W/O 表示，内相为水，外相为油，如原油等。

③ 多重乳状液，以 W/O/W 或 O/W/O 表示。工业上遇到的乳状液体系还有含固体、凝胶等复杂的乳状液。

W/O/W 型是含有分散水珠的油相悬浮于水相中；O/W/O 型是含有分散油珠的水相悬浮于油相中，如图 3-6 所示。

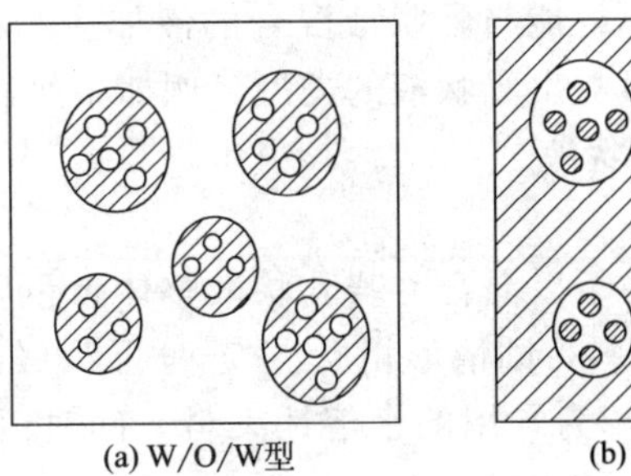

(a) W/O/W型　(b) O/W/O型

图 3-6　多重乳状液

两种不相溶的液体无法形成乳状液。比如，纯净的油和水放在一起搅拌时，可以用强力使一相分散在另一相中，但由于相界面表面积的增加，体系不稳定，一旦停止搅拌，由于表面张力的作用，很快又分成两个不相混溶的相，以使相界面达到最小。如果在上述两相体系中加入表面活性剂，便能降低体系的表面张力，使分散体系的不稳定性降低，形成具有一定稳定性的乳状液。所加入的表面活性剂就称为乳化剂。

二、乳状液的物理性质

1. 液珠大小与光学性质

乳状液常为乳白色不透明液体，它的这种外观与分散相液珠大小有直接关系。表 3-4 列出了分散相液珠大小与乳状液外观的关系。

表 3-4 分散相液珠大小与乳状液外观的关系

液珠大小/μm	外 观	液珠大小/μm	外 观
大液滴(≥100)	可分辨出两相	0.05～0.1	灰色半透明液
>1	乳白色乳状液	<0.05	透明液
0.1～1	蓝色色乳状液		

乳状液体系的分散相与分散介质有不同的折射率，光照在分散相液珠上，可发生反射、折射、散射和透射现象。在分散体系的两相中，大液滴（≥100μm）一般是反射入射光，可明显分辨出两相的存在；而在乳状液中，分散相的粒径和可见光的波长差不多，所以乳状液中光的反射、折射和散射同时存在，以反射比较显著，乳状液呈乳白色，不透明；如果液珠的粒径在 0.05～0.1μm，即略小于入射光波长时，则散射现象较为明显，体系呈半透明状；如果分散相的颗粒远小于入射光波长，则入射光主要表现为透射，外观上为透明的溶液。

2. 乳状液的黏度

乳状液是一种流体，所以黏度是它的一个重要性质。当分散相浓度不大时，乳状液的黏度主要由分散介质决定，分散介质的黏度越大，乳状液的黏度越大。另外，不同的乳化剂形成的界面膜有不同的界面流动性，乳化剂对黏度也有较大影响。

3. 乳状液的电性质

乳状液的电导主要由分散介质决定。因此，O/W 型乳状液的电导性好于 W/O 型乳状液。这一性质常被用于鉴别乳状液的类型、研究乳状液的变形过程。乳状液的另一个电性质是分散相液珠的电泳。通过对液珠在电场中电泳速度的测量，可以提供与乳状液稳定性密切相关的液珠带电情况，是研究乳状液稳定性的一个重要方面。

三、乳状液类型的测定

1. 稀释法

乳状液能与其外相液体相混溶，故能与乳状液混合的液体应与外相相同。因此用“水”或“油”对乳状液作稀释试验，即可看出乳状液的类型，例如牛奶能被水所稀释，而不能与植物油混合，所以牛奶是 O/W 型乳状液。

2. 染料法

将少量油溶性染料加入乳状液中予以混合，若乳状液整体带色则为 W/O 型，若只是液珠带色，则为 O/W 型；用水溶性染料，则情形相反。“苏丹Ⅲ”（红色 225 号）是常用的油溶性染料；“亮蓝 FCF”（青色 1 号）为常用的水溶性染料，同时以油溶性染料和水溶性染料对乳状液进行试验，可提高鉴别的可靠性。

3. 电导法

大多数“油”的电导性甚差，而水（一般常含有一些电解质）的电导性较好，而乳状液的电导性主要由分散介质决定，故对乳状液进行电导测量，可以测定其类型。电导性好的即为 O/W 型，电导性差的为 W/O 型，但有时，当 W/O 型乳状液的内相（W 相）所占比例很大，或油相中离子性乳化剂含量较多时，则油为外相时（W/O）也可能有相当大的电导性。

4. 滤纸润湿法

对于某些“油”与“水”的乳状液可用此法，将一滴乳状液滴于滤纸上，若液体很快铺开，在中心留下一小滴（油）则为O/W型乳状液；若不铺展，则为W/O型乳状液，但此法对某些易在滤纸上铺展的油所形成的乳状液不能适用。

总之，在乳状液类型的测定中，仅使用一种方法，往往有一定的局限性，故对乳状液类型的鉴别应采用多种方法，取长补短，才能得到正确、可靠的结果。

第三节　加溶和微乳液

一、加溶作用

1. 加溶的概念

当表面活性剂溶液的浓度增大时，表面活性剂会缔合形成聚集体，这就是我们前面讲到的胶团（或胶束）。胶团的一个重要性质是能增加在溶剂中原本不溶或微溶物的溶解度，这个性质称为加溶作用，被加溶的物质称为加溶物，含有胶团和微量加溶物的溶液称为胶团溶液。例如，常温下，乙苯基本不溶于水，但在100mL 0.3mol/L的十六酸钾溶液中可溶解3g乙基苯。

表面活性剂的加溶作用，只有在临界胶团浓度以上，胶团大量生成后才显现出来。

图3-7为25℃时，微溶物2-硝基二苯胺溶解度与表面活性剂溶液浓度曲线。

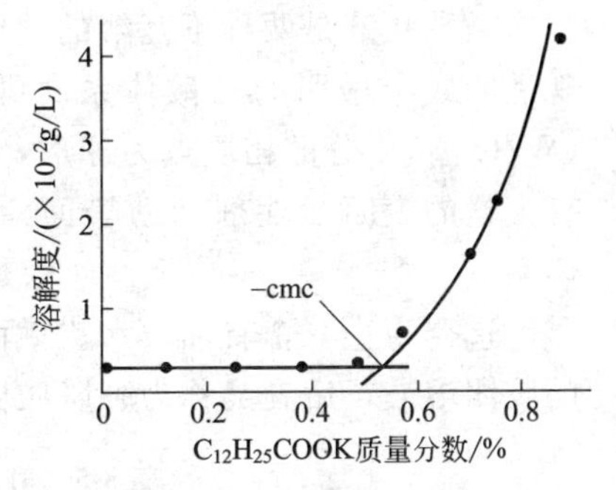

图3-7　2-硝基二苯胺溶解度与表面活性剂溶液浓度曲线

从图3-7中可以看到，在表面活性剂浓度小于cmc时，2-硝基二苯胺溶解度很小，而且不随表面活性剂浓度改变。在cmc以上，溶解度随表面活性剂浓度的增加而迅速上升。表面活性剂溶液浓度超过cmc越多，微溶物就溶解得越多。因此可以推断，微溶物溶解度的增加与溶液中胶团形成有密切关系。

加溶作用的本质是：由于胶团的特殊结构，从它的内核到水相提供了从非极性到极性环境的全过渡。因此，各类极性的或非极性的难溶有机物都可以找到适合的溶解环境，而存在于胶团中。由于胶团粒子一般小于0.1μm，加溶后的胶团溶液仍是透明液体。

2. 加溶的方式

被加溶物在胶团中的加溶方式有4种。

(1) 加溶于胶团内核　饱和脂肪烃、环烷烃及苯等不易极化的非极性有机化合物，一般采取这种方式加溶［图3-10 (a)］。

(2) 加溶于表面活性剂分子间的“栅栏”处　长链醇、胺等极性有机分子，一般以非极性碳氢链插入胶团内部，而极性头处于表面活性剂极性基之间，并通过氢键或偶极子相互作用［图3-10 (b)］。

(3) 吸附于胶团表面　一些既不溶于水也不溶于非极性烃的小分子极性有机化合物，如苯二甲酸二甲酯以及一些染料，吸附于胶团的外壳或部分进入表面活性剂极性基层而被加溶

[图 3-10（c）]。

（4）加溶于胶团的极性基层　对短链芳香烃类的苯、乙苯等较易极化的烃类化合物，开始加溶时被吸附于胶团-水界面处，加溶量增多后，插入定向排列的表面活性剂极性基之间，进而更深地进入胶团内核。在以聚氧乙烯基为亲水基的非离子表面活性剂胶团溶液中，苯加溶于胶团的聚氧乙烯外壳中 [图 3-8（d）]。

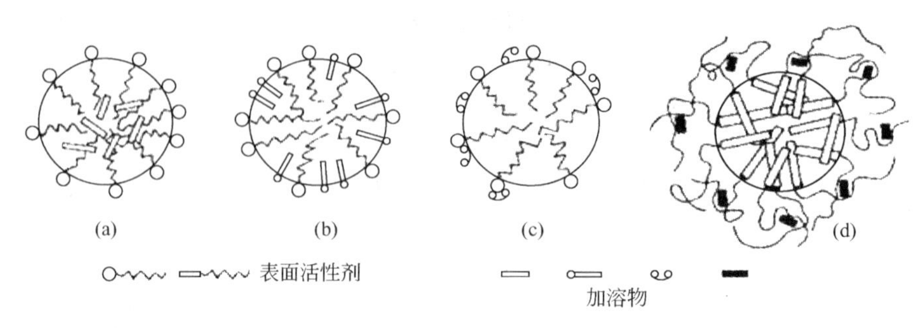

图 3-8　加溶方式示意

虽然加溶方式主要取决于加溶物和加溶剂（表面活性剂）的化学结构，但胶团溶液处于动态平衡中，加溶物的位置随时间迅速改变，各种加溶物在胶团中的平均停留时间为 $10^{-10}\sim10^{-6}$s。因此，所谓加溶位置只是优选位置，并不能说加溶物就不会存在于其他位置，也就是说，在实际的加溶中，以上几种方式可能同时存在。

二、微乳液

微乳状液是两种不互溶的液体与表面活性剂自发形成的热力学稳定的、各向同性的、外观透明或半透明的分散体系。可以是油分散在水中（O/W 型），也可以是水分散在油中（W/O 型）。分散相质点为球形，半径非常小，通常为 10～100nm（0.01～0.1μm）。体系中有大量的表面活性剂和助表面活性剂，使油-水界面张力降至极低，微乳液是热力学稳定体系。

迄今为止，含有油、水、表面活性剂的混合体系有 3 种：乳状液、微乳液和含有加溶物的胶团溶液，后者又称为肿胀胶团。表 3-5 列出了这 3 类体系性质的比较。

表 3-5　乳状液、微乳液、肿胀胶团溶液的性质比较

性质 \ 混合体系	乳　状　液	微　乳　液	肿胀胶团溶液
外观	不透明	透明或近乎透明	一般透明
质点大小	＞0.1μm，一般为多分散体系	0.01～0.1μm，一般为单分散体系	＜0.01μm
质点形状	一般为球形	球形	稀溶液中为球形，浓溶液中可呈各种形状
热力学稳定性	不稳定，用离心机易分层	稳定，用离心机不能使其分层	稳定，不分层
表面活性剂用量	少，一般不用表面活性剂	多，一般需加表面活性剂	浓度大于 cmc 即可，加溶物多时要适当多加
与水、油混溶性	O/W 型与水混容，W/O 型与油混容	与油、水在一定范围内可混容	能增溶水或油直至饱和

在结构方面，微乳液有 O/W 型和 W/O 型，类似于普通乳状液。但微乳液与乳状液有本质上的区别：普通乳状液是热力学不稳定体系，分散相质点大，不均匀，外观不透明，靠表面活性剂或其他乳化剂维持动态稳定；而微乳液是热力学稳定体系，分散相质点很小，外观透明或近乎透明，经高速离心分离不发生分层现象。两者虽然都要用表面活性剂，但乳状

液用量较少，在1%～3%或更少；而微乳液需用5%～20%或更多。

目前，微乳化技术已渗透到精细化工、石油化工、材料科学、生物技术以及环境科学等领域，成为具有巨大应用潜力的研究领域。

第四节 泡沫和消泡

一、泡沫的形成

泡沫是日常生活中常见的现象。例如，搅拌肥皂水可以产生泡沫，打开啤酒瓶就有大量的泡沫出现。由液体薄膜或固体薄膜隔离开的气泡聚集体称为泡沫，可分为液体泡沫和固体泡沫。

一般来说，只有溶液才能明显起泡，纯液体即使压入气泡也不能形成泡沫。例如，纯净的水不产生泡沫，只有加入肥皂等表面活性剂才能形成泡沫。能形成稳定泡沫的液体，必须有两个或两个以上组分。表面活性剂溶液是典型的易产生泡沫的体系，蛋白质及其他水溶性高分子也能形成稳定的泡沫。不仅水溶液，非水溶液也能产生泡沫。

起泡性好的物质称为起泡剂。一般肥皂、洗衣粉中的表面活性剂都是起泡剂。起泡剂只在一定条件下（搅拌、鼓气等）具有良好的起泡能力，但生成的泡沫不一定持久。例如，肥皂与烷基苯磺酸钠都是良好的起泡剂，但肥皂生成的泡沫持久性好，后者却较差。为了提高泡沫的持久性，会加入增加泡沫稳定性的表面活性剂，称为稳泡剂。如月桂酸单乙醇酰胺、十二烷基葡萄糖苷等，都是稳泡剂。表面活性剂的泡沫性能包括起泡性能和稳泡性能两个方面。起泡性能用“起泡力”来表示，即泡沫形成的难易程度和生成泡沫量的多少；“泡沫稳定性”指生成泡沫的持久性或泡沫寿命的长短。

二、消泡作用

1. 消泡机理

泡沫有时有利于生产，有时作用正相反，阻碍生产，例如在选矿、洗涤工业及泡沫灭火中，起泡作用是有利的；而在烧锅炉、溶液浓缩和减压蒸馏中，起泡作用则是有害的，这时就要求在生产的过程中消除泡沫的产生。消除泡沫大致有两种方法，即物理法和化学法。工业上经常使用的是化学法中的消泡剂消泡。常用的消泡剂都是易于在溶液表面铺展的有机液体。它在溶液表面铺展时，会带走邻近表面层的溶液，使液膜局部变薄，直至破裂，达到消泡的目的。一般情况下，消泡剂在液体表面铺展越快，液膜变得越薄，消泡作用也越强。一般能在表面上铺展，起消泡作用的液体，其表面张力较低，易吸附在溶液表面，使表面局部张力降低，铺展自此局部开始，同时带走表面液体，使液膜变薄，泡沫破坏。一种有效的消泡剂不但能够迅速破坏泡沫，还要有持久的消泡能力（即在一段时间内防止泡沫生成）。

2. 消泡剂

常用的消泡剂有以下几类。

（1）支链脂肪醇　如二乙基己醇、异辛醇、异戊醇、二异丁基甲醇等。这些消泡剂常用于制糖、造纸、印染工业中。

（2）脂肪酸及其酯　溶解度不大的脂肪酸及其酯，由于毒性极低，适用于食品工业。如失水山梨醇单月桂酸酯［斯盘（Span)-20］用于奶糖液的蒸发干燥，用于鸡蛋白和蜜糖液的浓缩，以防止发泡。

（3）烷基磷酸酯　具有低水溶性及大的铺张系数，有水溶和非水溶体系。

（4）有机硅酮　低表面能及在有机化合物中的低溶性，使其在水溶体系或非水溶体系中均有突出效果。广泛用于造纸、明胶、乳胶等工业中。

（5）聚醚类　有聚氧乙烯醚、聚氧乙烯甘油醚等，是性能优良的水体系消泡剂。

（6）卤化有机物　有氯化烃、氟有机化合物，常用作消泡剂。高氟化物，表面张力极低，常用于防止非水体系起泡。

第五节　润湿和分散

一、润湿

广义而言，润湿作用是指固体表面上的一种流体被另一种与之不相混溶的流体所取代的过程。因此，润湿作用至少涉及三相，其中两相是流体，一相是固体。一般常见的润湿现象是固体表面上的气体（通常是空气）被液体（通常是水或水溶液）取代的过程。能增强水或水溶液取代固体表面空气能力的物质称为润湿剂。

在清洁的玻璃上滴一滴水，水会在玻璃上迅速铺展开来，而在石蜡上滴一滴水，则不能铺展而保持滴状。一般来说，将液体滴于固体表面，随体系性质而异，会出现 4 种不同的情况，如图 3-9 所示。

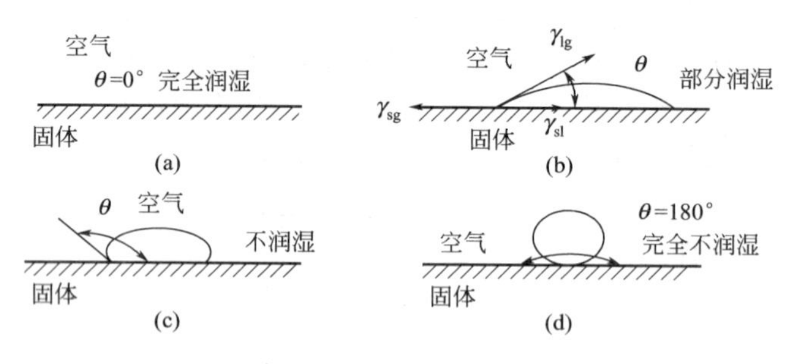

图 3-9　润湿的 4 种情况

图中 θ 为接触角，接触角的大小可表示润湿性能的好坏，作为润湿的直观尺度。通常将 $\theta=90°$ 作为润湿与否的标准。$\theta>90°$ 为不润湿［图 3-9（c）］，$\theta<90°$ 为润湿［图 3-9（b）］。θ 越小，润湿性越好，$\theta\leqslant0$ 或不存在则叫铺展［图 3-9（a）］。水和玻璃的接触角接近零，即水能在玻璃上铺展开来（完全润湿），而与石蜡的接触角约为 110°，水在石蜡上润湿不良。

在实践中，我们可以添加表面活性剂，通过改变表面张力，来改变固体的润湿性能。

能使液体润湿或加速润湿固体表面的物质称为润湿剂；能使液体渗透或加速渗入孔性固体表面的物质称为渗透剂。两者一般都是表面活性剂。

润湿剂有阴离子型表面活性剂和非离子型表面活性剂。阴离子型表面活性剂包括烷基硫酸盐、磺酸盐、脂肪酸或脂肪酸酯硫酸盐、羧酸皂类、磷酸酯等。它们有各自不同的适用环境，可用于农药、纺织、皮革、造纸、金属加工等许多领域。非离子型表面活性剂包括聚氧乙烯烷基酚醚、聚氧乙烯脂肪醇醚、聚氧乙烯聚氧丙烯嵌段共聚物等。

二、分散

分散作用是指一种或几种物质分散在另一种物质中形成分散体系的作用。被分散的物质叫分散相，另一种物质叫分散介质。溶液、悬浮液和烟雾等都是分散体系。这些分散体系的差别，主要在于分散相质子大小的不同。按分散相质子大小，分散体系可以分为 3 类：①粗分散体系，质点大于 0.5μm，质点不能通过滤纸；②胶体分散体系，质点大小为 1nm～

0.5μm，质点可以通过滤纸，但不能透过半透膜；③分子分散体系，质点小于1nm，可以通过滤纸和半透膜。

分散体系也可以按分散相和分散介质的聚集状态来分类，分为8类。分散介质为气体的分散体系称为气溶胶；分散介质为液体的称为液溶胶；分散介质为固体的称为固溶胶。分类情况见表3-6所列。

表3-6　分散体系的类型

分散相	分散介质	分散体系	体系的名称和实例
液	气	气溶胶	云雾
固	气		烟尘
气	液	液溶胶	泡沫
液	液		乳状液，如牛奶、石油中的水
固	液		溶胶和悬浮液，如涂料、染料
气	固	固溶胶	固体泡沫，如馒头泡沫塑料、浮石
液	固		固体乳状液，如硅凝胶
固	固		固体悬浮液，如合金

小质点分散体系（胶态分散体系）中的质点，由于质点间存在范德瓦耳斯引力，以及分散的质点具有较高的自由能，所以有聚集的倾向。分散体系与泡沫、乳状液等一样，皆为热力学不稳定的体系。要形成稳定的分散体系，必须要防止质点的聚集，加入分散剂可解决此问题。

分散剂的分散稳定作用，可用一个图形象地表示出来，如图3-10所示。分散体系中分散剂的重要作用就是防止分散质点接近到范德瓦耳斯力占优势的距离，使分散体系稳定，而不致絮凝、聚集。分散剂的加入能产生静电斥力，降低范德瓦耳斯力，有利于溶剂化（水化），并形成围绕质点的保护层。空间稳定作用是由于分散质点间吸附的高分子产生斥力并使质点分开。

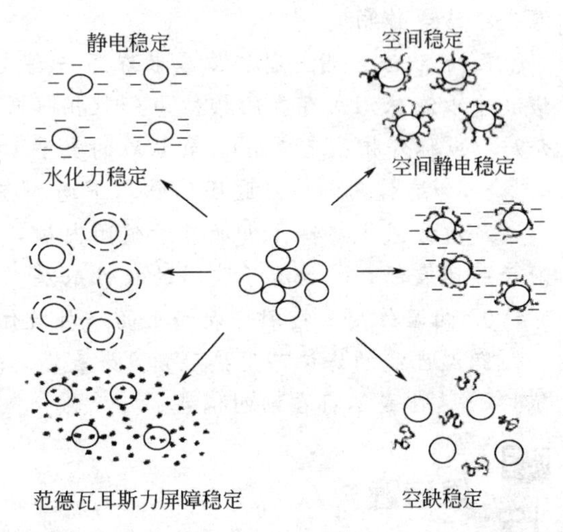

图3-10　分散体系的稳定方式

固体质点被液体润湿是分散过程中必须的第一步，若表面活性剂仅能润湿质点而不能提高势垒高度使质点分散，则应该说此表面活性剂无分散作用，只能作为润湿剂。因此，能使固体质点迅速润湿，又能使质点间的势垒上升到一定高度的表面活性剂才称为分散剂。

水介质中使用的分散剂一般都是亲水性较强的表面活性剂，疏水链多为较长的碳链或成平面结构，如带有苯环或萘环，这种平面结构易作为吸附基吸附于具有低能表面的有机固体粒子表面，亲水基伸入水相，将原来亲油的低能表面变为亲水的表面。离子型表面活性剂还可以使靠近的固体粒子产生电斥力而分散。亲水的非离子表面活性剂可以通过长而柔顺的聚氧乙烯链形成水化膜，从而阻止固体粒子的絮凝，使其分散。常用的有：亚甲基二磺酸钠、萘磺酸甲醛缩聚物钠盐、木质素磺酸、低分子量聚丙烯酸钠、烷基醚型非离子表面活性剂等。有机介质中使用的分散剂有：月桂酸钠、硬脂酸钠、有机硅、十八胺等。

小　结

1. 表面活性剂的分子结构为双亲结构，即分子中同时具有亲水基和亲油基；亲油基一般是由碳原子数在8个以上的长链烃基构成；而亲水基一般为带电的电子基团和不带电的极性基团。

2. 表面活性原理：当表面活性剂溶于水时，由于其双亲结构，其亲油的部分向溶液表面运动，亲水部分留在水中，这样相当于在溶液表面形成一层表面活性剂分子膜，从而降低了水溶液的表面张力。

3. 表面活性剂的表面活性可用溶液表面张力的降低以及胶束化能力来表征，表面张力降低的量度可分为两种：一种是表面张力降低的效果，一种是表面张力降低的能力。

4. 克拉夫特点——离子型表面活性剂在水中的溶解度随温度的上升逐渐增加，当达到某一特定温度时，溶解度急剧陡升所对应的温度点。

浊点——非离子表面活性剂在水中的溶解度随温度上升反而降低，升至某一温度，透明的溶液出现浑浊，这个温度称为该表面活性剂的浊点。

对于应用而言，克拉夫特点为下限温度，浊点为上限温度。

5. 表面活性剂的亲水亲油性可用亲水-亲油性平衡的值（即HLB值）表示。不同HLB值的表面活性剂适用于不同的场合。

6. 表面活性剂由于其独特的两性亲性结构而且有降低表面张力、产生正吸附现象等诸多功能，因而，在应用上可发挥特别的作用。例如有乳化、加溶、起泡、消泡、分散、润湿、渗透等作用。

7. 乳状液是指一种液体分散在另一种与它不相混溶的液体中形成的多相分散体系。乳状液中以液珠形式存在的相称为分散相（或称内相、不连续相)。另一相是连续的，称为分散介质（或称外相、连续相)。乳状液的类型主要有：水包油型（O/W）与油包水型（W/O）

8. 加溶作用——在胶团的作用下增加在溶液中原本不溶或微溶物的溶解度。

加溶方式主要有：①加溶于胶团内核，②加溶于表面活性剂分子间的“栅栏”处，③吸附于胶团表面，④加溶于胶团的极性基层

9. 润湿作用是指固体表面上的一种流体被另一种与之不相混溶的流体所取代的过程。

润湿性能的好坏可用接触角θ来表示，$\theta>90°$为不润湿，$\theta<90°$为润湿，θ越小，润湿性越好，$\theta\leqslant0°$或不存在则叫铺展。

思考题

1. 表面活性剂的化学结构及特点是什么？

2. 简述离子型表面活性剂的Krafft点和非离子型表面活性剂的浊点，并解释它们产生的原因及其现实指导意义。

3. 请解释表面活性剂溶液的γ-c曲线上为什么常会出现最低点？

4. 什么叫乳状液的“内外”相？乳状液有几种类型？如何鉴别乳状液的类型？

5. 简述加溶作用的方式。

6. 简述消泡剂的消泡机理。

7. 简要描述离子型表面活性剂对固体微粒的分散作用。

第四章　化妆品原料

学习目标及要求：

1. 能叙述化妆品原料的分类，并能举例说明。
2. 能运用所学基础理论，分析常用化妆品原料的作用。
3. 能在教师的指导下，运用所学知识，初步分析化妆品配方中各组分的作用。

化妆品生产是一种混合技术，化妆品是由不同功能的原料按一定科学配方组合，通过一定的混合加工技术而制得。化妆品质量的优劣与所用原料关系很大。所使用的原料必须是对人体无害；制品经过长期使用，不得对皮肤有刺激、过敏或使皮肤色素加深，更不准有积毒性和致癌性。

化妆品因用途不同而种类繁多、成分各异，不同类别的化妆品的原料与配比都有自己的特点。但就整个化妆品体系而言，仍有其共性。化妆品的原料按其在化妆品中的性能和用途可分为主体原料和辅助原料（包括添加剂）两大类。主体原料是能够根据各种化妆品类别和形态的要求，赋予产品基础骨架结构的主要成分，它是化妆品的主体，体现了化妆品的性质和功用；而辅助原料则是对化妆品的成型、色、香和某些特性起作用，一般辅助原料用量较少，但不可缺少。主体原料包括油性原料、粉质原料、胶质原料、溶剂原料和表面活性剂。辅助原料包括保湿剂、防腐剂、抗氧剂、香精、色素和各种添加剂。

第一节　化妆品基础原料

一、油性原料

油性原料是化妆品的主要基质原料，一般可以分为油脂、蜡类、脂肪酸、脂肪醇和酯类。油脂和蜡类原料根据来源和化学成分不同，可分为植物性油脂、动物性油脂和矿物性油脂及蜡、合成油脂等。

油脂和蜡是一种俗称，主要由脂肪酸甘油酯即甘油三酯所组成，一般来说，常温下呈液态者为油，呈固态者为脂。蜡是一类具有不同程度光泽、滑润和塑性的疏水性物质的总称，包括以高级脂肪酸和高级脂肪醇生成酯类为主要成分的、来源于植物和动物的天然蜡；以烃类化合物为主要成分的矿物性天然蜡；经过化学方法合成的蜡；各类蜡混合物和蜡与胶或树脂的混合物。

油性原料在化妆品中所起的作用可以归纳为以下几个方面。

屏障作用：在皮肤上形成疏水薄膜，抑制皮肤水分蒸发，防止皮肤干裂，防止来自外界的物理化学刺激，保护皮肤。

滋润作用：赋予皮肤及毛发柔软、润滑、弹性和光泽。

清洁作用：根据相似相溶原理可使皮肤表面的油性污垢更易于被清洗。

溶剂作用：作为营养、调理物质的载体更易于被皮肤的吸收。

乳化作用：高级脂肪酸、脂肪醇、磷脂是化妆品的主要乳化剂。

固化作用：使化妆品的性能和质量更加稳定。

1. 植物油

（1）橄榄油　橄榄油一般是将果实经机械冷榨或用溶剂抽提制得。产品为淡黄色或黄绿色油状液体，不溶于水，微溶于乙醇，可溶于乙醚、氯仿等。其理化性质为：相对密度 d_4^{15} 为 0.914～0.919，酸值小于 2.0，皂化值 186～196，碘值 80～88，不皂化物 0.5%～1.8%，折射率 n_D^{20} 为 1.466～1.467。橄榄油中的主要成分为油酸甘油酯和棕榈酸甘油酯。橄榄油用于化妆品中，具有优良的润肤养肤作用，此外，橄榄油还有一定的防晒作用。橄榄油对皮肤的渗透能力较羊毛脂、油醇差，但比矿物油佳。在化妆品中，橄榄油是制造按摩油、发油、防晒油、整发剂、口红和 W/O 型香脂的重要原料。

（2）蓖麻油　是从蓖麻种子中挤榨而制得。为无色或淡黄色透明黏性油状液体，具有特殊气味，不溶于水，可溶于乙醇、苯、乙醚、氯仿和二硫化碳。其理化性质为：相对密度 d_4^{15} 为 0.950～0.974，酸值小于 4.0，皂化值 176～187，碘值 80～91，折射率 n_D^{20} 为 1.473～1.477，试剂用蓖麻油凝固点为－18～－10℃。蓖麻油的主要成分是蓖麻油酸酯。蓖麻油对皮肤的渗透性较羊毛脂差，但优于矿物油，因为蓖麻油相对密度大、黏度高、凝固点低，它的黏度及软硬度受温度影响很小，很适宜作为化妆品原料，可作为口红的主要基质，也可应用到膏霜、乳液中，还可作为指甲油的增塑剂。

（3）霍霍巴油　霍霍巴油是将其种子经压榨后，再用有机溶剂萃取的方法精制而得，是无色、无味、透明的油状液体。其理化性质为：相对密度 d_4^{15} 为 0.865～0.869，酸值 0.1～5.2，碘值 81.8～85.7，皂化值 90.1～101.3，不皂化物 48%～51%，折射率 n_D^{20} 为 1.458～1.466。20 世纪 80 年代后期，我国四川和云南一些地方开始引种霍霍巴，可以提供化妆品用霍霍巴油。

（4）椰子油　椰子油是从椰子的果肉制得的，具有椰子的特殊芬芳，为白色或淡黄色猪脂状半固体，不溶于水，可溶于乙醚、苯、二硫化碳，在空气中极易被氧化。其理化特性为：相对密度 d_4^{15} 为 0.914～0.920，酸值小于 6.0，皂化值 251～264，碘值 8～10，熔点 21～25℃。其甘油酯中脂肪酸之组成为：月桂酸 47%～56%，肉豆蔻酸 15%～18%，辛酸 7%～10%，癸酸 5%～7%。椰子油有较好的去污力，泡沫丰富，是制皂不可缺少的油脂原料，亦是合成表面活性剂的重要原料，但椰子油对皮肤略有刺激性，所以不直接用作化妆品的油质原料，故它是化妆品的间接原料。

（5）棕榈油　棕榈油是从油棕果皮中提取的，其主要产地为马来西亚，该国棕榈油的产量占世界产量的 60%。棕榈油外观为黄色油脂。其理化特性为：相对密度 d_4^{15} 为 0.921～0.925，皂化值 190～202，碘值 5l～55，凝固点 42～46℃。其甘油酯中的脂肪酸组成为：棕榈酸 43%，油酸 39%，亚油酸 10%，硬脂酸 3%，肉豆蔻酸 3%。棕榈油易皂化，是制造肥皂、香皂的良好原料，也是制造表面活性剂的原料。

2. 动物油

（1）水貂油　水貂是一种珍贵的毛皮动物，从水貂背部的皮下脂肪中采取的脂肪粗油，经过加工精制后得到的水貂（精）油，是一种理想的化妆品油基原料。水貂油为无色或淡黄色透明油状液体，无腥臭及其他异味，无毒，对人体肌肤及眼部无刺激作用。其理化特性为：相对密度 d_4^{15} 为 0.900～0.925，酸值小于 11，皂化值 190～220，碘值 75～90，不皂化物 0.2%～0.4%，凝固点 12℃，水分不大于 0.5%。水貂油含有多种营养成分，从其甘油酯的脂肪酸组成上来看，与其他作为化妆品的天然油脂原料相比，最大的特点是含有约 20%的棕榈油酸（十六碳单烯酸），总不饱和脂肪酸超过 75%，水貂油对人体皮肤有很好的亲和性、渗透性，易于被皮肤吸收，其扩展性比白油高 3 倍以上，表面张力小，易于在皮肤、毛发上扩展，使用感好，滑爽不黏腻，在毛发上有良好的附着性，并能形成具有光泽的薄膜，改善毛发的梳理性。近年来的研究还表明，水貂油还有显著的吸收紫外线作用及优良的抗氧化性能。在化妆品中，水貂油应用甚广，可用于膏霜、乳液、发油、发水、唇膏等化妆品中，还可应用在防晒化妆品中。水貂油本身具有一种使人不快的腥腥臭味，必须精制，但精制手段必须不破坏水貂油的自然组成特性。目前国外大都采用相当复杂的精制手段，才能得到质量稳定、无臭、无色，适合于化妆品使用的水貂油产品。

（2）羊毛脂　羊毛脂是从羊毛中抽取的一种脂肪物。它是羊的皮脂腺分泌物，使羊毛润滑，有抗日光、风和雨的作用。羊毛脂一般是毛纺行业从洗涤羊毛的废水中用高速离心机分离提取出来的一种带有强烈臭味的黑色膏状黏稠物，经脱色、脱臭后为一种微黄色的半固体，略有特殊臭味。它可分为无水和有水两种。无水羊毛脂的理化特性为：熔点 38～42℃，酸值不大于 1.0，皂化值 88～103，碘值 18～36。羊毛脂能溶于苯、乙醚、氯仿、丙酮、石油醚和热的无水乙酸，微溶于 90%乙醇，不溶于水，但能吸收 2 倍重的水而不分离。含水羊毛脂含水分约为 25%～30%，溶于氯仿与乙醚后，能将水析出。羊毛脂的组成很复杂，是各种脂肪酸与脂肪醇酯，为低熔点蜡。主要是由甾醇类、三萜烯醇类、脂肪醇类及大约等量的含有大量支链的含亲水基因的脂肪酸所构成，约 96%为酯蜡，3%～4%为游离脂肪醇及微量游离脂肪酸与烃类化合物。羊毛脂是哺乳类动物的皮脂，其组成与人的皮脂十分接近，对人的皮肤有很好的柔软、渗透性和润滑作用，具有防止脱脂的功效。很早以来一直被用作化妆品原料，是制造膏霜、乳液类化妆品及口红等的重要原料。

3. 动物性蜡

（1）蜂蜡　蜂蜡也称“蜜蜡”，是由蜜蜂（土蜂）腹部引根蜡腺分泌出来的蜡质，是构成蜂巢的主要成分，故蜂蜡是从蜜蜂的蜂房中取得的蜡，由于蜜蜂的种类以及采蜜的花卉种类不同，蜂蜡品种与质量亦常有差别，一般为淡黄至黄褐色的黏稠性蜡，薄层时呈透明状，略有蜜蜂的气味，溶于乙醚、氯仿、苯和热乙醇，不溶于水，可与各种脂肪酸甘油酯互溶。蜂蜡的理化特性为：相对密度 0.950～0.970，熔点 62～66℃，碘值 4～15，皂化值 80～103，不皂化物 50%～58%。蜂蜡的主要成分是棕榈酸蜂蜡酯、固体的虫蜡酸与烃类化合物。蜂蜡广泛应用于化妆品中，是制造乳液类化妆品的良好助乳化原料，由于蜂蜡熔点高，在化妆品中可用于制造唇膏、发蜡等锭状化妆品，也可用于油性膏霜产品中。

（2）鲸蜡　鲸蜡是从抹香鲸、槌鲸的头盖骨腔内提取的一种具有珍珠光泽的结晶蜡状固体，呈白色透明状，其精制品几乎无臭无味，长期露于空气中易腐败。它可溶于热（温）乙醇、乙醚、氯仿、二硫化碳及脂肪油，但难溶于苯，不溶于水。其理化特性为：相对密度 0.940～0.950，熔点 42～50℃，酸值小于 1，皂化值 120～130，碘值小于 4。鲸蜡的主要成分是鲸蜡酸、月桂酸、豆蔻酸、棕榈酸、硬脂酸等，在化妆品中可用作膏霜类的油质原料，也可用在口红等锭状产品及需赋予光泽的乳液制品中。

（3）虫胶蜡　又称紫胶蜡，它是一种紫胶虫的分泌物，可以说是我国的特产，故又称为中国蜡。它是一种白色或淡黄色结晶固体，其质坚硬且脆，相对密度 0.93～0.97，熔点为 74～82℃，不溶于水、乙醇和乙醚，但易溶于苯，其主要成分为 C_{26} 的脂肪酸和脂肪醇的酯。在化妆品行业可用在制造眉笔等美容化妆品中。

4. 矿物油

化妆品中所用的矿物油、蜡是从天然矿物（主要是石油）经加工精制得到的碳原子数在 15 以上的直链饱和烃类。它们皆是非极性，沸点在 300℃以上。它们来源丰富，易精制，不易腐败，性质稳定，尽管有些方面不如动植物油脂、蜡，但至今仍是化妆品工业重要的原料。

（1）液体石蜡　是炼油生产过程中沸点315～410℃的馏分，俗称石蜡油，又称白油、矿油等。它是一种无色、无臭、透明的黏稠状液体，具有润滑性，在皮肤上可形成障碍性薄膜，对皮肤、毛发柔软效果好。白油是一类液态烃的混合物，其主要成分为C_{16}～C_{21}正异构烷烃的混合物。不同黏度的白油用编号表示，号数越大表示黏度越大。低黏度的白油洗净和润湿效果强，而柔软效果差；高黏度白油洗净和润湿效果差，而柔软效果好。白油不溶于乙醇，可溶于乙醚、氯仿、苯、石油醚等，并能与多数脂肪油互溶。白油化学性质稳定，但长时间受热和光照射，会慢慢氧化，生成过氧化物。为了防止氧化，需要添加抗氧剂。白油毒性较小，但随着其蒸气的吸入，人们会出现呕吐、头痛、头晕、腹泻等症状。白油被广泛用作各种膏霜、唇膏、口红等的原料。

（2）凡士林　亦称矿物脂。它是将石油蜡膏中加入适量中等黏度的润滑油，再加发烟硫酸去除芳烃，或用烷烃加氢后分去油渣，再经活性白土粗制脱色、脱臭而成。凡士林为白色或微黄色半固体，无气味、半透明、结晶细、拉丝质地挺拔者为佳品，主要成分是C_{16}～C_{32}的烷烃和高碳烯烃的混合物，相对密度为0.815～0.880，熔点为38～54℃。它溶于氯仿、苯、乙醚、石油醚，不溶于乙醇、甘油和水。凡士林化学性质稳定，在化妆品中为乳液制品、膏霜、唇膏、发蜡等制品中的油质原料，也是各种药物软膏制品的重要基质。

（3）石蜡　又称固体石蜡，是由天然石油或岩油的含蜡馏分经冷榨或溶剂脱蜡而制得，它的成分是以饱和高碳烷烃C_{16}～C_{40}为主体的混合物。石蜡为无色或白色、无味、无臭的结晶状蜡状固体，表面油滑，不溶于水、乙醇和酸类，而溶于乙醚、氯仿、苯、二硫化碳，相对密度0.82～0.90，熔点50～60℃，其化学性质较为稳定，应用于化妆品中，可作为制造发蜡、香脂、胭脂膏、唇膏等的油质原料。

5. 合成油

合成油性原料一般是用油脂或油性原料经加工合成的改性油脂、蜡，或由天然动植物油脂经水解精制而得的脂肪酸、脂肪醇等单体原料。合成油性原料组成稳定、功能突出，已广泛应用于各类化妆品中。

（1）硬脂酸　又称十八烷酸，熔点69.5℃，酸值197.2，为白色或微黄色片状结晶固体，可由牛羊油或硬化的植物油进行水解而制得。不溶于水，可溶于乙醇、乙醚、氯仿等溶剂。工业上以挤压法分离油酸，一般先将硬脂酸加热熔化，放到压饼机里通过空气冷却，经冷压将油酸分出，然后再将硬脂酸加热熔化，再经过热压，除去残留的油酸。挤压次数愈多，油酸含量愈低，故可分为单压、双压、三压硬脂酸。硬脂酸的组成是：硬脂酸55%，棕榈酸和少量油酸。三压硬脂酸中油酸小于2%，色泽洁白，碘值3～5。三压硬脂酸是化妆品乳化制品如膏霜、乳液等不可缺少的重要油基原料，也是合成表面活性剂的重要原料。

（2）鲸蜡醇　又称十六醇或正棕榈醇。熔点49℃，为白色半透明结晶状固体，不溶于水，溶于乙醇、乙醚、氯仿，与浓硫酸起磺化反应，遇强酸碱不起化学作用。化妆品用鲸蜡醇常含有约10%～15%硬脂醇，少量肉豆蔻醇。鲸蜡醇本身没有乳化作用，但它是一种良好的助乳化剂，对皮肤具有柔软性能。在化妆品中，可用作膏霜、乳液的基本油性原料，是化妆品中应用最广的一种重要原料。

（3）硬脂醇　又称十八醇，熔点59℃，为白色无味蜡状小叶晶体，不溶于水，溶于乙醇、乙醚等有机溶剂。与鲸蜡醇相同，其增稠效果比鲸蜡醇强，可与鲸蜡醇匹配使用，调节制品的稠度和软化点。硬脂醇还是制造表面活性剂的原料，在化妆品中，它是膏霜、乳液制品的基本原料，也是一种乳化稳定剂，可替代鲸蜡醇使用，也有混合醇出售。化妆品中一般使用天然硬脂醇、鲸蜡醇或混合醇。

(4) 胆甾醇 俗名胆固醇。以游离态或脂肪酸酯形式存在于所有动物的组织中，特别是大脑和神经、肾上腺和蛋黄中含量最丰富。胆甾醇可由羊毛脂大量提取，天然羊毛脂中胆甾醇含量可高达30%（质量）。胆甾醇为白色或淡黄色、几乎无气味的带珠光的叶片状或粒状的结晶。不溶于水，溶于丙酮、热乙醇、氯仿、二噁烷、乙醚、己烷和植物油等。它是有效的W/O型乳化剂，也用作O/W型助乳化剂和稳定剂。胆甾醇主要添加到营养霜、药用油膏及乳液中，可增加其稳定性和吸水能力。一般与脂肪醇及羊毛脂衍生物复配，其效果比单独使用胆甾醇要好。

(5) 硅油 又称硅酮，学名聚硅氧烷，属于高分子聚合物，它是一类无油腻感的合成油和蜡。硅油及其衍生物（有时统称有机硅）是化妆品的一种优质油性原料，有优良的物理和化学特性，可使化妆品具有良好的润滑性能、抗紫外线性能、抗静电性能、透气性、稳定性等。目前硅油几乎应用到各类化妆品中。

(6) 角鲨烷 角鲨烷是从产于深海中角鲨的鱼肝油中取得的角鲨烯加氢反应而制得，为无色透明、无味、无臭的油状液体，微溶于乙醇、丙酮，可与苯、石油醚、氯仿相混合，它的主要成分是肉豆蔻酸、肉豆蔻酯、角鲨烯、角鲨烷等。角鲨烷性质稳定，对皮肤的刺激性较低，能使皮肤柔软。与矿物油系烷烃相比，油腻感弱，并且具有良好的皮肤浸透性、润滑性及安全性，在化妆品中可用作膏霜、乳液、化妆水、口红及护发制品的油性原料。

(7) 硬脂酸单甘油酯 又名单硬脂酸甘油酯、单甘酯。为纯白色至淡黄色的蜡状固体，具有刺激性和好闻的脂肪气味，无毒、可燃。在水和醇中几乎不溶，可分散于热水中。极易溶于热的醇、石油和烃类中。是W/O乳状液的乳化剂，是制造膏霜类制品很好的原料。

二、粉质原料

粉类原料是粉末剂型化妆品，如爽身粉、香粉、粉饼、唇膏、胭脂、眼影粉等的基质原料，其用量可高达30%～80%。其目的是赋予皮肤色彩，遮盖色斑，吸收油脂和汗液。此外在芳香制品中也用作香料的载体。

1. 无机粉质原料

(1) 滑石粉 滑石粉为天然矿产硅酸盐，主要成分为含水硅酸镁（$3MgO \cdot 4SiO_2 \cdot H_2O$），我国辽宁、广西等地有丰富的矿产，经机械压碎，研磨及粉末状。化妆品用滑石粉，其细度分为200目、325目和400目等多种规格，色泽洁白、滑爽、柔软，不溶于水、酸、碱溶液及各种有机溶剂，其延展性为粉体类中最佳者，但其吸油性及吸附性稍差。在化妆品应用中，滑石粉对皮肤完全不发生任何化学作用，多用作香粉、爽身粉等粉类原料，也是粉末类化妆品不可缺少的原料。

(2) 钛白粉（TiO_2） 为无臭、无味、白色无定形微细粉末，不溶于水及稀酸，溶于热的浓硫酸和碱中，化学性质稳定；它是用硫酸处理铁矿等天然矿石得到的，其纯度约为98%。钛白粉是一种重要的白色颜料，其折射率为2.3～2.6，是颜料中最白的物质，其遮盖力是粉末中最强者，为锌白粉的2～3倍，且着色力也是白色颜料中最大的，是锌白粉的4倍，当其粒度极细微时（30μm），对紫外线透过率最小，可用于防晒的化妆品。钛白粉的吸油性及附着性亦佳，只是其延展性差，不易与其他粉料混合均匀，故最好与锌白粉混合使用，可克服此缺点，其用量可在10%以内。

(3) 锌白粉（ZnO） 主要成分是氧化锌，是无臭、无味白色粉末，外观略似钛白粉。是由锌和锌矿氧化制得，其相对密度为5.2～5.6，不溶于水，能溶于酸、碱溶液，置于空气中则逐渐吸收CO_2而生成碳酸锌。锌白粉也具有较强的遮盖力和附着力，且对皮肤具有收敛性和杀菌作用。在化妆品中用于香粉类制品，还可用于制造增白粉蜜及理疗性化妆品。

(4) 高岭土 又称白（瓷）土或磁（瓷）土，是黏土的一种，也是一种天然矿产硅酸盐，其主要成分是含水硅酸铝（$Al_2O_3 \cdot 2SiO_2 \cdot 2H_2O$）。高岭土为白色或微黄色的细粉，以色泽白、质地细致者为上品。略带黏土气味，有油腻感，相对密度2.54～2.60，不溶于水、冷稀酸及碱中，但容易分散于水和其他液体中。对皮肤的黏附性好，具有抵制皮脂及吸收汗液的性能，在化妆品中与滑石粉配合使用，具有缓和及消除滑石粉光泽的作用，它是制造香粉、粉饼、水粉、胭脂、粉条及眼影等制品的原料。

(5) 碳酸钙 天然的碳酸钙是大理石、方解石、石灰石等矿石经研磨精制而成的粉末，常称为“重质碳酸钙”。人工碳酸钙是将天然石灰石经过沉淀制取法制得的。其步骤是先将天然石灰石煅烧成生石灰，投入水中而成熟石灰，再吹入CO_2即得到白色粉末状碳酸钙。也可用碳酸钙和氯化钙溶液相互作用而制得碳酸钙。以上用沉淀法制得的碳酸钙都称为“轻质碳酸钙”，可用于化妆品中。而天然碳酸钙的颗粒较粗，色泽较差，化妆品中很少被应用。碳酸钙不溶于水，能被稀酸分解释放出CO_2，对皮肤分泌汗液、油脂具有吸收性，还具有掩盖作用。多用在香粉、粉饼等化妆品中。

(6) 碳酸镁 为无臭、无味的白色轻柔粉末，不溶于水和乙醇，遇酸分解放出CO_2，它是由煅烧菱镁矿后加水呈悬乳液，再通入CO_2而制得；或由硫酸镁与碳酸钠溶液反应而得。碳酸镁有很好的吸收性，比碳酸钙还强3～4倍，在化妆品应用中，主要用在香粉、水粉等制品中作为吸收剂。生产粉类化妆品时，往往先用碳酸镁和香精混合均匀吸收后，再与其他原料混合。因它吸收性强，用量过多会吸收皮脂而引起皮肤干燥，一般用量不宜超过15%。

2. 有机粉质原料

(1) 纤维素微珠 纤维素微珠的组成为三醋酸纤维素或纤维素，是高度微孔化的球状粉末，类似于海绵球，质地很软，手感平滑，吸油性和吸水性好，化学稳定性极好，可与其他化妆品原料配伍，赋予产品平滑的感觉。在化妆品中可作为香粉、粉饼、湿粉等的填充剂，也可作为磨砂洗面奶的摩擦剂。

(2) 硬脂酸锌[$(C_{17}H_{35}COO)_2Zn$] 它属于金属脂肪酸盐类，其通式为$(C_{17}H_{35}COO)_nM$，式中R为碳原子数是16～18的脂肪酸，M代表锌、镁、钙、铝等金属原子，这类盐亦称金属皂，一般不溶于水，但可溶于油脂中。这类粉剂对皮肤具有滑润、柔软及附着性。在矿物油中熔融，可增加黏度，还具有使W/O型乳状液稳定的作用。在化妆品中，硬脂酸锌用于香粉、爽身粉类制品，还可作W/O型乳状液稳定剂。

三、水溶性聚合物

水溶性聚合物（胶质原料）又称水溶性高分子化合物或水溶性树脂，指结构中具有羟基、羧基或氨基等亲水基的高分子化合物。它们易与水发生水合作用，形成水溶液或凝胶，亦称黏液质。可作化妆品的基质原料，也在化妆品的乳剂、膏霜和粉剂中作为增稠剂、分散剂或稳定剂。水溶性聚合物的种类多，品种见表4-1所列。

表 4-1 化妆品用水溶性聚合物分类

天然高分子化合物	动物性：明胶、酪蛋白 植物性：淀粉 植物性胶质：阿拉伯胶 植物性黏液质：榅桲提取物、果胶 海藻：海藻酸钠
半合成高分子化合物	甲基纤维素、乙基纤维素、羧甲基纤维素、羟乙基纤维素
合成高分子化合物	乙烯类：聚乙烯醇、聚乙烯吡咯烷酮 丙烯酸及其衍生物 聚氧乙烯 其他：水溶性尼龙、无机物等

水溶性聚合物在化妆品中的主要功能如下：①对分散体系的稳定作用；②增稠、凝胶化作用和流变学特性；③乳化和分散作用；④成膜作用；⑤黏合性；⑥保温性；⑦泡沫稳定作用。

四、溶剂

溶剂是液状、浆状、膏状化妆品如香水、香波、洗面奶、香脂、润肤乳液、指甲油等多种制品中不可缺少的一类主要组成部分。它在制品中主要是起溶解作用，使制品具有一定的物理性能和剂型。许多固体型的化妆品虽然其成分中不包括溶剂，但在生产制造过程中，有时也常需要使用一些溶剂，如制品中的香料、颜料有时需借助溶剂进行均匀分散，在制造粉饼类产品中需溶剂作粘接作用。溶剂还有润湿、润滑、增塑、保香、防冻、收敛等作用。

化妆品中最常用的溶剂为高品质的去离子水。此外常用的有：醇类，如乙醇、异丙醇、丁醇、戊醇；酯类，如乙酸乙酯、乙酸丁酯、乙酸戊酯；酮类如丙酮、丁酮；醚类，如二乙二醇单乙醚、乙二醇单甲醚、乙二醇单乙醚等；芳香族溶剂，如甲苯、二甲苯、邻苯二甲酸二乙酯等。

五、表面活性剂

在化妆品中，表面活性剂的作用表现为去污、乳化、分散、湿润、发泡、消泡、柔软、增溶、灭菌、抗静电等特性，其中去污、乳化、调理为主要特性。利用表面活性剂单一性能的化妆品几乎没有，大多是同时利用表面活性剂的多种性能。

1. 表面活性剂在化妆品中的作用

(1) 去污剂　是表面活性剂用途中重要的一个方面。洗涤去污作用是表面活性剂的渗透、乳化分散、增溶、起泡等多种作用的综合表现。具有去污作用的主要是阴离子表面活性剂，其次是非离子表面活性剂及两性离子表面活性剂。在洗发用品、沐浴用品、洁肤化妆品中均用表面活性剂作为去污剂。

(2) 乳化剂　化妆品中以乳化体居多，乳化体性能的好坏，关键是油类原料、乳化剂性能的好坏。其中能否形成均匀、稳定的乳化体系，则取决于乳化剂的性能，故乳化剂在化妆品生产中起着重要的作用。常用阴离子、非离子表面活性剂作为乳化剂。但对于化妆品来讲，所选用的乳化剂不仅要使得到的膏体稳定，还要考虑其润肤性和是否有刺激性。HLB值越高的乳化剂，对皮肤的脱脂作用越强，过多地采用 HLB 值高的乳化剂，可能会对皮肤造成刺激或引起干燥，所以要尽可能减少亲水性强的乳化剂用量。一般认为，HLB 值在3～6 的表面活性剂适宜于作 W/O 型乳化剂，HLB 值在 8～18 的表面活性剂适宜于作 O/W 型乳化剂。在选择乳化剂时，依据所配制的产品的类型、油相与水相的比例，可确定乳化剂的用量。乳化剂在配方中的用量一般与油相含量关系密切，一般情况下乳化剂质量是油相质量和乳化剂质量之和的10%～20%。其用量有时可达配方的10%。

(3) 增溶剂　在化妆品中，增溶剂主要用于化妆水、生发油、生发养发剂的生产，难溶于水的油脂、香料、药品（如油溶性维生素A）等，可借表面活性剂在水中分散成极微小粒子而呈透明溶液。这种作用就是增溶作用。通过表面活性剂的增溶作用，能使油性成分呈透明溶解状，从而提高产品的附加价值。

(4) 调理剂　所谓调理剂是指具有改善毛发外观和梳理性能的表面活性剂。其调理作用表现在它具有抗静电作用，使头发易梳理、柔软和光亮。调理剂主要是阳离子型表面活性剂。

(5) 稳泡剂　是指具有延长和稳定泡沫的作用并保持其长久性能的表面活性剂。在化妆品工业中常用脂肪醇酰胺。

2. 化妆品中常用的表面活性剂

化妆品中常用的表面活性剂见表4-2所列。

表4-2　化妆品中常用的表面活性剂

阴离子表面活性剂	皂类:膏霜、发乳、香波、洗发膏等 肌氨酸盐:香波、奶液、膏霜等 酰基谷氨酸盐:香波、膏霜、乳液等 醇醚羧酸盐:香波、洗发膏等 烷基硫酸盐:膏霜、乳液、洗发膏等 醇醚硫酸盐:香波、浴液等 磺化琥珀酸盐:香波、浴液、泡沫浴等 磷酸酯:膏霜、香波等 脂肪酸单甘酯磺酸盐:香波、膏霜等 仲烷基磺酸盐:香波、浴液等 依捷邦T:泡沫浴、香波等 酰基多肽:浴液、香波等
阳离子表面活性剂	1831:护发素 1231:调理剂量 1827:护发素 聚季铵盐:香波、护肤品、护发品 阳离子咪唑啉:香波、护发品 吡啶卤化物:杀菌剂
两性离子表面活性剂	咪唑啉型:香波、浴液 两性甜菜碱:香波、浴液 氨基酸型:香波、浴液 氧化胺型:香波、浴液 卵磷脂:膏霜、护发品
非离子表面活性剂	吐温:膏霜、乳液、化妆水 司盘:膏霜、乳液 硬脂酸单甘酯:膏霜、乳液、护发素 硬脂酸乙二醇酯:膏霜、乳液、珠光香波 脂肪醇聚氧乙烯醚:化妆水、洁肤化妆品 脂肪酸聚氧乙烯酯:膏霜、乳液 聚醚:膏霜、乳液 烷基醇酰胺:香波、浴液 甲基葡萄糖苷硬脂酸酯:膏霜、乳液香波 乙氧基化甲基葡萄糖苷硬脂酸酯:膏霜、乳液化妆品 烷基多糖(APG):膏霜、乳液、美容化妆品
含硅表面活性剂:膏霜、乳液、香波、护发素、浴液、剃须膏、发胶等	

六、保湿剂

皮肤保湿是化妆品的重要功能之一，因此在化妆品中需添加保湿剂。保湿剂是一类亲水性的润肤物质，在较低的湿度范围内具有结合水的能力，给皮肤补充水分。它可以通过控制产品与周围空气之间水分的交换使皮肤维持在高于正常水含量的平衡状态，起到减轻干燥的作用。它在化妆品中有3方面的作用：对化妆品本身水分起保留剂的作用，以免化妆品干燥、开裂；对化妆品膏体有一定的防冻作用；涂覆于皮肤后，可保持皮肤适宜的水分含量，使皮肤湿润、柔软、不致开裂、粗糙等。化妆品中常用的保湿剂为多元醇型、天然型。

1. 甘油

无色、无臭、澄清且具有甜味的黏稠液体，在化妆品中作保湿剂、柔软剂，主要应用于O/W型乳状液中，也可用于膏霜类、化妆水、香波等制品中。在高湿条件下，甘油能从空气中吸收水分，在相对湿度低时，甘油会从皮肤深层吸收水分，从而引起皮肤干燥。且高浓度的甘油对干裂的皮肤有刺激性。

2. 丙二醇

无色、无臭、略带有甜味的黏稠液体，易吸湿，在化妆品中可与甘油合并使用，也可代替甘油作为保湿剂和润滑剂，也可作为色素、香精油的溶剂。

3. 山梨醇

白色、无臭的结晶粉末，略带有微甜清凉的感觉。是牙膏、化妆品等膏霜制品的优良保湿剂，也是生产非离子表面活性剂的重要原料。

4. 聚乙二醇

由环氧乙烷脱水缩聚而得，相对分子量较低者可代替甘油或丙二醇作为保湿剂，可用于膏霜和香波等制品中。相对分子量较高者多用作润滑剂、柔软剂。

5. 透明质酸

简称HA，是从动物组织（牛眼玻璃体、牛脐和鸡冠等）中提取的一种酸性透明生物高分子物质，具有调节表皮水分的特殊功能。HA用于皮肤表面可形成水化黏性膜，能有效地保持水分，使皮肤滋润、滑爽，具有弹性。

6. 乳酸钠

市售的乳酸钠是无色或微黄色透明糖浆状液体，无臭或略带特殊气味，略有咸苦味。其保湿性比甘油好，常用于护肤的膏霜和乳液、香波和护发素等护发制品中，也用于剃须制品和洗涤剂中。

第二节 化妆品辅助原料

一、抗氧剂

为了防止化妆品中的动植物油脂、矿物油等组分在空气中自动氧化而使化妆品变质，需要加入抗氧剂。化妆品中常用的抗氧剂大体上可以分为5类：酚类，醌类，胺类，有机酸、醇与酯类，无机酸及其盐类。常用抗氧剂如下所述。

1. 二叔丁基对甲酚（BHT）

也称二丁基羟基甲苯，结构式为：

OH

$(CH_3)_3C$—[苯环]—$C(CH_3)_3$

CH_3

BHT是一种酚的烷基衍生物抗氧剂。无臭、无味、无色或白色结晶（或粉末）。不溶于水、甘油、丙二醇、碱等，可溶于无水乙醇、猪油等。BHT无毒，对光、热稳定，熔点为68.5～70.5℃，价格低廉，抗氧效果好，对矿物油脂的抗氧性更好。可单独应用于含有油脂、蜡的化妆品中，其用量一般为0.02%，也可与其他的抗氧剂合并使用。

2. 生育酚

又称维生素E，为红色至红棕色黏液，略有气味，不溶于水，溶于乙醇、丙酮和植物油。对热和光照均稳定。在自然界中存在于植物种子内，生育酚为人体不可缺少的一种维生素，对人体有调节机能作用。同时也是一种理想的天然抗氧剂，具有防止油脂及维生素A被氧化的作用。经氧化后则失去了维生素E功效。它是矿物油脂的最佳抗氧化剂。主要用于高档化妆品的抗氧化，一般用量按活性物30%计，质量分数为0.01%～0.1%。

二、防腐剂

在化妆品的生产和使用过程中，难免会混入一些肉眼看不见的微生物。加入防腐剂的目的是抑制微生物在化妆品中的生长繁殖，起到防止制品劣化变质的作用。常用防腐剂种类及性能见表4-3所列。

表 4-3　常用防腐剂种类及性能

商品名称	化学名称	抑菌范围	用量/%	pH值	适用范围或毒性	备　注
尼泊金酯	对羟基苯甲酸甲酯 对羟基苯甲酸乙酯 对羟基苯甲酸丙酯 对羟基苯甲酸丁酯	抗真菌和革兰阳性菌能力强，对革兰阴性菌能力弱。		4～9	膏霜化妆品	遇非离子和阳离子表面活性剂效果降低
福尔马林	甲醛	杀灭真菌和细菌	0.05～0.2	4～10	对黏膜有刺激性	有刺鼻气味，影响香气，在化妆品中使用量少
	苯甲酸及其盐类	抗酵母菌作用好	0.1～0.2	2.5～4.0最佳	无毒	pH值高时不稳定，较难适应化妆品pH，逐渐被淘汰
Bronopol（布罗波尔）	2-溴-2-硝基-1,3-丙二醇	广谱抗菌活性	0.02～0.05	4～8	香波、护肤膏霜、牙膏、防晒用品和婴儿用品	pH<5.5使用比较稳定
Kathon CG（凯松CG）	5-氯-2-甲基-4-异噻唑啉-3-酮1.15%，2-甲基-4-异噻唑啉-3-酮0.35%，惰性成分：镁盐（氯化镁或硝酸镁）23.0%，水75.5%。	广谱抑菌	0.02～0.10	4～9	洗发护发用品、洗液、膏霜乳液。对黏膜有刺激性	高温下易分解，50℃以下使用。胺、硫化物、亚硫酸盐易使其分解失去活性
Germall Ⅱ（杰马Ⅱ）	重氮烷基咪唑脲$C_8H_{14}N_4O_7$	广谱抑菌	0.03～0.30	3～9	护肤品、眼用化妆品、儿童化妆品、防晒霜	常与尼泊金酯复配使用，成为安全广谱抗菌剂
Germaben Ⅱ	Germal Ⅱ 30% 尼泊金甲酯11% 尼泊金丙酯3% 丙二醇56%	广谱抑菌	0.5～1.5	3～9	膏霜乳液、香波、护发素等	易溶于水，最好在香精前加入

三、香精

化妆品的配方设计是否成功，香味往往是非常重要的因素，调配得当的香精不仅使产品具有优雅舒适的香味，还能掩盖产品中某些成分的不良气味。化妆品的加香除了必须选择适宜香型外，还要考虑到所用香精对产品质量及使用效果是否有影响。化妆品的赋香率因品种而异。对一般化妆品来讲，添加香精的数量达到能消除基料气味的程度就可以了。对于香波、唇膏、香粉、香水等以赋香为主的化妆品来说，则需要提高赋香率。

1. 香水、花露水类化妆品的加香

要求香原料的溶解性要好，防止产生浑浊，而对香料的刺激性和变色等要求不高。要求香精头香、尾香足，体香柔和，香气均匀，持久不变。

香水多用花香型或复合花香型香精，用量一般是10%～20%；古龙香水多用柑橘香型、辛香型，用量为5%～10%；花露水以熏衣草型为主，用量为1%～5%。

2. 膏霜和乳液类化妆品的加香

香精用量为0.2%～0.5%，多以清新的花香型为主，如铃兰、玫瑰、茉莉、白兰等香型。应避免使用较深或变色的香精，如香料吲哚、异丁香酚、香兰素、橙花素、洋茉莉醛等；添加的香精不应对皮肤产生刺激性，如丁香酚使用久了会使皮肤呈现红色，安息酸酯类对皮肤有灼热感等。

3. 发用类化妆品加香

香波中香精加入量在0.5%以下，多采用明快的百花香型，婴儿香波则使用柔和的香型。若由软皂组成的香波，碱性较高，不宜采用对碱不稳定的香料。

护发素加香要求与香波类同，但要求尾香强，目前较流行柔和的香型。

发蜡、发油、发乳类化妆品的基质大多由油脂配制而成，故所选择的香精（香料）应在油脂中溶解度较好，香气要求强烈浓厚，用量一般为0.5%～2%。发蜡、发油的香精香型多为馥香、熏衣草和素心兰型，而发乳的香型以略带有女性的紫丁香、茉莉、玫瑰等花香型或百花香型较多。

4. 粉类化妆品的加香

粉类制品使用的香精应有高的稳定性，如檀香、广藿香、木香、香豆素和一些有香气的醇类，应避免使用酯类和柑橘油类香精。化妆品的香粉多用重香型香精，盥洗粉多用清新、凉爽的香型。一般选用沸点较高、持久性好、不易氧化、对皮肤无光敏和刺激作用、色泽不影响粉基介质的香精。香精用量：化妆品的香粉0.5%～2.0%，盥洗用粉类0.2%～1.0%。

5. 其他化妆品的加香

唇膏对香气的要求不高，以芳香甜美适口为主，常选用玫瑰、茉莉、紫罗兰、橙花等。要求无刺激性、无毒性，不易析出结晶。香精用量一般为1%～3%。眉笔、睫毛膏加香要求与唇膏相似，香精用量还可以减少。

四、色素

化妆品色素见表4-4所列。

化妆品中采用色素已有悠久的历史，当人类开始使用化妆品的时候，就在其中添加各种色素，使其色彩鲜艳夺目。色素主要用于美容化妆品中，包括口红、胭脂、眼线液、睫毛膏、眼影制品、眉笔、指甲油及粉末制品、染发制品等。其目的是使肌肤、头发和指甲着色，借助色彩的互衬性和协调性，使得形体的轮廓明朗及肤色均匀，显示容颜特点，弥补容颜局部缺陷，达到美容的目的。同时添加色素还可以掩盖化妆品中某些有色组分的不悦色感，以增加化妆品的视觉效果。所以，色素是化妆品不可缺少的成分。

表 4-4 化妆品色素分类

化妆品色素	有机合成色素	染料	水溶性染料
			油溶性染料
		色淀	
		有机颜料	
	天然色素		
	无机颜料	体质颜料	
		着色颜料	
		白色颜料	
	其他：珠光颜料、高分子粉体、功能性颜料等		

化妆品的色素除了对颜色的要求外，还有严格的安全性要求。除了一些天然的或惰性的色素外，大部分合成色素或多或少地对人体都会有不同程度的影响。而长期过量使用色素会对人体造成各种积累性的伤害。所以要求化妆品中使用的色素应是安全无毒的，一定要符合化妆品卫生标准要求。

化妆品中常用的色素有：有机合成色素、天然色素和无机颜料等，见表 4-4 所列。

1. 有机合成色素

也称合成色素或焦油色素。是以石油化工、煤化工得到的苯、甲苯、二甲苯、萘等芳香烃为基本原料，再经系列有机反应而制得。

染料是一类带有强烈色泽的化合物，它能溶于水或油及醇溶剂中，以溶解状态，借助于溶剂使物质染色。化妆品中应用较多的有偶氮染料如坚固酸性品红 B、落日黄 FCF、苏丹Ⅲ；呫吨染料如盐酸若丹明 B、四溴荧光素等。

有机颜料是既不溶于水也不溶于油的一类白色或有色的化合物。具有良好的遮盖力，经细小的固体粉末形式分散于其他物质中，而使物质着色。化妆品中使用的有机颜料以红色居多，代表性的如立索玉红 B、蓝色 404 号、红色 228 号、红色 226 号，永久橙等。

色淀是将可溶性染料沉淀在吸收基或稀释基上的有机颜料。如用氢氧化铝或硫酸铝作为吸收基（或稀释基），得到的沉淀称为铝色淀，是化妆品中常用的色淀。与颜料相比，色淀增加了不透明性及遮盖力，色泽较鲜艳，着色力强，但耐酸碱性较差。

2. 天然色素

化妆品中常用的天然色素有胭脂虫红、紫草素、β-胡萝卜素、指甲花红、叶绿素等。其优点是安全性高，色调鲜艳而不刺目，赋有天然感，很多天然色素同时也有营养或兼备药理效果。但天然色素产量小、原料不稳定、价格高、纯度低、含无效物多、稳定性差，故在化妆品中的应用受到限制。

3. 无机颜料

也称矿物性色素，是以天然矿物为原料制得的，现多以合成无机化合物为主。化妆品中使用的无机颜料有白色颜料，如钛白粉、锌白粉、铝粉、氢氯化铋等；有色颜料如氧化铁红、氧化铁黄、氧化铁黑、铁蓝、炭黑、氧化铬绿、群青等。

另外，广泛用于化妆品的色素还有珠光颜料，如合成珠光颜料、天然鱼鳞片；无机合成珠光颜料，如氯氧化铋、二氧化钛-云母等。

第三节　化妆品功效性原料

对于强调功效的化妆品，如祛斑、防晒、营养或减肥等产品，常添加化学、生化或天然提取物作为特效添加剂。

一、营养、疗效型添加剂

国内外市场销售营养霜所使用营养添加剂多种多样，在产品中主要提供防皱、恢复皮肤弹性、抗皮肤衰老的作用。其主要可分为植物型营养添加剂、动物型营养添加剂、生化物质添加剂等类型。本书只作简要介绍。

1. 人参

人参是一种名贵的药材，具有顺心、健身、补气、安神、益寿等多种滋补作用。人参提取物能调节机体的新陈代谢，促进细胞繁殖，延续细胞衰老，具有抗氧化及清除自由基活性，尤以其中的麦芽醇具有抗氧化作用，减少脂褐素在体内的沉积，人参提取物还能增强机体免疫功能和提高造血功能。这些功能和作用表现在皮肤上即可使皮肤光滑、柔软、有弹性、减少皱纹和减轻色素沉着，延续皮肤衰老及防止脱发，同时还具有抗炎、镇痛的功效。因此，人参提取物广泛用于化妆品中，多用在制备膏霜（护肤霜、粉刺霜、防皱霜等）、乳液和护发制品中。

2. 芦荟

芦荟是百合科多年生多肉常绿草本植物。在古代，人们就知道芦荟具有止痛、消炎、润便、抑菌、止痒、收敛和健胃等多种功效。目前，用于化妆品的芦荟提取物主要有芦荟凝胶汁（浓缩汁）、芦荟粉、芦荟油等。这些提取物都含有多种生理活性物，使芦荟具有优异的护肤疗效，包括抗过敏、防晒、促进皮肤新陈代谢、减轻皮肤皱纹、增强皮肤弹性和光泽、生发、乌发等多种功效。

3. 海藻

海藻是生长在海底和海面的无根、无花、无果的一类地球上最古老的植物。海藻中含有多种维生素、丰富的无机物，大量的氨基酸和糖类。故海藻及其萃取物具有多种功能，如具有良好的润肤护肤作用，可使皮肤变得柔软细腻，它在皮肤表面形成保护膜，有良好的保湿作用。此外，它还具有消炎、抗菌作用，还是一种良好的增稠剂。海藻萃取物可添加到香波、浴液、膏霜、面膜等制品中。

4. 胎盘水解液

胎盘水解液为浅黄色液体，pH 值为 5.5～6.5，含有丰富的可溶性多肽、氨基酸、酶、激素、微量元素、酸性黏多糖等对人体有益的营养成分，能增强血液循环，促进皮肤的新陈代谢，对细胞具有营养和赋活作用，还具有保湿和抑制皮肤黑色素生成的作用。

5. 鹿茸

鹿茸是鹿科动物梅花鹿或马鹿的雄鹿未骨化密生茸毛的幼角。鹿茸中含有多种生理活性成分，如蛋白质、氨基酸、胶质、维生素、自由基消除剂、超氧化物歧化酶（SOD）、过氧化氢酶（CAT）、维生素 A、维生素 E、透明质酸、鹿胎酸等，可为皮下组织新陈代谢提供营养，加快表皮细胞的生长，起到延缓皮肤衰老的作用。

6. 维生素 C

维生素 C 又称抗坏血酸，它可控制细胞间胶状物质的形成，在血红细胞的产生过程中也是必不可少的，与活细胞的氧化、还原有很大的关系，还可限制黑色素的生成。

7. 维生素 E

维生素 E 又称生育酚，它具有抑制脂肪酸特别是不饱和脂肪酸的过氧化作用。在人体衰老过程中，皮肤细胞内的脂褐素含量增多引起色素沉着，而这种脂褐素是不饱和脂肪酸的过氧化产物，维生素 E 能抑制老年色素的生成，从而具有抗衰老和防色素沉着等功效。同时，作为一种良好的抗氧化剂，维生素 E 还能防止维生素 C、维生素 A 等的氧化。

8. 超氧化物歧化酶

超氧化物歧化酶，简称 SOD，是一种广泛存在于动、植物及微生物中的金属酶。SOD 同大自然中两千多种生物酶一样，其化学本质也是蛋白质，是生物细胞的重要成分，在体内外均具有很高的生物活性和催化效应。SOD 是一种抗氧化酶，能催化生物体内超氧化自由基的歧化反应，具有清除自由基的能力。SOD 用于祛斑、抗粉刺、美白、防晒、抗衰老、防皱等产品中，具有抗衰老作用、减轻色斑作用、抑制粉刺作用及防晒作用等。

9. 水解胶原蛋白

胶原蛋白亦称胶原，是构成动物皮肤、筋、软骨、骨骼、血管、角膜等结缔组织的白色纤维状蛋白质。近代细胞生物学和分子生物学等证明，胶原蛋白除对机体组织起结构支撑和保护作用外，还具有很活跃的生理、生物活性功能。大量资料显示，分布于细胞外基质的胶原蛋白，为细胞的生长提供了适宜的环境，不仅积极参与细胞迁移、分化、增殖等行为，而且还与胚胎发育、创伤修复、肿瘤发生及转移等密切相关。在动物组织中的胶原蛋白是水不溶性物质，但有很强的水结合能力，通过用酸、碱或酶进行水解处理，可得到可溶性水解胶原蛋白，它们有着十分近似的氨基酸组成和含量，由于大分子的解体和分子量的降低，它们的溶解度随之增大，可溶于冷水。正是由于分子量大幅度地降低和水溶性的急剧提高，这就使得水解产物极易被人体的皮肤、毛发、脏器、骨质等所吸收与利用。它可应用于各类化妆品中，具有保湿作用、防止毛发损伤并有修复作用、去色斑作用、去皱抗衰老作用等。

化妆品中部分常用功效添加剂见表 4-5 所列。

表 4-5 化妆品中常用的功效添加剂

名 称	作 用
维生素 A	调节上皮细胞的生长和活性，延缓衰老
维生素 B_1	防治脂溢性皮炎、湿疹，增进皮肤健康
维生素 B_2	防治皮肤粗糙、斑症、粉刺、头屑
维生素 C(衍生物)	抑制皮肤上异常色素的沉着，阻止黑色素的产生和色素的沉积
维生素 D_2	防止皮肤干燥、湿疹、防止指甲和毛发异常
维生素 H	保护皮肤，防止皮肤发炎
维生素 E	抑制由紫外线照射引起的老化作用，促进头发生长及抗炎
氨基酸	提供皮肤与毛发所必需的营养
曲酸(及衍生物)	抗菌、吸收紫外线、保湿、减少皱纹、改善皮肤色斑和肝斑的形成，是美白添加剂，亦作为去头屑剂
熊果苷(及衍生物)	抑制酪氨酸酶的活性，阻止黑色素的形成，具美白效果；还可补充表皮细胞的各种营养成分
透明质酸	保湿
修饰 SOD	去皱、抗衰老、淡化色斑、有美白效果
人参	使皮肤光滑、柔软、有弹性、减少色斑、延缓皮肤衰老，防止脱发
芦荟	抗过敏、防晒、促进新陈代谢、减轻皱纹、增强皮肤弹性和光泽，生发乌发
灵芝	保湿、美白、防皱、抗衰老
当归	滋润皮肤、增强弹性、减轻色斑、延缓衰老，防脱发，赋予头发光泽

二、防晒剂

过度的日晒会使皮肤出现灼痛、红肿，甚至出现红疹、皮炎、皮肤癌等。在日光中，对人体有害的紫外线分为3个波段：UVA（波长为315～400nm）、UVB（波长为290～320nm）、UVC（波长为100～290nm）。科学研究表明，UVB引起即时和严重的皮肤损害，UVA则引起长期、慢性的损伤，后者的渗透力较前者强。而UVC不会引起晒黑作用，但会引起红斑。能防止紫外线照射的物质叫作防晒剂，防晒剂的种类很多，大体可分为两类：物理性的紫外线屏蔽剂和化学性的紫外线吸收剂。在防晒化妆品中所使用的防晒剂主要是化学性的紫外线吸收剂。

1. 紫外线屏蔽剂

紫外线屏蔽剂主要是指具有反射紫外线作用的物质，当日光照射到这类物质时，可使紫外线散射，从而阻止了紫外线的射入。这类物质主要包括无机粉末，如钛白粉、滑石粉、陶土粉、氧化锌等。粉状物的折射率越高，其散射能力越强；粉体越细，散射能力也越强。目前加入化妆品中的无机粉体防晒剂通常都将其制成超细粉体，以达到理想的防晒效果。

（1）超细钛白粉　指具有高比表面积，粒径在10～50nm的钛白粉粉粒。对可见光具有极高的穿透性，而对紫外线具有极佳的阻挡作用，在化妆品中有广泛应用。

（2）超细氧化锌　超细氧化锌是指粒径在30～100nm的高比表面积的氧化锌粉末，具有保护、缓和、治疗和抗菌等特性，可广泛地应用于化妆品和护肤品中。

2. 紫外线吸收剂

紫外线吸收剂是具有吸收作用的物质，按吸收辐射的波段不同，可分为UVA吸收剂（如二苯酮类、邻氨基苯甲酸酯和二苯甲酰甲烷类化合物）和UVB吸收剂（如对氨基苯甲酸酯、水杨酸酯、肉桂酸酯和樟脑的衍生物）。

（1）对氨基苯甲酸酯及衍生物　这类化合物都是UVB吸收剂，也是最早使用的防晒剂品种。常用的有4-氨基苯甲酸、对氨基苯甲酸甘油酯、氨基苯甲酸薄荷酯、对氨基苯甲酸异丁酯、二甲基对氨基苯甲酸辛酯、对-二甲基氨基苯甲酸-2-乙基己酯等。由于其结构的原因，这类物质会对制品的外观及使用效果造成影响，且对皮肤有刺激性，故较少使用。

（2）水杨酸酯及其衍生物　这类化合物都是UVB吸收剂，是目前国内较常用的防晒剂。常见品种有水杨酸苯酯、水杨酸苄酯、水杨酸薄荷酯、对异丙基苯基水杨酸酯等。这类物质的吸收率低，但因价格较低，稳定性和安全性好，故常与其他防晒剂配合使用。

（3）肉桂酸酯类　这类化合物是UVB段吸收剂，其在防晒化妆品中的加入量在1%～2%。主要品种包括对甲氧基肉桂酸酯、甲氧基肉桂酸戊酯混合异构体、肉桂酸苄酯、肉桂酸钾等。其中4-甲氧基肉桂酸辛酯是应用最广的UVB吸收剂，吸收效果良好。

（4）二苯甲酮类　是对UVA和UVB段均有吸收的广谱型吸收剂，虽然吸收率差，但毒性低，无光致敏性，对光、热稳定性好。

（5）邻氨基苯甲酸酯类　这类化合物是UVA段吸收剂，价格低廉，但吸收率低，且对皮肤有刺激性。

小　结

化妆品是一种由各类物料经过合理调配而成的混合物。化妆品的各种特性及质量好坏除了与配制技术及生产设备等有密切关系之外，主要决定于构成它的原料。化妆品的原料极其广泛，凡是对人体肤发有清洁、保护、滋养、疗效、美化作用，或配合制会及保护制品品质等所需物料，皆可称为化妆品原料。化妆品原料就其在化妆品中的作用而言可分为主体原料（基质原料）和辅助原料两类。基质原料是化妆品的主体，体现了化妆品的性质和功用；而辅助原料则是对化妆品的成型（稳定）、色、香和某些特性起作用，一般辅助原料的用量都较少，但在化妆品中是不可缺少的。

思考题

1. 构成化妆品的原料包括哪些类别，各有何作用？
2. 水溶性聚合物在化妆品中有何作用？
3. 表面活性剂在化妆品中有何作用？
4. 化妆品中常用哪些保湿剂？各有何特点？
5. 紫外线有哪 3 个区段？分别有什么危害？常用的防晒剂有哪些？
6. 化妆品生产常用的防腐剂有哪些？其适用 pH 值范围分别为多少？可应用于哪些化妆品中？

专业部分

第五章　乳液及膏霜类护肤化妆品

学习目标及要求：

1. 能叙述乳液及膏霜类护肤品的配方组成。
2. 给定乳液及膏霜类护肤品配方，能分析每种组分的作用。
3. 能区分雪花膏、冷霜、乳液等配方。
4. 能叙述影响乳液及膏霜类护肤品产品质量的工艺条件，并能在制定实训方案时运用这些知识。
5. 在教师的帮助下，查找各种相关信息资料，能根据给定配方制定出工作计划，并能完成计划。
6. 会根据配方及操作规程生产乳液及膏霜类化妆品。
7. 能充分利用各种学习资源，初步学会设计乳液及膏霜类护肤品的配方。
8. 能初步运用所学知识分析乳液及膏霜类护肤品的质量问题。

乳液及膏霜类护肤化妆品是化妆品中产量最大的门类之一，而且是主要产品。主要用于皮肤的保护和营养。常见的品种有雪花膏、润肤霜、润肤乳液、冷霜（香脂）、祛斑霜、防皱霜、营养霜、美白霜等。

正常健康的皮肤角质层中，含有10%～20%的水分，以保持表皮角质层的塑性、柔软和平滑，维持皮肤的湿润和弹性。但由于年龄和外界环境因素的影响，角质层中的水分通常会降到10%以下，皮肤就会显得干燥，失去弹性并出现皱纹，加速皮肤的衰老。此时，可通过护肤化妆品给皮肤补充水分和脂质，从而恢复和保持皮肤的润湿性，使皮肤健康，延缓皮肤的老化。

护肤化妆品的具体作用包括以下几点。

① 补充皮肤水分和油分。基础化妆品有W/O型和O/W型之分，内含油脂，润肤功能好，涂覆后使用感明显，延缓皮肤的老化。

② 软化皮肤，阻延水分的损耗，保持湿度。皮肤的柔软度与水分含量成正比，使用护肤化妆品后能在皮肤表面形成一层薄膜，达到一定的保湿效果，使皮肤尽可能长久地保持柔软、弹性状态。

③ 输送活性成分，补充皮肤营养。配方中的特效添加成分，通过表皮吸收，发挥功效。

④ 具有一定的清洁作用。涂抹面部，揉进皮肤，通过配方中的溶剂和乳化剂，对污垢有洗净作用。

⑤ 抵御环境的侵袭，保护皮肤。保护皮肤不受户外空气和冷暖温差、湿度的刺激，并且不妨害皮肤生理作用。

第一节　乳液及膏霜类护肤品的配方组成

乳液及膏霜类化妆品都属于乳化类产品，都是使用表面活性剂（乳化剂）将油相和水相乳化混合在一起制成的。

乳液及膏霜类护肤品最基础的作用是能在皮肤表面形成一层护肤薄膜，可保护皮肤，缓解气候变化、环境不良等因素的直接刺激，并能为皮肤补充正常生理过程中所需的营养成分。

乳液及膏霜类护肤品按其产品的形态，可分为呈半固体状态不能流动的膏（质地硬）、霜（质地软）和能流动的液体膏霜，如各种乳液；按含油量区分，可有乳液、雪花膏、中性膏霜（润肤霜）和香脂；按乳化体类型区分可有O/W（水包油）型、W/O（油包水）型，另外还有多重乳化体系（W/O/W或O/W/O）。

按原料在配方中的功能来分，乳液及膏霜类护肤品常由以下组分组成。

1. 柔软剂体系

主要的功能是阻隔水分，输送油分和水分，达到改良触感的理想效果。选用的原料包括油脂类（用量2%～30%）、脂肪酸酯类（用量1%～10%）、脂肪醇类（用量1%～5%）、吸收基质类（羊毛脂及其衍生物)(用量2%～20%）、脂肪酸类（用量2%～20%）以及蜡类（用量1%～15%）等。常用油相原料如下所述。

（1）液态油脂　包括动植物类油脂和矿物类油脂。它赋予皮肤柔软性、润滑性；促进皮肤吸收有效成分，形成疏水性油膜，抑制皮肤水分蒸发，减少摩擦，增加光泽，起溶剂作用。可用的液态油，如橄榄油、蓖麻油、杏仁油、霍霍巴油、磷脂等动植物油脂和液体石蜡等矿物油。

（2）固体蜡　包括动植物类蜡和矿物蜡，能提高制品稳定性；赋予摇变性和触变效果；改善使用感和柔润效果；提高液态油的熔点。这类固体蜡有蜂蜡、鲸蜡、混合醇等动植物蜡和固体石蜡等矿物蜡。

（3）半固体蜡和油脂　兼有液态和固态蜡的特点，如凡士林、羊毛脂等。

2. 吸湿剂体系

主要是有助于护肤产品的整体触感和湿润作用，降低冰点，阻止水分蒸发。这类原料通常掺和在乳化水溶液中，与柔软剂体系结合，形成皮肤护理体系，有助于塑化和柔化皮肤。多选用多元醇（用量2%～10%）。

3. 乳化剂体系

乳化剂是乳液及膏霜类护肤品中必不可少的成分。在产品中主要起乳化作用，利用它把油相成分充分分散成为微小的液滴均匀地分布于水相之中，或者把水相成分充分分散成为微小的液滴均匀地分布于油相介质之中，形成乳化体并且保障乳化体系长期稳定存在。同时，乳化剂还可提高产品的分散和渗透作用，使产品涂抹在皮肤上时能顺利地在皮肤表面铺展开，进一步穿过毛孔渗透入深层的真皮组织中发挥护肤的作用。此外，乳化剂还可以起到调节美化的作用，使其他添加剂体系发挥最佳效能。常用的乳化剂包括皂类（用量2%～20%）、非离子表面活性剂（用量2%～10%）、非皂类阴离子表面活性剂（用量0.5%～3%）、阳离子表面活性剂（用量0.1%～5%）、辅助乳化剂和稳定剂（羊毛醇、脂肪醇、多元醇酯等）。

4. 增稠剂体系

可选用矿物增稠剂（用量0.1%～3%）、各种改性纤维素（用量0.1%～1%）、金属氧化物及肥皂等（用量2%～20%）。这一体系为悬浮系乳状化妆品的重要组分，有助于膏霜体“赋形”，改善黏度和稳定性。常用的水溶性聚合物有瓜尔胶、汉生胶、羟乙基纤维素、丙烯酸系聚合物等。

5. 活性成分

即功能性添加剂，是乳液及膏霜类护肤品中的功效成分。如用于美白、祛斑的熊果苷、维生素 C、曲酸、果酸、芦荟；用于去角质、嫩肤的水杨酸、果酸；用于抗衰老的维生素 E、SOD、甘草黄酮等。

此外还会添加一些感官性添加剂，如香精、防腐剂和抗氧剂、颜料、彩色悬浮颗粒等。

第二节 乳液及膏霜类护肤品的配方设计

一、配方设计的总体原则

1. 乳化体类型的选定

首先应选定所设计产品的乳化体类型，是 O/W 型，还是 W/O 型。若制作 O/W 型，油相乳化所需要的 HLB 值和乳化剂提供的 HLB 值应在 8～18 之间，这样才能制作出稳定的膏体；若制作 W/O 型乳化体，油相乳化所需要的 HLB 值和乳化剂提供的 HLB 值应在 3～6 之间。

2. 选定油相组分

选定油相的各种组分，查出其各自的 HLB 值，并按其质量分数计算油相乳化所需的 HLB 值。

3. 选定乳化剂

根据乳化油相所需的 HLB 值，选定乳化剂或乳化剂对。制作 O/W 型的乳化体，其乳化剂应以 HLB 大于 6 的乳化剂为主，以 HLB 小于 6 的为辅。如常用的 O/W 型乳化剂：吐温（Tween）系列、蜂蜡-硼砂体系脂肪酸皂、PEG-10 甲基葡萄糖苷、蔗糖硬脂酸酯、卵磷脂等。制作 W/O 型的乳化体，其乳化剂应以 HLB 小于 6 的为主，以 HLB 大于 6 的为辅。如常用 W/O 型乳化剂：斯盘系列、甲基葡萄糖双硬脂酸酯、羊毛醇、胆甾醇、蜂蜡-硼砂体系单硬脂酸甘油酸等。

乳化剂或乳化剂对的用量一般在 10%～20%，用量太多会增加成本；用量太少会使膏体不稳定。另外，乳化剂一定要对被乳化物的亲油基有很好的亲和力，两者的亲和力越强，其乳化效果越好。

4. 选定水相组分

选定出水相的各种组分，计算出纯水的加入量。

二、油相原料的选择

油相原料是组成乳液及膏霜类化妆品的基本原料。其主要作用有：能使皮肤细胞柔软，增加其吸收能力；能抑制表皮水分的蒸发，防止皮肤干燥、粗糙以至裂口；能使皮肤柔软、有光泽和弹性；涂布于皮肤表面，能避免机械和药物所引起的刺激，从而起到保护皮肤的作用；能抑制皮肤炎症，促进剥落层的表皮形成。常用的油相原料见本书第四章第一节。

产品的分布特性及其最终效果和油相组分有密切的关系。W/O 型乳化体的稠度主要决定于油相的熔点，一般很少超过 37℃。O/W 型乳化体（如雪花膏）的油相熔点可远远超过 37℃。另外，乳化剂和生产方法也能改变油相的物理特性，而最终表现在产品的性质上。

一般认为，对皮肤的渗透性来说，动物油脂较植物油脂为佳，而植物油脂又较矿物油为好，矿物油对皮肤不显示渗透作用。胆甾醇和卵磷脂能增加矿物油对表皮的渗透和黏附。矿物油是在许多膏霜中最常用为油相主要载体的原料。当基质中存在表面活性剂时，对表皮细胞膜的透过性将增大，吸收量也将增加。

油相也是香料、某些防腐剂和色素以及某些活性物质如雌激素、维生素 A、维生素 D 和维生素 E 等的溶剂，颜料也可分散在油相中。相对地说油相中的配伍禁忌要较水相少得多。

三、乳化剂的选择

HLB 理论指出：每一种特定的油相物质都有一个被乳化所需的 HLB 值，只有选择的乳化剂的 HLB 值与油相所需的 HLB 值一致时，才可获得最好的乳化效果。HLB 法是选择乳化剂较广泛的使用方法。尽管 HLB 法有不少的局限性，但至今仍是选择乳化剂较为方便的方法。一般来说，利用 HLB 法选择乳化剂可按下述步骤进行。

1. 初步拟定配方，确定配方中油相组分

以下以润肤霜为例加以说明。润肤霜是以滋润皮肤、补充皮肤油分和水分流失为目标的皮肤护理产品，多数是 O/W 型的乳化体。配方中主要成分是各种油脂和蜡以及乳化剂，油蜡成分一般占 20%～35%。润肤霜配方（初步拟定）见表 5-1 所列。

表 5-1　润肤霜配方（初步拟定）

原料成分	质量分数/%	原料成分	质量分数/%
油相		尼泊金丙酯	0.1
硬脂酸	6.0	尼泊金甲酯	0.2
单硬脂酸甘油酯		水相	
十六醇	1.5	甘油	3.0
羊毛脂	3.0	丙二醇	2.0
白矿油	8.0	三乙醇胺	1.2
棕榈酸异丙酯	4.0	去离子水	加至 100.0
香精	适量		

乳化剂体系主要采用硬脂酸三乙醇胺/硬脂酸单甘油酯。要求通过计算确定两者的比例和数量。配方中的硬脂酸一部分（5%）作为油相成分使用，另一部分（1%）与三乙醇胺中和生成硬脂酸三乙醇胺做乳化剂，中和比例确定为 16%，即 1 质量份左右的硬脂酸被中和。

2. 计算油相所需的 HLB 值

按照上面初步拟定的配方，对照表 5-2 查出乳化各种油相物质所需要的 HLB 值。

表 5-2　乳化各种油相物质所需要的 HLB 值（O/W 型乳化体）

油相物质	需要的 HLB 值	油相物质	需要的 HLB 值
二聚酸	14	石脑油	10
月桂酸	16	霍霍巴油	7～8
亚油酸	16	羊毛油	7
油酸	17	可可脂	14
蓖麻油酸	16	猪脂	14
硬脂酸	17	鲱油	12
异硬脂酸	15～16	无水羊毛脂	10～12
羊毛酸二异丙酯	9	菜子油	7
甘油单硬脂酸酯	13	松油	16
乙酸癸酯	11	藏花油	7
苯甲酸乙酯	13	豆油	6
肉豆蔻酸异丙酯	12	貂油	5～9

续表

油相物质	需要的 HLB 值	油相物质	需要的 HLB 值
棕榈酸异丙酯	12	蓖麻油	14
邻苯二甲酸二辛酯	13	玉米油	8
磷酸三甲苯酯	17	棉籽油	6
己二酸二异丙酯	14	牛脂	6
硬脂酸丁酯	11	聚乙烯(四聚体)	14
癸醇	15	苯乙烯	15
异癸醇	14	煤油	6～7
月桂醇	14	矿物油(芳烃)	9
十六醇	12～16	矿物油(烷烃)	6
硬脂醇	15～16	凡士林	5
异硬脂醇	14	蜂蜡	9～12
二甲基硅氧烷	9	微晶蜡	8～10
甲基苯基硅氧烷	7	氯化石蜡	12～14
甲基硅烷	11	巴西棕榈蜡	15
环状硅氧烷	7～8	石蜡	10
棕榈油	12	聚乙烯蜡	15
溶剂油	10		

在表 5-1 配方中，所有油蜡类物质加起来的总量是 21.5 份（扣除被三乙醇胺中和的 1 份硬脂酸），由此利用表 5-2 有关的数据，计算出油相基质所需的 HLB 值，列于表 5-3。

表 5-3 配方中油相物质所需的 HLB 值

油相成分	配方用量	在油相中所占比例	所需的 HLB 值
硬脂酸	5.0	23.3%	0.233×15.5=3.6
十六醇	1.5	7.0%	0.07×15.5=1.1
羊毛脂	3.0	14.0%	0.14×9.0=1.3
白矿油	8.0	37.2%	0.372×10.0=3.7
棕榈酸异丙酯	4.0	18.5%	0.185×11.5=2.1
合计	21.5	100%	11.8

3. 选择合适的乳化剂体系和比例

由计算结果可知，可以选用 HLB 值约为 11.8 的乳化剂。虽然可选用单个乳化剂，但通常情况下需要两种不同亲水亲油性能的乳化剂配对使用。因配方中已选择了硬脂酸三乙醇胺/单硬脂酸甘油酯乳化体系，故可利用表 5-4 的数据：亲水乳化剂（HA）硬脂酸三乙醇胺的 HLB 值是 20，亲油乳化剂（LA）单硬脂酸甘油酯的 HLB 值是 3.8。试计算两者的比例如下：

HA/LA=2∶1　　0.67×20+0.33×3.8=14.7

HA/LA=1∶1　　0.50×20+0.50×3.8=11.9

HA/LA=1∶2　　0.33×20+0.67×3.8=9.1

从上面的计算结果可知，当硬脂酸三乙醇胺/单硬脂酸甘油酯为 1∶1 时，乳化体系的 HLB 值基本符合油相所需的 HLB 值。

表 5-4 乳液膏霜产品常用乳化剂的 HLB 值

乳化剂商品代号	化学结构	HLB 值
斯盘-85	失水山梨醇三油酸酯	1.8
斯盘-65	失水山梨醇三硬脂酸酯	2.1
Emcol EO-50	乙二醇脂肪酸酯	2.7
Emcol PO-50	丙二醇单脂肪酸酯	3.4
	单硬脂酸甘油酯	3.8
斯盘-80	失水山梨醇单油酸酯	4.3
斯盘-60	失水山梨醇单硬脂酸酯	4.7
Emcol DP-50	二乙二醇脂肪酸酯	5.1
斯盘-40	失水山梨醇单棕榈酸酯	6.7
Atlas G-2147	四乙二醇单硬脂酸酯	7.7
斯盘-20	失水山梨醇单月桂酸酯	8.6
吐温-61	聚氧乙烯失水山梨醇单硬脂酸酯	9.6
吐温-81	聚氧乙烯失水山梨醇单油酸酯	10.0
吐温-65	聚氧乙烯失水山梨醇三硬脂酸酯	10.5
吐温-85	聚氧乙烯失水山梨醇三油酸酯	11.0
	三乙醇胺油酸盐	12.0
	聚氧乙烯 400 单月桂酸酯	13.1
吐温-60	聚氧乙烯失水山梨醇单硬脂酸酯	14.9
吐温-80	聚氧乙烯失水山梨醇单油酸酯	15.0
吐温-40	聚氧乙烯失水山梨醇单棕榈酸酯	15.6
吐温-20	聚氧乙烯失水山梨醇单月桂酸酯	16.7
	油酸钠	18
	油酸钾	20
	硬脂酸三乙醇胺	20

4. 进行乳化试验，选定乳化剂用量

上面的计算结果说明在原则上使用硬脂酸三乙醇胺/硬脂酸甘油酯 1∶1 乳化剂体系可配制出表 5-3 配方的 O/W 型润肤霜，但乳化剂用量、乳化体的稳定性、乳化剂之间配伍性、乳化剂与其他组成（如防腐剂、香精和各种功能添加剂）之间的化学配伍性、pH 值等都要通过实验来确定。同时还要考虑制造工艺和经济成本。一般乳化剂用量约为油相的 20%（质量）。表 5-3 配方中油相质量分数为 21.5%，乳化剂用量按照 20%左右计算大约是 4%，按照 1∶1 比例分配，配方中应该使用硬脂酸三乙醇胺 2 份（由 0.7 份三乙醇胺中和 1.3 份硬脂酸制成），硬脂酸甘油酯 2 份。由此配方可修改为表 5-5。

表 5-5 润肤霜配方（修订）

原料成分	质量分数/%	原料成分	质量分数/%
油相		尼泊金丙酯	0.1
硬脂酸	6.3	尼泊金甲酯	0.2
单硬脂酸甘油酯	2.0	水相	
十六醇	1.5	甘油	2.0
羊毛脂	3.0	丙二醇	1.2
白矿油	8.0	三乙醇胺	0.7
棕榈酸异丙酯	4.0	去离子水	加至 100.0
香精	适量		

5. 产品配方的调整

产品配方的组成是复杂多样的，除主要成分外，还含有各种功能添加剂、香精、防腐剂和色素等。这些成分的加入会对产品的稳定性、物理性质和感官有很大的影响。需要进行产品的实际配方试验，这是一项较复杂的工作，也是最终产品成败的关键，且这项工作经验性的成分较大。若调整之处过多，则整个配方需要重新设计。

四、水相原料的选择

在乳液及膏霜类化妆品中，水相是许多有效成分的载体。作为水溶性滋润物的各种保湿剂，如甘油、山梨醇、丙二醇和聚乙二醇等，能防止O/W型乳化体的干缩，但用量太多会使产品在使用时感到黏腻。作为水相增稠剂的亲水胶体，如纤维素胶、海藻酸钠、鹿角菜胶、黄蓍树胶、丙烯酸聚合物、硅酸镁铝和膨润土等，能使O/W乳化体增稠和稳定，在护手霜中起到阻隔剂的作用。各种电解质，如抑汗霜中的铝盐、卷发液中的硫代乙醇酸铵、美白霜中的汞盐、冷霜中的硼砂和在W/O乳化体中作为稳定剂的硫酸镁等，都是溶解于水中的。许多防腐剂和杀菌剂，如六氯酚、季铵盐、氯代酚类和对羟基苯甲酸酯也是水相中的一部分。此外还有营养霜中的一些活性物质，如水解蛋白、人参渗出液、珍珠粉水解液、蜂皇浆、水溶性维生素及各种酶制剂等。当然，在组合水相中的这些成分时，要十分注意各种物质在水相中的化学相容性，因为许多物质很容易在水溶液中相互反应，甚至失去效果。有些物质在水相中，由于光和空气的影响，也容易逐渐变质。

第三节　乳液及膏霜类护肤品的生产工艺

如前所述，经小试选定乳化剂后，还要制定相应的乳化工艺和操作方法，以实现工业化生产。在实际生产过程中，有时虽然采用同样的配方，但是由于操作温度、乳化时间、加料方法和搅拌条件等不同，制得的产品的稳定性及其他物理性能也会不同，有时相差悬殊，因此根据不同的配方和不同的要求，采用合适的配制方法，才能得到较高质量的产品。长期以来，乳液及膏霜类护肤品的配制是依靠经验建立起来的，逐步充实完善了理论，正在走向依靠理论指导生产。但在实际生产中，仍有赖于操作者的经验。

一、生产过程

1. 油相的调制

先将液态油加入油相溶解锅中，在不断搅拌下，将固态和半固态油分别加入其中，加热至70～75℃，使其完全溶解混合并保持在90℃左右，维持20min灭菌。要避免过度加热和长时间加热而使原料成分变质劣化，一般先加入抗氧剂。容易氧化的油分、防腐剂和乳化剂可在乳化前加入油相，溶解均匀后，即可进行乳化。

2. 水相的调制

先把亲水性成分如甘油、丙二醇、山梨醇等保湿剂加入去离子水中（如需皂化，乳化时增加碱类等），加热至约85～95℃，维持20min灭菌。

如配方中含有水溶性聚合物，这类胶黏质需另外单独配制，浓度约为0.1%～2%（质量），在室温下充分搅拌，使其充分溶胀，防止结团。如有需要，可进行均质。在乳化前加热至约70℃，要避免长时间加热，以免引起黏度变化。

对于乳化剂，根据它是水溶性或油溶性的而分别加入水相或油相原料中加热，非离子表面活性剂斯盘及吐温都可加入油相中。

3. 乳化

上述油相和水相原料通过过滤器按照一定的顺序加入乳化锅内，在一定的温度条件下，进行一定时间的搅拌和乳化。乳化过程中，油相和水相的添加方法（油相加入水相或水相加入油相）、添加的速度、搅拌条件、乳化温度和时间、乳化器的结构和种类等对乳化体粒子的形状及其分布状态、产品质量都有很大影响。均质的速度和时间因不同的乳化体系而异。含有水溶性聚合物的体系、均质的速度和时间应加以严格控制，以免过度剪切而破坏聚合物的结构，造成不可逆的变化、改变体系的流变性质。

乳化温度约为70～80℃，一般比最高熔点的油分的熔化温度高5～10℃较合适。切忌在尚有未熔化固体油分时开始乳化；或水相温度过低，混合后发生高熔点油分结晶的出的现象。如发生这样的情况，需将体系重新加热至70～80℃进行乳化。均质、搅拌乳化3～15min后启动刮板搅拌，在降温过程中加入各种添加剂，一般温度降至40～45℃，停止搅拌。

4. 冷却

乳化后，乳化体系要冷却到接近室温。卸料温度取决于乳化体系的软化温度，一般应使其借助于自身的重力，从乳化锅内流出为宜。冷却方式一般是将冷却介质通入反应釜的夹套内，边搅拌、边冷却。冷却条件，如冷却速度、冷却时的切应力、终点温度等对乳化体系的粒子大小和分布都有影响，必须根据不同的乳化体系，选择最优化的条件，特别是从实验室小试转入大规模生产时尤为重要。

5. 充装

一般是储存一天或几天后再用灌装机充装。充装前需对产品进行质量检验。

6. 添加剂的加入

维生素、天然提取物及各种生物活性物质等由于高温会使其失去活性，故不要将其加热，待乳化完成后降温至50℃以下时再加入，如遇到对温度敏感的活性物，应在更低的温度下添加，以确保其活性。香精及防腐剂也应在低温时加入，但尼泊金酯类防腐剂除外。

二、生产工艺

乳液膏霜类护肤的生产工艺有间歇式乳化、半连续式乳化和连续式乳化3种。间歇式是最简单的一种乳化方式，国内外大多数厂家均采用此法，优点是适应性强，但辅助生产时间长、操作烦琐、设备效率低。后两种适用于大批量生产，在国外部分厂家使用，国内较少使用。

间歇式乳化工艺流程如图5-1所示，分别准确称量油相和水相原料，按既定次序投料至专用锅内，加热至一定温度，并保温搅拌一定时间，再逐渐冷却至50℃左右，加香搅拌后出料即可。

三、生产中应注意的问题

1. 搅拌条件

乳化时搅拌愈强烈，乳化剂用量可以愈低。但过分的强烈搅拌对降低颗粒大小并不一定有效，而且易将空气混入。在采用中等搅拌强度时，运用转相办法可以得到细的颗粒，采用桨式或旋桨式搅拌时，应注意不使空气搅入乳化体中。

一般情况是，在开始乳化时采用较高速搅拌对乳化有利，在乳化结束而进入冷却阶段后，则以中等速度或慢速搅拌有利，这样可减少混入气泡。如果是膏状产品，则搅拌到结膏温度停止。如果是液状产品，则一直搅拌至室温。

2. 混合速度

分散相加入的速度和机械搅拌的快慢对乳化效果十分重要，当内相加得太快或搅拌效果

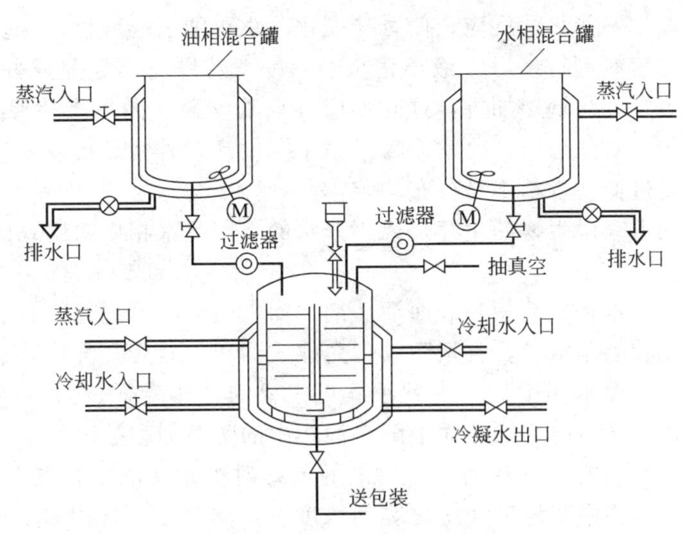

图 5-1 间歇式乳化工艺流程

差时易得到较差的乳化效果。乳化操作的条件影响乳化体的稠度、黏度和乳化稳定性。研究表明，在制备 O/W 型乳化体时，最好的方法是在激烈的持续搅拌下将水相加入油相中，且高温时混合比低温时混合效果好。

在制备 W/O 型乳化体时，建议在不断搅拌下，将水相慢慢地加到油相中去，可制得内相粒子均匀、稳定性和光泽性好的乳化体。对内相浓度较高的乳化体系，内相加入的流速应该比内相浓度较低的乳化体系为慢。采用高效的乳化设备较搅拌差的设备在乳化时流速可以快一些。

但必须指出的是，由于化妆品组成的复杂性，配方与配方之间有时差异很大，对于任何一个配方，都应进行加料速度试验，以求最佳的混合速度，制得稳定的乳化体。

3. 温度控制

制备乳化体时，除了控制搅拌条件外，还要控制温度，包括乳化时与乳化后的温度。

由于温度对乳化剂溶解性和固态油、脂、蜡的熔化等的影响，乳化时温度控制对乳化效果的影响很大。如果温度太低，乳化剂溶解度低，且固态油、脂、蜡未熔化，乳化效果差；温度太高，加热时间长，冷却时间也长，浪费能源，加长生产周期。一般常使油相温度控制高于其熔点 10～15℃，且水相温度稍高于油相温度。通常膏霜类在 75～95℃条件下进行乳化。

一般可把水相加热至 90～100℃，维持 20min 灭菌，然后再冷却到 70～80℃进行乳化。在制备 W/O 型乳化体时，水相温度高一些，此时水相体积较大，水相分散形成乳化体后，随着温度的降低，水珠体积变小，有利于形成均匀、细小的颗粒。如果水相温度低于油相温度，两相混合后可能使油相固化（油相熔点较高时），影响乳化效果。

冷却速度的影响也很大，通常较快的冷却能够获得较细的颗粒。当温度较高时，由于布朗运动比较强烈，小的颗粒会发生相互碰撞而合并成较大的颗粒；反之，当乳化操作结束后，对膏体立刻进行快速冷却，从而使小的颗粒“冻结”住，这样小颗粒的碰撞、合并作用可减少到最低的程度，但冷却速度太快，高熔点的蜡就会产生结晶，导致乳化剂所生成的保护胶体的破坏，因此冷却的速度最好通过试验来决定。

4. 香精和防腐剂的加入

(1) 香精的加入　香精是易挥发性物质，并且其组成十分复杂，在温度较高时，不但容易损失掉，而且会发生一些化学反应，使香味变化，也可能引起颜色变深。因此一般化妆品中香精的加入都是在后期进行。对乳液类化妆品，一般待乳化已经完成并冷却至50～60℃时加入香精。如在真空乳化锅中加香，这时不应开启真空泵，而只维持原来的真空度即可，吸入香精后搅拌均匀。对敞口的乳化锅而言，由于温度高，香精易挥发损失，因此加香温度要控制低些，但温度过低使香精不易分布均匀。

(2) 防腐剂的加入　微生物的生存是离不开水的，因此水相中防腐剂的浓度是影响微生物生长的关键。

乳液类化妆品含有水相、油相和表面活性剂，而常用的防腐剂往往是油溶性的，在水中溶解度较低。有的化妆品制造者，常把防腐剂先加入油相中然后去乳化，这样防腐剂在油相中的分配浓度就较大，而水相中的浓度就小。更主要的是非离子表面活性剂往往也加在油相，使得有更大的机会增溶防腐剂，而溶解在油相中的防腐剂和被表面活性剂胶束增溶的防腐剂对微生物是没有作用的，因此加入防腐剂的最好时机是待油水相混合乳化完毕后（O/W）加入，这时可在水相中获得最大的防腐剂浓度。当然温度不能过低，不然分布不均匀，有些固体状的防腐剂最好先用溶剂溶解后再加入。例如尼泊金酯类就可先用温热的乙醇溶解，这样加到乳液中能保证分布均匀。

配方中如有盐类、固体物质或其他成分，最好在乳化体形成及冷却后加入，否则易造成产品的发粗现象。

5. 黏度的调节

影响乳化体黏度的主要因素是连续相的黏度，因此乳化体的黏度可以通过增加外相的黏度来调节。对于O/W型乳化体，可加入合成或天然的树胶，也可加入适当的乳化剂如钾皂、钠皂等。对于W/O型乳化体，加入多价金属皂、高熔点的蜡和树胶到油相中可增加体系黏度。

第四节　雪　花　膏

“雪花膏”顾名思义，颜色洁白，遇热容易消失。雪花膏在皮肤上涂开后有立即消失的现象，此种现象类似“雪花”，故命名为雪花膏。它属于阴离子型乳化剂为基础的O/W型乳化体，在化妆品中是一种非油腻性的护肤用品，敷用在皮肤上，水分蒸发后就留下一层硬脂酸、硬脂酸皂和保湿剂所组成的薄膜，使皮肤与外界干燥空气隔离，能控制皮肤表皮水分的过量挥发，特别是在秋冬季节空气相对湿度较低的情况下，能保护皮肤不致干燥、开裂或粗糙，也可防治皮肤因干燥而引起的瘙痒。

以雪花膏为载体，添加各种具有生理活性的原料就可以衍生出很多功能性护肤品，所以它的地位十分重要。

一、配方组成

1. 硬脂酸

雪花膏的主要成分是硬脂酸。纯净的硬脂酸为白色针状或片状结晶块，通常为蜡状。成品规格有单压、双压和三压硬脂酸3种，以三压硬脂酸最纯。在配方里硬脂酸担当三重角色：基质材料、护肤油性原料和乳化剂原料。硬脂酸的熔点在60℃左右，加热融化后与其他油相、水相混合乳化，冷却后重新凝固成为膏体，支撑起雪花膏的外观。硬脂酸最主要的作用是与碱中和成为乳化剂，使油水两相成为稳定的乳化体。硬脂酸的质量对膏体的质量及稳定性有决定性的影响。一般用三压硬脂酸，加入量为10%～20%，控制碘价在2以下。

一部分硬脂酸（15%～25%）与碱作用生成硬脂酸皂；另一部分硬脂酸在皮肤表面可形成薄膜，使角质层柔软，保留水分。

2. 碱类

碱类和硬脂酸中和成硬脂酸皂起乳化作用。可选择的碱类有氢氧化钠、氢氧化钾、氢氧化铵、硼砂、三乙醇胺等，各种碱配制而成的产品呈现不同的特点。氢氧化铵和三乙醇胺中和硬脂酸制成的雪花膏，膏体柔软而且细腻，光泽度好。但胺类物质有特殊气味，产品调香比较困难。而且胺和某些香料混合使用容易变色。用氢氧化钠制成的乳化体稠度较大，膏体比较结实，有利于减少油相的用量而节省成本。但是硬脂酸钠皂对乳化体的稳定作用较差，存放时间长了会导致膏体有水分析出。一般用氢氧化钾，所制成的膏体较用氢氧化钠的软，也较细腻。为提高乳化体稠度，可辅加少量氢氧化钠，例如硬脂酸钾与硬脂酸钠的质量比为9∶1。

3. 多元醇

如甘油、山梨醇、丙二醇等。多元醇除对皮肤有保湿作用外，在雪花膏中有可塑作用，当配方里不加或少加多元醇时，在涂抹时会出现“面条”现象。当增加多元醇用量时，产品的耐冻性能也随之提高。甘油是一种澄清无色或淡黄色的黏性液体，味甜而温，无臭，能和任何比例的水混溶，吸水性很强，但不易挥发。这些特性决定了它在雪花膏中的良好作用。甘油能使膏体中的水分不至于挥发，有利于雪花膏的润滑性和黏度，并且还可以增加膏体的耐寒性。制造雪花膏所用的甘油，应该是无色透明、无臭，纯度在98%以上，20℃时的相对密度是1.26。如甘油不足，也可用山梨醇或乙二醇来代替。

4. 水

雪花膏配方中60%～80%的是水。水的质量会对膏体质量有很大影响，一般采用蒸馏水或去离子水。水质应该满足以下质量指标：pH值6.5～7.5；电阻不小于10kΩ；总硬度小于100mg/kg；氯离子小于50mg/kg；铁离子小于10mg/kg。

5. 其他

如单硬脂酸甘油酯是辅助乳化剂，用量1%～2%，使制成的膏体比较细腻、润滑、稳定、光泽度也较好，搅动后不致变薄、冰冻后水分不易离析。尼泊金酯作为防腐剂，羊毛脂可滋润皮肤，十六醇或十八醇与单硬脂酸甘油酯配合使用更为理想，这样即使长时间储存，雪花膏也不会出现珠光、变薄、颗粒变粗等现象，乳化更为稳定，同时可避免起面条现象，十六醇或十八醇的用量一般为1%～3%。另外，加入1%～2%的白油也具有避免起面条的效果。

雪花膏的典型配方见表5-6所列。

二、生产工艺及设备

（一）生产工艺

雪花膏的生产由水相及油相原料的制备、乳化、冷却、灌装等工序组成。

1. 原料加热

（1）油相原料加热　将硬脂酸、单硬脂酸甘油酯、十六醇、羊毛脂、白油、尼泊金酯（也可加入水相或在油、水两相初步乳化后加入）等油相原料投入油相锅内，加热至85～90℃，维持30min灭菌。如果加热温度超过110℃，油脂色泽将逐渐变黄。

（2）水相原料加热　将去离子水、甘油投入水相锅内，加热至90～95℃，搅拌溶解，维持30min灭菌，将氢氧化钾溶液加入水中搅拌均匀，再加入到水相锅中。因去离子水加热时和搅拌过程中的蒸发，总计损失约3%～5%，为补充水的损失，往往额外多加3%～5%的水分。

表 5-6 雪花膏配方示例

组分	质量分数/%			
	1	2	3	4
硬脂酸	14.0	18.0	15.0	10.0
单硬脂酸甘油酯	1.0		1.0	1.5
羊毛脂		2.0		
十六醇	1.0		1.0	3.0
白油	2.0			
甘油	8.0	2.5		10.0
丙二醇			10.0	
KOH(100%)	0.5		0.6	0.5
NaOH(100%)			0.05	
三乙醇胺		0.95		
香精	适量	适量	适量	适量
尼泊金酯	适量	适量	适量	适量
去离子水	加至100.0	加至100.0	加至100.0	加至100.0

2. 混合乳化

预先开启乳化锅加热系统，使乳化搅拌锅预热保温，目的使放入乳化搅拌锅的油脂类原料保持规定范围的温度。将调制好的油相、水相放入乳化锅内，维持75℃左右，搅拌乳化。可先将水相放入乳化锅，再放入油相，但必须注意避免因温度降低引起的过滤器或管道堵塞，故最后经过过滤器的一定是水相（即水相分两次放入乳化锅）。因硬脂酸极易起皂化反应，无论加料次序如何，均可以进行皂化反应，故也可先放入油相、再放入水相。维持一定真空度，高速搅拌乳化10～15min。

3. 搅拌冷却

在乳化过程中，因加水时冲击产生气泡，待乳液冷却至70～80℃时，气泡基本消失，这时开始冷却，并控制冷却水在1～1.5h内由60℃降至40℃（有条件的最好用温水循环冷却）。当温度降至45℃时，加入香精，搅拌均匀。一般结膏温度为55～57℃，此后可停止搅拌，整个冷却时间约2h。在冷却过程中，如果冷却水与制品温差过大，骤然冷却，会使雪花膏变粗；温差过小，则会延长冷却时间，浪费资源。

4. 静置冷却

乳化锅停止搅拌后，用无菌压缩空气，将锅内成品压出，经取样检验合格后须静止冷却至30～40℃才可以进行瓶装。如瓶装时温度过高，冷却后雪花膏产品体积会略有收缩，温度过低，已结晶的雪花膏，经搅动剪切后稠度会变稀薄。一般以隔1天包装为宜。

5. 包装

雪花膏是O/W型乳剂，且含水量在70%左右，水分很容易挥发而发生干缩现象，因此包装密封很重要，也是延长保质期的因素之一。沿瓶口刮平后盖以硬质塑料薄膜，内衬有弹性的厚塑片或纸塑片，将盖子旋紧，在盖子内衬垫塑片上应留有整圆形的瓶口凹纹。另外，包装设备、容器必须注意卫生。

（二）生产设备

先进的化妆品乳化设备大多是组合式真空乳化成套设备，国内生产该设备的厂家较多，下面仅介绍常用的一类。

真空均质乳化成套设备由均质乳化主锅（一般具有可升降锅盖、翻转式锅体）、水相锅、油相锅、真空系统、电加热或蒸汽加热温度控制系统、电器控制等组成。水相锅、油相锅实为简单的搅拌釜，而乳化主锅则是真空乳化机。主锅乳化过程是在全密封条件下进行的，防止了灰尘和微生物的污染，水相锅、油相锅中的物料通过真空进料方式加入乳化主锅，出料为主锅体翻转倾倒（或通入灭菌的空气加压）。电加热或蒸汽加热实现对物料的加温，加热温度任意设定，自动控制。在夹层内通冷却水即可对物料进行冷却。

1. 混合搅拌设备

混合搅拌设备（搅拌机）是化妆品生产最常用的设备。根据混合的物性不同，可分为固-固、固-液和液-液混合设备。

搅拌机的结构如图 5-2 所示，它由装料容器、叶轮搅拌器、传动装置及轴封等组成。

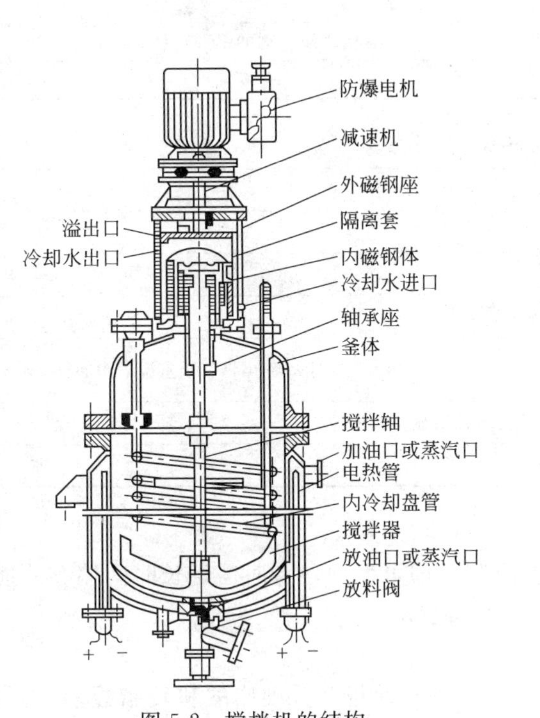

图 5-2　搅拌机的结构

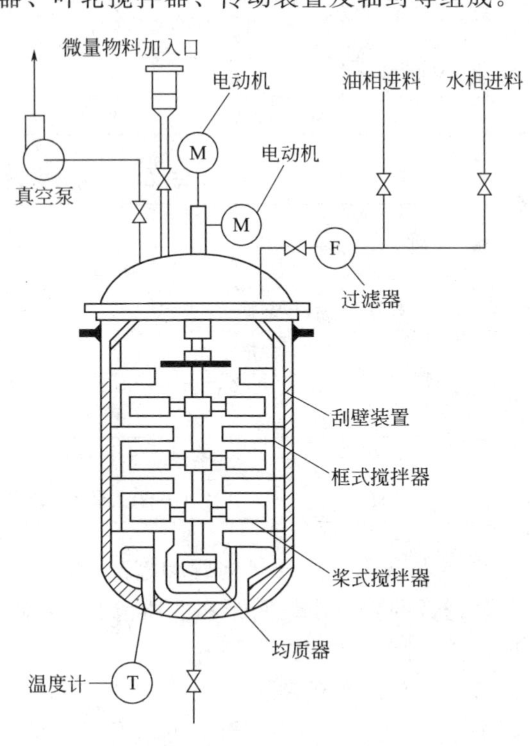

图 5-3　真空乳化搅拌机

2. 真空乳化搅拌机

如图 5-3 所示，真空乳化机的锅盖上配有各种快装接口，如无菌空气吸入口、物料吸入口、真空泵接口、微量物料加入口、一体视镜窗、真空表等，它们为真空乳化机提供了更多的功能，如一体视镜，可随时观察锅内情况。微量物料加入口可方便地在乳化后期加入辅助原料。真空乳化搅拌机下部中间装有均质器，转速可达 500～10000r/min，无级调速；另外还有带刮板的框式搅拌桨，转速为 10～100r/min，为慢速搅拌，同时还有桨式搅拌器，为快速搅拌，转速为 150r/min。由于真空乳化搅拌机同时具有上述 3 种搅拌器，而且是在真空条件下操作，因此具有许多优点：物料分散、均质、乳化、混合、调匀等可于短时间内完成；物料的加热、冷却在同一夹套内完成；在真空条件下乳化可使膏霜和乳液的气泡减少到最低程度，增加了膏霜表面的光洁度；在真空条件下乳化减少了制品与氧气的接触，也减少了氧化过程；若出料时采用灭菌空气加压，还可避免杂菌的污染。

三、质量控制

1. 雪花膏的质量指标

根据轻工行业标准 QB/T 1857—2004（润肤膏霜），卫生指标应符合表 5-7 要求，感官、理化指标应符合表 5-8 要求。

表 5-7 润肤膏霜的卫生指标

项目		要求
微生物指标	细菌总数/(CFU/g)	≤1000(眼部用、儿童用产品≤500)
	霉菌和酵母菌总数/(CFU/g)	≤100
	粪大肠菌群	不得检出
	金黄色葡萄球菌	不得检出
	绿脓杆菌	不得检出
有毒物质限量	铅/(mg/kg)	≤40
	汞/(mg/kg)	≤1(含有机汞防腐剂的眼部化妆品除外)
	砷/(mg/kg)	≤10

表 5-8 润肤膏霜的感官、理化指标

项目		要求	
		O/W 型	W/O 型
感官指标	外观	膏体细腻，均匀一致	
	香气	符合规定香型	
理化指标	耐热	(40±1)℃保持 24h，恢复至室温后膏体无油水分离现象	(40±1)℃保持 24h，恢复至室温后渗油率≤3%
	耐寒	−10～−5℃保持 24h，恢复室温后与试验前无明显性状差异	
	pH	4.0～8.5(粉质产品、果酸类产品除外)	—

2. 雪花膏的主要质量问题和控制方法

雪花膏的主要质量问题和变质情况，有时在配制时即可发现，有时需经长时间储存才能发现，其原因及控制方法如下。

(1) 雪花膏有粗颗粒

① 搅拌桨效率不高，油、水乳化后，乳剂流动缓慢，使得部分硬脂酸和硬脂酸皂上浮，在雪花膏结膏后，上浮至液面的结块油脂，必然分散不良，出现粗颗粒。

控制方法：搅拌桨的叶片与水平面成 45°，加快转速时，以最上面搅拌桨的叶片大部分埋入液面下，不产生气泡为度，目测转轴中心略为产生旋涡。

② 碱溶液用量过多。中和成皂的硬脂酸比例超过 25%，硬脂酸钾皂过量，出现半透明颗粒状，而且雪花膏也稍有透明。

控制方法：碱的用量控制在硬脂酸被中和 12%～25%，以接近 20%较好。

③ 油水乳化后，搅拌冷却速度太快，整个搅拌时间太短，聚集的分散相没有很好地分散。

控制方法：根据实际操作，搅拌转速控制在 100～150r/min，此时雪花膏温度可控制在 55～57℃。

④ 配制碱溶液时，碱溶液配制锅上部溶液浓度符合要求，而中部和上部浓度逐渐增高，虽然每次称取同样量的碱溶液，但因为碱水的浓度逐步增高，总碱量必然超过规定的用量，因此有半透明状颗粒出现或出现颗粒。

控制方法：碱溶液配制锅装设小型涡轮搅拌桨，如果用人工搅拌则不容易搅拌均匀。

⑤ 甘油含量少或经过冰冻等原因也会使颗粒变粗。

控制方法：适当增加保湿剂如甘油的用量，或加入适量的亲水性非离子型乳化剂。

（2）出水　这是严重的乳化破坏现象，原因有以下几种。

① 碱用量不足。也就是中和成硬脂酸皂的量不够，不足以形成内相颗粒足够的水-油界面膜，以致乳化不稳定，有水析出。

控制方法：碱溶液投料量要准确，按照配方比例投料。

② 水中含有较多盐分。盐分是电解质，能将硬脂酸钾皂从水中离析出来，即盐析现象。乳化剂被盐析后，雪花膏必然出水。当水中含盐量（以氯化钠的 Cl^- 计算）超过 0.03%时，即可能出现轻微的盐析现象，其现象是雪花膏略发粗，结构松懈。

③ 经过严重冰冻或含有大量石蜡、矿油，也可引起出水。

控制方法：适当增加保湿剂如甘油用量，避免采用石蜡，石蜡会在皮肤上形成障碍性薄膜，透气性极差，异构白油的用量控制在 1%～5%。

④ 配方中单纯用硬脂酸钾皂为乳化剂，单品种乳化剂往往不稳定，稍加搅动或冰冻，即有水分析出。

控制方法：采用“乳化剂对”，配合使用单硬脂酸酸或羊毛醇。

（3）起面条

① 单独选用硬脂酸和碱类中和成皂，容易产生这种情况。

控制方法：加入甘油、丙二醇或单硬酸甘油酯 1%～2%，或在加入香精的同时加入 1%～2%白油，这样可增加润滑性，避免此现象发生。

② 硬脂酸用量过多，或经过严重冰冻。

控制方法：硬脂酸用量以 10%～15%为适中，甘油用量过少，不但在涂擦时易起面条，而且经过冰冻后有颗粒发粗现象，甘油或丙二醇用量超过 10%，此种现象即减轻。

（4）变色　主要是香精内有变色成分，如葵子麝香、洋茉莉醛等。原因是香精中醛类、酚类等不稳定成分用量较多，造成日久或日光照射后色泽变黄。

控制方法：将同样用量单体香料分别加入雪花膏试样中做耐温试验，即在 40℃恒温箱中放置 15～30 天，观察雪花膏的变色程度；同时做一空白对照，也可做耐紫外线灯照射试验。

（5）刺激皮肤

① 香精中含有某些刺激性较强的组分，或为了掩盖硬脂酸的气味，加入过多的香精，例如 1%或大于 1%。

控制方法：选择刺激性低的香精；另外，主要是将硬脂酸脱去油脂气味，制雪花膏时，不必为掩盖硬脂酸的油脂气味而多加香精，一般情况下，加入 0.5%香精已足够，而且香气应纯净不混杂。

② 选用原料不纯，含有刺激皮肤的有害物质，敷用后虽然短时间内没有感觉，但时间长后，就会有各种不良反应，例如原料中铅、砷、汞等重金属超过允许范围，就会引起皮肤瘙痒和产生潜伏性的危害。

控制方法：选用纯净的优质原料，加强原料检验。

（6）霉变和发胀

① 容器保管不善，玷污了灰尘和微生物，加上清洗用的自来水同样含有微生物，使低温烘干的容器内仍有大量微生物。储存若干时间后，在气温适宜时产生表面发霉或因细菌繁殖产生二氧化碳气体而发胀。发胀严重时，雪花膏流淌到容器外面，同时香气变差、变酸等。

控制方法：空容器装入密封的纸板箱内或用吸塑包装，不使灰尘进入，灌装雪花膏前不必洗涤，用无菌的压缩空气洗吹，吹去可能存在的杂质，即可灌装。

② 原料被污染或水质差，水中含有微生物。

控制方法：妥善保管原料，避免沾上灰尘和水分；制造时油温保持 90℃，维持 0.5h 灭菌（细菌芽孢不能被杀灭）；采用去离子水，并用紫外线灯灭菌。

③ 环境卫生和周围环境条件。制造设备、容器、工具不卫生；场地周围环境不良，附近的工厂产生尘埃、烟灰或距离水沟、厕所较近等。

控制方法：制造工段每天工作完毕后，用水冲洗场地，接触雪花膏的容器、工具清洗后用蒸汽或沸水灭菌 20min，制造和包装过程都要注意公共卫生和个人卫生。

（7）严重干缩　原因是雪花膏含水分约 70%左右，如容器不密封，经过数月后，必然因水分蒸发而严重干缩。

控制方法：制造瓶、盖的模具经精密仪器检测后投入使用。瓶盖内垫使用略有弹性的厚度为 0.5～1mm 塑片或塑纸复合片，并应留有较深的瓶口凹槽。包装时用紧盖机紧盖。主要是瓶盖和瓶口要精密吻合，将盖子旋紧，在盖子内衬垫塑片上应留有整圆形的瓶口凹纹，如果凹纹有断线，仍会有漏气。

实训项目 1　雪花膏的生产

说明：

1. 雪花膏的生产可采用真空乳化法；根据本校设备条件来定，在缺乏真空乳化设备的情况下也可使用高速搅拌机配合玻璃容器完成。

2. 建议 6 人为一大组，每一大组分 3 小组，2 人为一小组。

3. 建议完成本实训项目需要 12 课时。

一、认识雪花膏的生产过程，明确学习任务

1. 学习目的

通过观察或观看雪花膏的生产过程，清楚本实训项目要完成的学习任务（即按照给定配方和生产任务，生产出合格的雪花膏）

2. 要解决的问题

（1）生产雪花膏所用原料的外观；对原料质量要求；原料的分类（水相、是油相、乳化剂）。

请完成下表：

原料名称	原料外观描述(颜色、气味、状态)	原料分类(水相、油相、乳化剂)	质量要求
三压硬脂酸			1. 对硬脂酸的质量要求是：
十六醇			
15# 白油			
单硬脂酸甘油酯			
KOH(以 100%计)			
丙二醇			
尼泊金乙酯			2. 对水的质量要求是：
BHT			
香精		——	
去离子水			

（2）对生产过程的必要记录：

（3）生产雪花膏过程中要控制的工艺条件（指温度、时间、压力、搅拌速度、冷却速度等）。请完成下表：

序号	操作步骤	要控制的工艺条件
1	准备工作	
2		
3		
4		
5		

3. 考考你

（1）雪花膏的生产步骤是：准备工作、________、________、________、________、________。

（2）生产中所用真空乳化机由____________等部分组成。

4. 学习参考资料

（1）本书第五章。

（2）真空乳化机的使用说明书。

二、分析学习任务，收集信息，解决疑问

1. 学习目的

通过查找文献信息，认识雪花膏的配方组成、生产原理、步骤、工艺条件。

2. 要解决的问题

（1）雪花膏的生产原理是：

（2）雪花膏配方中各种成分的作用及价格是：

组　分	质量分数/%	作　用	价格/(元/kg)
三压硬脂酸	7.0		
十六醇	4.0		
15# 白油	1.5		
单硬脂酸甘油酯	1.0		
KOH(以100%计)	0.36		
甘油	7.0		
尼泊金乙酯	0.13		
BHT	0.1		
香精	0.1		
去离子水	78.81		

（3）多加3%～5%水的目的是：

（4）简单叙述生产雪花膏的操作步骤。

（5）雪花膏的感官指标、理化指标、卫生指标。

（6）生产前各项准备工作及其目的是：

（7）试用均质机应注意的问题。

（8）对乳化锅抽真空的操作方法。

（9）混合乳化时的加料顺序如何？

（10）影响雪花膏产品质量的因素

① 温度控制：

A. 溶解油相、溶解水相时的温度为多少？

B. 两相在混合前的温度是否要一致？为什么？

C. 冷却的快慢对产品质量有何影响？

D. 乳化时温度为多少？

② 时间控制：

乳化时间为多少？时间过长或过短对产品质量有何影响？

③ 搅拌速度控制：

A. 乳化时搅拌速度为多少？均质速度为多少？

B. 冷却时的搅拌速度为多少？为什么？

（11）验证雪花膏配方中乳化剂类型及乳化剂用量是否合适？

提示：利用 HLB 值。

① 油相原料的 HLB 值（该产品为 O/W 型）：

原 料 名 称	HLB	用量/%

乳化油相所需的 HLB 值是：

② 乳化剂提供的 HLB 值：

③ 结论：

（12）展示各自的生产方案初稿（可用文字、方框图、多媒体课件表示）。

3. 考考你

（1）油相加热温度为________；若温度过高，会导致________________。

（2）均质乳化时间一般为________ min。

（3）若冷却速度过快，会造成________________。

三、确定生产雪花膏的工作方案

1. 学习目的

通过讨论进一步明确雪花膏的生产全过程，并制定出生产雪花膏的工作方案。

2. 要解决的问题

按生产 3kg（可按本校设备生产能力下限而定）雪花膏的任务，制定出详细的生产操作规程。

3. 考考你

核算产品成本（只计原料成本）：

序号	原料	单价/(元/kg)	用量/kg	总　价
1				
2				
3				
4				
5				
6				
7				
8				
9				
10				
每千克产品的价格是：				

四、按既定方案生产雪花膏

1. 学习目的

掌握雪花膏的生产方法，验证方案的可靠性。

2. 要解决的问题

（1）按照既定方案，组长做好分工，确定组员的工作任务，要确保组员清楚自己的工作任务（做什么，如何做，其目的和重要性是什么），同时要考虑紧急事故的处理。

操作步骤	操作者	协助者

（2）填写操作记录

① 称料记录

序号	原料名称	理论质量/g	实际称料质量/g
1			
2			
3			
4			
5			
6			
7			
8			
9			
10			
合计：　　　g			

② 操作记录

产品名称：　　　　产品质量：　kg　　　　操作者：　　　　生产日期：

序号	时间(__点__分)	温度/℃	搅拌速度/(r/min)	压力/MPa	操作内容
1					
2					
3					
4					
5					
6					
7					

3. 考考你

你的产品外观：颜色________，细腻程度________，涂抹时的感觉_______________，使用后的感觉_______________。

五、产品质量的评价及完成任务情况总结

1. 学习目的

通过对产品质量的对比评价，总结本组及个人完成工作任务的情况，明确收获与不足。

2. 要解决的问题

(1) 产品质量评价表

指标名称		检验结果描述
感官指标	色泽	
	香气	
	膏体外观	
理化指标	pH 值	
	耐热	
	耐寒	

（2）完成评价表格

序号	项　　目	学习任务的完成情况	签名
1	实训报告的填写情况		
2	独立完成的任务		
3	小组合作完成的任务		
4	教师指导下完成的任务		
5	是否达到了学习目标，特别是正确进行雪花膏生产和检验产品质量		
6	存在的问题及建议		

第五节　润　肤　霜

润肤霜的作用是恢复和维持皮肤健美的外观和良好的润湿条件，以保持皮肤的滋润、柔软和富有弹性。它可以保护皮肤免受外界环境的刺激，防止皮肤过分失去水分，向皮肤表面补充适宜的水分和脂质。

润肤霜是一种乳化型膏霜（主要指非皂化的膏状体系），有 O/W 型、W/O 型 W/O/W 型，现仍以 O/W 型占主要地位。润肤霜的油性成分含量一般在 10%～70%，可以通过调整油相和水相的比例，制成适合不同类型皮肤的制品。W/O 型膏体含油、脂、蜡类成分较多，对皮肤有更好的滋润作用，适合干性皮肤使用，而 O/W 型膏体清爽不油腻，适合油性皮肤使用。在润肤霜中加入不同营养物质、生物活性成分，可以将润肤霜配制成具有不同营养作用的养肤化妆品。润肤霜所采用的原料相当广泛，品种多种多样，目前绝大多数护肤膏霜产品都属于润肤霜。

一、配方组成

润肤霜的原料主要包括润肤物质和乳化剂，润肤物质又可分为油溶性和水溶性两类，分别称为滋润剂和保湿剂。

1. 滋润剂

是一类温和的能使皮肤变得更软更韧的亲油性物质，它除了有润滑皮肤作用外，还可覆盖皮肤、减少皮肤表面水分的蒸发，使水分从基底组织扩散到角质层，诱导角质层进一步水化，保存皮肤自身的水分，起到润肤作用。

滋润剂包括各种各样的油、脂和蜡、烷烃、脂肪酸、脂肪醇及其酯类等。天然动植物油、脂含有大量的脂肪酸甘油酯，如橄榄油、霍霍巴油、麦芽油、葡萄籽油、角鲨烷、牛油、果油等具优良的滋润特性；硅酮油既能让皮肤润滑又能抗水；羊毛脂的成分与皮脂相近，与皮肤有很好的亲和性，还有强吸水性，是理想的滋润剂；白油和凡士林不易被皮肤吸收，使用后感觉油腻，在高级润肤霜中较少应用。

2. 保湿剂

常用多元醇类如甘油、丙二醇、山梨醇。在高档化妆品中常用透明质酸、吡咯烷酮羧酸钠、神经酰胺、乳酸和它的钠盐等。

3. 乳化剂

与雪花膏不同的是，润肤霜可以选择使用的乳化剂范围比较宽广，包括阴离子表面活性剂和非离子表面活性剂，甚至两性离子表面活性剂都可以使用。由于制品是 O/W 型乳剂，以亲水型乳化剂为主，即 HLB 值大于 6，辅以少量亲油性乳化剂，即 HLB 值小于 6，配成“乳化剂对”。润肤霜中常选用非离子表面活性剂组成的乳化剂对。常用单甘酯、斯盘系列和吐温系列等。同时随着表面活性剂工业和化妆品工业的发展，高效、低刺激的非离子乳化剂不断出现，如葡萄糖苷衍生物。还可使用自乳化型乳化剂，如 Arlacel 1645 和 Arlatone 983 自乳化型硬脂酸甘油酯。

此外，还需加入防腐剂、抗氧剂、香精等。为提高产品的稳定性及触感质量，还可添加高分子聚合物乳化增稠稳定剂。表 5-9 是 O/W 型润肤霜配方示例。

表 5-9 O/W 型润肤霜配方示例

组分	质量分数/%	组分	质量分数/%
白油	18.0	丙二醇	4.0
棕榈酸异丙酯	5.0	Carbopol 934	0.2
十六醇	2.0	三乙醇胺	1.8
硬脂酸	2.0	防腐剂	适量
单甘酯	5.0	香精	适量
吐温-20	0.8	去离子水	加至 100.0

生产工艺：首先将 Carbopol 934 分散于水中，加入丙二醇后加热至 60℃。将油相原料混合并加热至 70℃，并将油相加至水相中，搅拌乳化，再加入三乙醇胺进行搅拌中和，降温后加入香精。配方中 Carbopol 树脂的作用是稳定膏体。

二、生产工艺及设备

虽然润肤霜所采用的原料品种较多，但其制备工艺、制备设备和环境等与雪花膏制备工艺基本类似，故可参考雪花膏的生产工艺及设备。下面介绍油/水型润肤霜的生产。油/水型润肤霜的生产技术适用于：润肤霜、清洁霜、夜霜、调湿霜、按摩霜等产品。

1. 生产工艺

如图 5-4 所示为生产润肤霜的工艺流程，与雪花膏的生产相类似，润肤霜的生产也由原料制备，混合乳化（均质乳化搅拌），搅拌、冷却，冷却、出料，灌装等工序组成。这里重点介绍原料加热及加料方法。

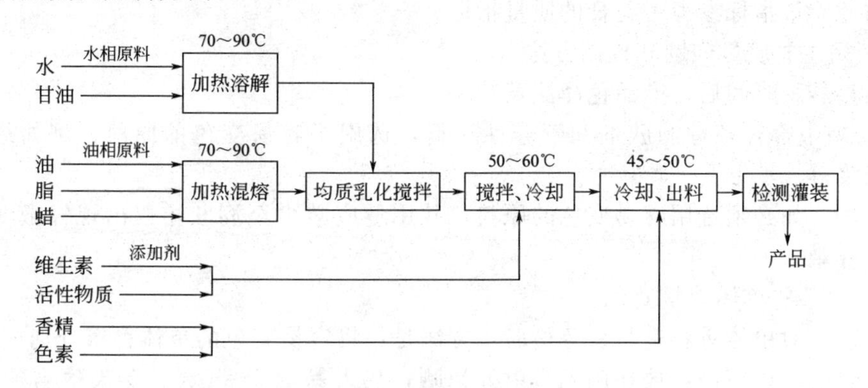

图 5-4 润肤霜的工艺流程

（1）原料加热

① 油相原料加热 按配方计算所需的原料用量，把油相原料投入油相锅，按工艺要求加热至规定温度，同时开动油相锅的搅拌器，可将各种油相原料搅拌均匀，同时加快传热速

度。先将所有的油相原料加热至90℃，维持20min灭菌。之后保持油相温度为70～80℃，把油相经过滤器放入乳化锅。乳化前油相温度维持在70～80℃。

② 水相原料加热　将防腐剂加入去离子水中，并在水相锅中加热至90～95℃，维持20min灭菌，水相锅装有简单涡轮搅拌机，使防腐剂加速溶解，加速传热，使水升温。如果油脂温度维持在70～80℃，加热至90℃的水相也应冷却至70～80℃，然后经过滤器放入乳化锅进行乳化，同时均质搅拌。

(2) 加料方法　在实际生产中，虽然某种乳剂的配方相同，但由于操作时加料方法和乳化搅拌机械设备不同，乳剂的稳定性及其他物理现象也各异，有时相差悬殊，以O/W型乳剂的加料方法为例，制备乳剂时的加料方法归纳以下4种。

① 生成肥皂法（初生皂法）　脂肪酸溶于油脂中，碱溶于水中，分别加热水和油脂，然后搅拌乳化，脂肪酸和碱类中和成皂即是乳化剂，这种制造的方法，能得到稳定的乳剂，例如硬脂酸和三乙醇胺作乳化剂制成的各种润肤霜、蜜类；硬脂酸和氢氧化钾作乳化剂制成的雪花膏；蜂蜡和硼砂为基础制成的冷霜即是。

② 水溶性乳化剂溶入水中，油溶性乳化剂溶入油中　例如阴离子乳化剂十六烷基硫酸钠溶于水中，单硬脂酸甘油酯和乳化稳定剂十六醇溶于油中制造乳剂的方法，将水相加入油脂混合物中进行乳化，开始时形成W/O型乳剂，当加入余量的水，变型成O/W乳剂，这种制造方法所得内相油脂的颗粒较小，常被采用。

③ 水溶和油溶性乳化剂都溶入油中　该法适宜采用非离子型乳化剂，例如非离子乳化剂斯盘-80和吐温-80都溶于油中制造乳剂的方法，这种方法大都是指非离子型乳化剂，然后将水加入含有乳化剂的油脂混合物中进行乳化，开始时形成W/O型乳剂，当加入余量的水，黏度突然下降，这种制造方法所得内相油脂的颗粒也很小，常被采用。

④ 交替加入法　在空容器中先加入乳化剂，用交替的方法加入水和油，即边搅拌，边逐渐加入油-水-油-水的方法，这种方法以乳化植物油脂为适宜，在化妆品领域中很少采用。

2. 生产设备

参考雪花膏的生产设备。

三、质量控制

1. 润肤霜的质量指标

润肤霜的质量指标参考雪花膏的质量指标。

2. 润肤霜主要质量问题和控制方法

(1) 储存若干时间后，产品色泽泛黄

① 润肤霜中含有各种润肤剂和营养性原料，选用了容易变色的原料，例如维生素C、蜂蜜或蜂王浆等。

控制方法：如必须选用容易变色的原料，其用量应减少至润肤霜仅出现轻微变色为度，否则将影响外观。

② 香精中某些单体香料变色。

控制方法：对单体香料进行变色检验。方法是：将容易变色的单体香料分别加入润肤霜中，置于密封的广口瓶中，放在阳光直射处暴晒，热天暴晒3～6天，冬天适当延长，同时做一空白对照试验，判别哪一种单体香料容易变色。尽可能少用变色严重的单体香料。

③ 原料中的油脂加热温度过高，超过110℃，造成油脂颜色泛黄。

控制方法：加热原料时，油相的温度不可超过90℃，加热时间不可过长。

(2) 产品内混有细小气泡

① 进行乳化时，一般会产生气泡，乳化结束冷却时，搅拌桨旋转速度过快也容易产生气泡。

控制方法：调节刮板搅拌桨的转速，以不产生气泡为度。

② 刮板搅拌桨的上部桨叶半露半埋于乳剂液面，在搅拌时混入了空气。

控制方法：调节产品的加工数量，使刮板搅拌桨上部叶桨恰好埋入乳剂液面以下，同时调节搅拌桨适宜的转速。

③ 在停止均质搅拌后，气泡尚未消失，就进行冷却，乳剂很快结膏，将尚未消失的液面气泡搅入乳剂中。

控制方法：停止均质搅拌后，适当放慢刮板搅拌机转速，使乳剂液面的气泡基本消失后，再进行冷却。

(3) 耐热 (40±1)℃ 24h 或数天后油水分离

① 试制时某种主要原料与生产用原料规格不同，制成乳剂后的耐热性能也各异。

控制方法：取生产用的各种原料试制乳剂，耐热 (40±1)℃符合要求后投入生产。

② 试制样品时耐热 (40±1)℃符合要求，但生产时因为设备和操作条件不同，影响耐热稳定度。

控制方法：如果生产批量是每锅 500～2000kg，则要备有 20～100L 中型乳化搅拌锅，尽可能将设备和操作条件与生产投料量 500～2000kg 润肤霜的条件相同。在操作中型乳化搅拌锅时，应调试至最佳操作条件，例如加料方法、乳化温度、均质搅拌时间、冷却速度、整个搅拌时间、停止搅拌时的温度。润肤霜搅拌冷却速度，因为各种产品要求不同，主要有 3 种冷却方法：逐步降温；冷却至一定温度维持一段时间再降温；自动调节 10℃冷却水强制回流。

③ 没有严格遵守操作规程。

控制方法：学习制造原理，掌握各种操作方法对于产品质量的影响，认识严格遵守操作规程的重要性。

(4) 霉变和发胀　润肤霜中含有各种润肤剂、营养性原料，尤其是采用非离子型乳化剂，往往减弱了防腐性能，所以比雪花膏容易繁殖微生物。霉变和发胀的原因和控制方法，参考雪花膏的“主要质量问题和控制”，在制造和包装润肤霜时更应严格控制。

第六节　乳　液

乳液又叫奶液或润肤蜜，多为含油量低的 O/W 型乳液。它和雪花膏、润肤霜都是乳液状化妆品，同属于膏霜产品，不同的是乳液是流体的乳状液，其外观呈流动态，而前述几种膏霜是半固态的乳状液，故可称乳液是液体膏霜。乳液含油量小于 15%，乳液制品延展性好，易涂抹，使用较舒适、滑爽，无油腻感，尤其适合夏季使用。

对乳液的主要质量要求是：保持长时间的黏度稳定性和乳化稳定性；敷用在皮肤上很快变薄，很容易在皮肤上层开；黏度适中，流动性好，在保质期内或更长时间，黏度变化较少或基本没有变化；有良好的渗透性。

一、配方组成

乳液的组分与润肤霜组分类似，也是由滋润剂、保湿剂及乳化剂和其他添加剂组成，但乳液为液体状，其固体油相组分要比膏霜的含量低。乳液的制备方法与其他膏霜相同，但乳液的稳定性较差，存放时间过久易分层，因此在设计乳液配方及制备时，需特别注意产品的稳定性。为使分散相与分散介质的密度尽量接近，在配方中常添加增稠剂，如水溶性胶质原料和水溶性高分子化合物。为使乳液的稠度稳定，可以将亲水性乳化剂加入油相中，例如胆固醇或类固醇原料，加入少量聚氧乙烯胆固醇醚，可以控制变稠厚趋势，加入亲水性非离子表面活性剂，能使脂肪酸皂型乳剂稳定和减少存储期的增稠问题。

乳液的配方示例见表 5-10 所列。

表 5-10 乳液的配方示例

组　　分	质量分数/%	组　　分	质量分数/%
硬脂酸单甘酯	4.0	山梨醇(70%水溶液)	2.0
白油	3.0	丙二醇	3.0
辛酸/癸酸三甘酯	4.0	三乙醇胺	0.6
氢化植物油	1.5	尼泊金甲酯	0.2
硬脂酸	2.0	香精	适量
月桂醇醚-23	0.8	防腐剂	适量
聚丙烯酸树脂(2%分散液)	15.0	去离子水	加至 100.0

二、生产工艺及设备

乳液的生产工艺及设备基本与膏霜产品相同，在生产中需注重以下几个方面。

1. 原料加热温度

油相加热温度要高于蜡的熔点，可控制在 70～80℃，如果采用以胺皂为乳化剂，油相和水相的温度至少要加热至 75℃，即可形成有效的界面膜。硬脂酸钾皂则需要更高的温度，即油和水要加热至 80～90℃。若采用非离子乳化剂，原料加热温度不像使用阴离子乳化剂那样严格，一般可将油相和水分别加热至 90℃，维持 20min 灭菌，然后冷却至所需要的温度进行乳化搅拌。

2. 加料方法的影响

专家认为，“所有非离子表面活性剂都加入油相的做法”能得到较好的乳化稳定性。亲水性乳化剂溶在油中，在开始加料乳化搅拌时需要均质搅拌，乳剂接近变型时，黏度增高，变型成 O/W 型时黏度突然下降。如果“乳化剂对”是亲油性的，当水加入油中，没有变型过程，就会得到 W/O 型乳剂。

3. 影响乳液黏度的因素

乳化搅拌 5～15min 已足够，如果延长乳化搅拌时间，使内相油脂分散成更细小颗粒的作用已很小。

搅拌冷却过程中，缓慢冷却，可避免乳剂黏度过分增加；如果冷却速度过快，在搅拌效果差的情况下，锅壁会结膏，乳液中可能会结成一团团膏状。香精在 40～50℃时加入，如果希望乳液维持相当黏度，则于 30～40℃停止搅拌，如果希望乳液降低黏度，则于 25～30℃时停止搅拌，冷却过程的过分搅拌，因剪切过度会使乳液黏度降低。

加水的速度、开始乳化的温度、冷却水回流的冷却速度、搅拌时间和停止搅拌温度，每一阶段都必须做好原始记录，因为这些操作条件直接影响蜜类产品的稳定度和黏度，同时便于积累经验，仔细观察，以便找到最好的操作条件。

4. 增稠剂的加入

加入的增稠剂，应事先混合均匀。如果采用无机增稠剂，如膨润土、硅酸镁铝等，必须加入水中加热至 85～90℃维持约 1h，使它们充分调和，才能有足够的黏度和稳定度。

三、质量控制

1. 乳液的质量指标

乳液卫生指标应符合 GB 7916—89 的要求，按 GB 7916—89 及化妆品卫生规范（2007年），乳液的卫生要求如下。

（1）化妆品的微生物学质量应符合下列规定

① 眼部化妆品及口唇等黏膜用化妆品以及婴儿和儿童化妆品菌落总数不得大于500CFU/mL 或 500CFU/g。

② 其他化妆品菌落总数不得大于 1000CFU/mL 或 1000CFU/g。

③ 每克或每毫升产品中不得检出粪大肠菌群、铜绿假单胞菌和金黄色葡萄球菌。

④ 化妆品中霉菌和酵母菌总数不得大于 100CFU/mL 或 100CFU/g。

（2）化妆品中有毒物质不得超过表 5-11 中规定的限量。

表 5-11　化妆品在有毒物质限量

常见污染物	限量/(mg/kg)	备　注
汞	1	含有机汞防腐剂的眼部化妆品除外
铅	40	
砷	10	
甲醇	2000	

乳液的感官指标、理化指标应符合 QB/T 2286—1997（润肤乳液）的要求（表 5-12）。

表 5-12　润肤乳液的感官指标、理化指标

指标名称		指标要求
感官指标	色泽	符合企业规定
	香气	符合企业规定
	结构	细腻
理化指标	pH 值	4.5～8.5(果酸类产品除外)
	耐热	40℃ 24h,恢复室温后无油水分离现象
	耐寒	−5～−15℃24h,恢复室温后无油水分离现象
	离心考验	2000r/min,旋转 30min 不分层(含不溶性粉质颗粒沉淀物除外)

2. 乳液的主要质量问题和控制方法

（1）乳剂稳定性差

① 内相成分分散效果差。利用显微镜观察，稳定性差的乳剂内相的颗粒是分散度不够的丛毛状油珠，当丛毛状油珠相互联结扩展为较大的颗粒时（即油珠凝聚），产生了凝聚油相的上浮成稠厚浆状，造成分层现象。

控制方法：适当增加乳化剂用量，使阴离子乳化剂能成为完全的双电层。此外，也可适当加入聚乙二醇 600、硬脂酸酯、聚氧乙烯胆固醇醚，这些成分能在界面膜上附着，从而可改进颗粒的分散程度。

② 油、水油两相的密度差别过大。

控制方法：适当增加乳液的黏度，选择和调整油、水两相的相对密度，要求两者比较接近。增加连续相的黏度，加入增稠剂（如 C 卡波 940、941 等），使外相增稠。

（2）在储存过程中，黏度逐渐增加

大量采用硬脂酸和它的衍生物作为乳化剂。如单硬脂酸甘油酯等，容易在储存过程中增加黏度，经过低温储存，黏度增加更为显著。

控制方法：避免采用过多硬脂酸及多元醇脂肪酯类和高碳脂肪醇；适当增加低黏度白油

或低熔点的异构脂肪酸酯类，最高用量可加至10%；避免大量采用熔点较高的脂肪酸酯类，如硬脂酸丁酯。

（3）颜色泛黄

① 主要是香精内有变色成分，醛类、酚类不稳定成分，与乳化剂硬脂酸三乙醇胺皂共存时更易变色，日久或日光照射后色泽泛黄。

控制方法：取香精中单体香料分别加入乳液试样中，做耐温试验。40℃恒温箱中放置15～30天，观察乳液的变色程度，同时做一空白试验对照。

耐阳光照射试验：分别将加入单体香料的乳液试样，在阳光充足处暴晒3～6天，冬季适当延长照射时间，检出变色严重的单体香料，应不加或少加。

② 选用的原料化学性能不稳定，含有不饱和脂肪酸例如油酸和它的衍生物，或含有铁离子、铜离子等因素。

控制方法：避免采用油酸衍生物，采用去离子水和不锈钢容器。

实训项目2 润肤乳液的生产

说明：

1. 润肤乳液的生产可采用真空乳化法；根据本校设备条件来定，在缺乏真空乳化设备的情况下也可使用高速搅拌机配合玻璃容器来完成。

2. 建议6人为一大组，每一大组分3小组，2人为一小组。

3. 建议完成本实训项目需要12课时。

一、认识润肤乳液的配方组成、生产方法、工艺过程等，明确学习任务

1. 学习目的

通过雪花膏生产的实训，引申到润肤乳液的生产，清楚本实训项目要完成的学习任务（即选择配方，按照给定的生产任务，生产出合格的润肤乳液）

2. 要解决的问题

（1）复述雪花膏的生产过程。

（2）分析给出的几个配方（找出油相、水相、乳化剂；初步明晰各组分的作用）。

配方一：

组　　分	质量分数/%	组　　分	质量分数/%
羊毛脂	0.6	三乙醇胺	0.5
貂油	3.0	白油	11.0
鲸蜡醇	0.2	凯松	0.01
硬脂酸	2.5	香精	适量
肉豆蔻酸异丙酯	4.0	去离子水	加至100.0

配方二：

组　　分	质量分数/%	组　　分	质量分数/%
羊毛脂	5.0	聚氧乙烯(20)失水山梨醇单硬脂酸酯	1.0
棕榈酸异丙酯	5.0	丙二醇	5.0
失水山梨醇单硬脂酸酯	3.5	尼泊金酯	0.2
硅酮油	2.5	丙烯酸聚合物	0.15
凡士林	2.0	香精	适量
尼泊金丙酯	0.1	去离子水	加至100.0

配方三：

组　　分	质量分数/%	组　　分	质量分数/%
2-辛基十二醇	2.0	甲基羟丙基纤维素	0.2
蜂蜡	0.75	聚丙烯酸酯	0.2
硬脂酸异辛酯	5.0	尼泊金甲酯	0.3
十八醇聚甘油醚	2.0	香精	适量
失水山梨醇单月桂酸酯	0.75	去离子水	加至100.0
甘油	4.0		

配方四：

组　　分	质量分数/%	组　　分	质量分数/%
白油	5.0	硬脂酰氧化胺	1.0
棕榈酸异丙酯	5.0	氯化季铵盐	5.0
单硬脂酸甘油酯	3.5	尼泊金酯	0.2
羊毛脂	2.5	香精	适量
鲸蜡醇	2.0	去离子水	加至100.0
硬脂醇	0.1		

（3）乳液的生产包括哪些步骤？

二、分析学习任务，收集信息，解决疑问

1. 学习目的

通过查找文献信息，认识润肤乳液的配方、生产原理、步骤、工艺条件；

2. 要解决的问题

（1）润肤乳液的配方组成包括哪几部分？与雪花膏配方有何不同？

（2）润肤乳液配方中的乳化剂可选择哪些种类？

（3）进一步对所选配方进行分析，明确配方中各组分的功能、特点、市场价位。

（4）温度、搅拌速度、冷却速度、加料速度等对乳化体稳定性的影响。

（5）如何防止乳液在储存中增稠？

（6）是否需要多加少量水？多加多少？

（7）润肤乳液的感官指标、理化指标、卫生指标。

（8）生产前各项准备工作及其目的是：

（9）混合乳化时的加料顺序如何？

（10）按200g产品制定出润肤乳液的实验方案，并按方案进行实验。

3. 学习参考资料

（1）本书第五章。

（2）真空乳化机的使用说明书。

三、确定生产润肤乳液的工作方案

1. 学习目的

通过讨论进一步明确润肤乳液的生产工艺过程，并制定出生产雪花膏的工作方案。

2. 要解决的问题

按照实验的结果，结合第二步所做工作，在老师的指导下，按生产3kg（按本校设备生产能力下限而定）润肤乳液的任务，制定出详细的生产操作规程（提示包括人员分工、准备工作、原料加热、加料、混合乳化、搅拌冷却、环境卫生等方面）。

四、按既定方案生产润肤乳液

1. 学习目的

掌握润肤乳液的生产方法，验证方案的可靠性。

2. 要解决的问题

(1) 按照既定方案，组长做好分工，确定组员的工作任务，要确保组员清楚自己的工作任务（做什么，如何做，其目的和重要性是什么），同时要考虑紧急事故的处理。

操作步骤	操　作　者	协　助　者

(2) 填写操作记录

① 称料记录

序　　号	原料名称	理论质量/g	实际称料质量/g
1			
2			
3			
4			
5			
6			
7			
8			
9			
10			
合计：　　　g			

② 操作记录

产品名称：　　　　产品质量：　　kg　操作者：　　　　　　　生产日期：

序号	时间(__点__分)	温度/℃	搅拌速度/(r/min)	压力/MPa	操作内容
1					
2					
3					
4					
5					
6					
7					

3. 考考你

你的产品外观：颜色＿＿＿＿＿＿，细腻程度＿＿＿＿＿＿，涂抹时的感觉＿＿＿＿＿＿＿，使用后的感觉＿＿＿＿＿＿＿＿＿＿＿。

五、产品质量的评价及完成任务情况总结

1. 学习目的

通过对产品质量的对比评价，总结本组及个人完成工作任务的情况，明确收获与不足。

2. 要解决的问题

（1）产品质量评价表

指标名称		检验结果描述
感官指标	色泽	
	香气	
	结构	
理化指标	pH 值	
	耐热	
	耐寒	
	离心试验	

（2）完成评价表格：

序号	项　　目	学习任务的完成情况	签名
1	实训报告的填写情况		
2	独立完成的任务		
3	小组合作完成的任务		
4	教师指导下完成的任务		
5	是否达到了学习目标，特别是正确进行润肤乳液生产和检验产品质量		
6	存在的问题及建议		

第七节　香　　脂

香脂也叫冷霜或护肤脂，涂在皮肤上有水分分离出来，水分蒸发而带走热量，使皮肤有清凉的感觉，所以被称作冷霜，传统香脂是一种 W/O 乳化体，产品以含油为主，水分为次，因此对皮肤的滋润性比普通润肤霜强。现代人崇尚自然，喜欢清爽，所以冷霜的形态也发生了改变，出现了 O/W 型的香脂。

香脂是保护皮肤的用品，涂抹于皮肤后，皮肤表面形成一层油性薄膜，可防止皮肤干燥、皲裂，使皮肤滋润、柔软、润滑。尤其是在我国北方地区，香脂是一种大众化的护肤品。香脂也可广泛用于按摩或化妆前调整皮肤，其中掺和营养药剂、油脂等。专用于干性皮肤的制品也较多。使用这种膏霜进行按摩，能提高按摩效果和增强香脂的渗透性，所以逐渐用作按摩膏。

传统香脂由于其包装容器不同，一般区分为瓶装和铁盒装两种类型。每种类型要考虑的问题不同，在配方和生产工艺上有一定的差别。现代的包装材料已经发生了很大的变化，香脂也可以装进塑料软管，气雾罐装的香脂也出现了，瓶装与盒装的差别变得模糊。

一、配方组成

根据使用地区和用途的不同，香脂在配方上有一定的区别。热带地区使用的香脂，熔点要高一些，产品要稠厚些。而寒带地区使用的香脂，熔点要低一些，产品要软些，便于涂开。作为润肤和按摩用的乳化体，则往往要比普通的膏霜稠厚些。质量好的香脂应是乳化体光亮、细腻；没有油水分离现象，不易收缩，稠厚程度适中，便于使用。

香脂的主要原料为蜂蜡、白油、凡士林及石蜡等，乳化剂可以是由蜂蜡与硼砂进行中和反应得到的钠皂，也可以是皂与非离子表面活性剂混合使用或全部为非离子表面活性剂；另外还有水、防腐剂及香精等，现今也常使用一些轻油性原料如羊毛油、脂肪酸酯类、霍霍巴油等。香脂一般不含水溶性保湿成分。

1. 乳化剂

选择的乳化剂必须具有下列性质：①乳化剂能完全溶于油相；②在油水相之间能降低界面张力；③能形成坚固的界面膜；④能很快地吸附于油水界面。

传统香脂配方普遍使用蜂蜡-硼砂体系，蜂蜡中的脂肪酸与硼砂反应生成脂肪酸作为乳化剂。蜂蜡在配方中的用量为2%～15%，硼砂的用量则要根据蜂蜡的酸值而定。理想的乳化体应是蜂蜡中50%的游离脂肪酸被中和。在实际配方中由于其他原料也可能带来游离酸(如单硬脂酸甘油酯中可能有硬脂酸存在，尽管含量很少，但也必须考虑)，硼砂用量应该适当增加一些。根据实际经验，蜂蜡与硼砂的合适比例是 (10∶1)～(16∶1)(质量比)。如果硼砂的用量不足以中和蜂蜡的游离脂肪酸，则成皂乳化剂含量低，乳化不完全，乳化体不稳定，变得粗糙、容易渗出水；如果硼砂用量过多，则有针状硼酸结晶析出。以蜂蜡-硼砂为基础制成的W/O型乳剂是典型的香脂，适宜于瓶装。蜂蜡的酸值表示游离脂肪酸的含量，一般蜂蜡酸值为17～24，国产的蜂蜡酸值较低，一般在6～8，如果蜂蜡的酸值太低，会影响香脂的乳化稳定度，则可将蜂蜡皂化，水解制成蜂蜡脂肪酸和脂肪醇的混合物，这样可以提高蜂蜡的酸值。

盒装香脂使用铁盒包装，对其质量要求较高，要质地柔软，受冷不变硬、不渗水，受热(40℃) 不渗油。为此，盒装香脂的稠度较瓶装香脂要大一些，也就是熔点要高一些。此外，铝盒包装密封不好，容易发生失水干缩现象。盒装香脂使用的乳化剂主要是硬脂酸钙皂和硬脂酸铝皂。

2. 油脂

香脂是W/O型乳化体，油脂是其主要成分。理论上无论矿物油、植物油、动物油以及羧酸酯都可以使用。但是使用不同油脂制成的产品，外观和内在质量都存在差异，要根据要求来选择。用动植物油制成的乳化体在色泽方面不如用白油制成的乳化体洁白，但就皮肤吸收的角度考虑，采用动植物油较为有利。

白油主要由正构烷烃和异构烷烃组成，当正构烷烃含量大时，会在皮肤上形成障碍性不透气的薄膜，故应选用异构烷烃含量高的白油为宜。白油的型号越大，黏度也随之增加。分子量很大的白油呈软膏状，也就是凡士林；分子量再增大成为固体，称为石蜡。使用不同分子量的白油和凡士林可以调节香脂的软硬度。

比起矿物油的品种单一，动植物油脂的选择范围要大得多，如杏仁油、橄榄油、油茶油、水貂油以及羊毛脂、胆固醇、卵磷脂、蜂蜡、鲸蜡等。动植物油脂基本上都是脂肪酸甘油酯，对皮肤的亲和性比较好，涂抹在皮肤上形成的薄膜具有透气性，舒适感好。但因这些油脂均取自天然，难免会附带少量蛋白质、胶体等容易腐败变质的成分，使用之前一定要经过精制，以免影响香脂的产品质量。

在配方中将各种油脂搭配使用不但可以取长补短、对皮肤提供全方位的护理，而且可以避免某一种油脂使用过量引起的皮肤过敏。另外，合理搭配对降低成本也有帮助。

3. 水

香脂的水分含量是一项重要因素。一般水分含量要低于油相的含量，目的是使乳化体稳定，香脂中的水分含量一般为10%～40%。

香脂中使用的其他原料与润肤霜大体相同，可以参考相关内容。

二、生产工艺及设备

香脂的制备过程基本和雪花膏相似，其乳化可分为3种形式：采用典型的蜂蜡-硼砂反应式乳化；采用皂和非离子表面活性剂混合乳化；全部采用非离子表面活性剂进行乳化。在制备过程中，搅拌冷却的冷却水温度维持在低于20℃，停止搅拌的温度约为25～28℃，静置过夜，次日再经过三辊机研磨，经过研磨剪切后的香脂，会混入小气泡，需要经过真空搅拌脱气，使香脂表面有较好的光泽。

1. 反应式乳化

在水相锅中加入去离子水、硼砂，搅拌加热至90～95℃，维持20min灭菌。在油相锅中加入白油、蜂蜡等油脂原料，加热搅拌，使其熔化均匀。将水相、油相分别经过滤器抽至乳化锅中，维持72℃，在3000r/min下均质乳化7min，同时刮边搅拌30r/min。停止均质后，通冷却水冷却。脱气、降温至45℃，加入抗氧剂、防腐剂和香精。

2. 混合式乳化

由皂和非离子表面活性剂共同作乳化剂，为增加膏体的稳定性，还在配方中增加了硬脂酸锌（或钙、铝等二价皂）。将水相原料溶解于水中加热至90℃，维持20min灭菌。然后冷却到80℃备用。将粉末状的硬脂酸锌与其他油相原料混合搅拌均匀，加热至110℃，待硬脂酸锌完全熔化后，经过滤流入乳化锅内，降温至80℃。中速搅拌下将上面配制好的水相慢慢加入到油相中。水相加完后改为缓慢搅拌，15min后，开始通入冷却水降温，降温至45℃时加香，20℃停止搅拌，出料到大包装桶，静置过夜。最后用三辊机研磨、脱气，装瓶。

均质刮板搅拌机也适用于制造W/O型香脂，待冷却至26～30℃时，同时开启均质搅拌机，使内相剪切成为更小颗粒，稠度略有增加，其稠度可按需要加以控制，而且均质搅拌在真空条件下操作，可以省去目前一般工艺的三辊机研磨和真空脱气过程。优点是稠度可以控制、操作简便、缩短制造过程和时间，而且节省电力和人力。

三、质量控制

1. 香脂的质量指标

参考雪花膏的质量指标。

2. 香脂的主要质量问题和控制方法

(1) 瓶装香脂经过热天后，表面渗出油分　是由于香脂乳化不稳定，或白油渗出油分。

控制方法：选择适宜的“乳化剂对”，调整配方，或加入部分天然矿产地蜡。地蜡与白油的融洽性能很好。

(2) 盒装香脂在三滚辊机研磨时出水

① 地蜡用量较高，在三辊机研磨剪切时容易挤出水分。现象是有部分香脂不能黏附在三辊筒上，渗水现象越是严重，香脂越是不能黏附在三辊筒上。

控制方法：适当减少地蜡用量。

② 停止搅拌时的温度偏高，大于30℃，静止状态的香脂冷却至室温15～20℃，容易出水。

控制方法：严格控制在26～28℃停止搅拌，热天用冷冻水强制回流。

(3) 香脂发粗 制造时回流冷却水冷却不够，使得停止搅拌时的温度偏高，或用三辊机研磨时滚筒的间隙过大，或香脂内有空气泡。

控制方法：严格控制在26～28℃停止搅拌，调节三辊机滚筒的间隙，使经过研磨的香脂应有光泽为度，香脂内有空气泡是由于三辊机研磨时混入空气泡，在真空搅拌锅内可脱去空气泡。

(4) 香脂油分渗至铁盒外面 是由于香脂乳化不稳定，或地蜡用量不够。

控制方法：选择适宜的“乳化剂对”，调整配方，适当地增加地蜡，只要研磨时不渗水或在10℃时不过分稠厚。

(5) 颜色泛黄

① 选用原料如地蜡的色泽较黄，香精色泽较黄等。

控制方法：地蜡色泽深浅不一，应选择色泽浅的地蜡，所用香精色泽也不能过深。

② 内相水分在30%以下，因为分散相水分较少，减少了乳白色程度，所以加深了香脂色泽。

控制方法：适当增加内相水分含量，增加分散相，提高乳白色程度，乳化稳定度也相应提高。在增加内相水分的同时，适当增加亲油性乳化剂用量，不使冷霜的油润性减少。

③ 香精中含有不稳定的醛类或酚类变色。

控制方法：将单体香料分别用同样份量加入试样香脂中，做耐温试验。40℃恒温箱中放置15～30天，观察香脂的变色程度，同时做一对照样品以便比较。

耐阳光照射试验，分别加入同样用量的单体香料试样，在阳光充足处暴晒3～6天，冬季适当延长照射时间，检出变色严重的单体香料，应不加入或少加。

第八节 功效性化妆品

功效型化妆品，即在化妆品的基质中添加各种营养活性物质而制得的对皮肤具有特殊功效的化妆品。通常，将养肤化妆品按其对皮肤的功效作用来分类，常用的有防晒化妆品、抗衰老化妆品、祛斑美白化妆品。

一、防晒化妆品

1. 概述

(1) 紫外线对人体的作用 阳光中的紫外线能杀死或抵制皮肤表面的细菌，能促进皮肤中的脱氢胆固醇转化为维生素D，还能增强人体的抗病能力，促进人体的新陈代谢，对人体的生长发育具有重要作用。但并不是说日晒时间越长对身体越有好处，相反，过度的日晒对人体是有害的。因为阳光中的一部分紫外线（波长290～320nm）可使皮肤真皮逐渐变硬、皮肤干燥、失去弹性、加快衰老和出现皱纹，还能使皮肤表面出现鲜红色斑，有灼痛或肿胀，甚至起泡、脱皮以致成为皮肤癌的致病因素之一。另外面部的雀斑、黄褐斑等也会因日晒过度而加重。患粉刺的人在阳光的照射下会加快粉刺顶端的氧化作用，变成黑头而留下疤痕。故保护皮肤、防止皮肤衰老、预防皮肤癌的关键是防止阳光中的紫外线对皮肤的损伤。

(2) 防晒化妆品的分类 防晒化妆品是一类具有吸收紫外线作用，防止或减轻皮肤晒伤、黑色素沉着及皮肤老化的化妆品。防晒化妆品是在普通的化妆品基质中添加一定量的防晒剂，因而具有一定的防晒功能。有关常用的防晒剂详见本书第四章第三节化妆品功效性原料。目前，市场上常见的防晒剂有乳液、膏霜、油、水等多种形式。

① 防晒油　防晒油是最早的防晒制品形式。许多植物油对皮肤有保护作用，而有些防晒剂又是油溶性的，将防晒剂溶解于植物油中制成防晒油。其优点是制备工艺简单，产品防水性较好，易涂展；缺点是油膜较薄且不连续，难以达到较高的防晒效果。

② 防晒水　为了避免防晒油在皮肤上的油腻感，可以用酒精溶解防晒剂制成防晒水。这类产品中加有甘油、山梨醇等滋润剂，可形成保护膜以帮助防晒剂黏附于皮肤上。防晒水搽在身上感觉爽快，但在水中易被冲掉。

③ 膏霜和乳液　防晒乳液和防晒霜能保持一定油润性，使用方便，是比较受欢迎的防晒制品，可制成 O/W 型，也可制成 W/O 型。目前市场上的防晒制品以防晒乳液为主，其配方结构可在奶液、雪花膏、香脂的基础上加入防晒剂即可，为了取得显著效果，可采用两种或两种以上的防晒剂复配使用。其优点是所有类型的防晒剂均可配入产品，且加入量较少受限制，因此可得到更高 SPF 值的产品；易于涂展，且肤感不油腻，可在皮肤表面形成均匀的、有一定厚度的防晒剂膜；可制成抗水性产品。其缺点是制备稳定的乳液有时较困难，乳液基质适于微生物的生长，易变质腐败。

(3) 防晒效果的评价　当今评价防晒化妆品的防晒效果较常用的指数是 SPF 值。SPF 值主要用来评估防晒制品防护 UVB 的效率。SPF 值指在涂有防晒剂防护的皮肤上产生最小红斑所需能量与未加防护的皮肤上产生相同程度红斑所需能量之比。

$$SPF=\frac{MED(PS)}{MED(US)}$$

式中　MED(PS)——已被保护皮肤引起红斑所需最低的紫外线剂量；

MED(US)——未被保护皮肤引起红斑所需最低的紫外线剂量。

防晒指数的高低从客观上反映了防晒产品紫外线防护能力的大小。美国 FDA（食品和药物管理局）规定：最低防晒品的 SPF 值为 2～6，中等防晒品的 SPF 值为 6～8，高度防晒品的 SPF 值在 8～12 之间，SPF 值在 12～20 之间的产品为高强防晒产品，超高强防晒产品的 SPF 值为 20～30。皮肤病专家认为，一般情况下，使用 SPF 值为 15 的防晒制品已经足够了，最高不超过 30。

2. 配方示例

(1) 防晒油　见表 5-13 所列。

表 5-13　防晒油配方示例

组　　成	质量分数/%	组　　成	质量分数/%
棉子油	50.0	水杨酸薄荷酯	6.0
橄榄油	23.0	香精	0.5
液体石蜡	20.5		

(2) 防晒水　见表 5-14 所列。

表 5-14　防晒水配方示例

组　　成	质量分数/%	组　　成	质量分数/%
氨基苯甲酸薄荷酯	1.0	酒精	60.0
乙二醇单水杨酸酯	6.0	去离子水	28.0
山梨醇	5.0	香精	适量

(3) 防晒霜　见表 5-15 所列。

表 5-15　防晒霜配方示例

组　　成	质量分数/%	组　　成	质量分数/%
单硬脂酸甘油酯	5.0	硼砂	1.0
蜂蜡	14.0	氨基苯甲酸薄荷酯	4.0
液体石蜡	35.0	香精	0.5
地蜡	1.0	去离子水	加至 100.0
凡士林	12.0		

(4) 防晒乳　见表 5-16 所列。

表 5-16　防晒乳配方示例

组　　成	质量分数/%	组　　成	质量分数/%
白矿油、羊毛醇	10.0	月桂醇醚-23	1.0
硬脂酸	3.0	黄原胶	0.2
辛基二甲基对氨基苯甲酸酯	6.0	三乙醇胺(99%)	0.5
4-羟基-4-甲氧基二苯甲酮	2.5	香精	适量
可可脂	3.0	防腐剂	适量
肉豆蔻酸异丙酯	5.0	去离子水	加至 100.0

二、抗衰老化妆品

1. 概述

现代皮肤生物学的进展，逐步提示了皮肤老化现象的生化过程，在这一过程中，对细胞的生长、代谢等起决定作用的是蛋白质、特殊的酶和起调节作用的细胞因子。因此，可以利用仿生的方法，设计和制造一些生化活性物质，参与细胞的组成与代谢，替代受损或衰老的细胞，使细胞处于最佳健康状态，以达到抑制或延缓皮肤衰老的目的。

皮肤与其他组织一样要进行新陈代谢，需要随时补充为生存及合成新细胞所需要的一切物质。真皮中弹性蛋白纤维的减少，皮肤的疲劳程度，表皮中水分、电解质的损失，都将使皮肤产生衰老的迹象。因此，抗衰老化妆品需要选择优良的皮肤护理剂，给皮肤补充足够的养分，达到深层营养。同时，还要减缓皮肤中水分的散失，保护皮肤。

一种好的抗衰老护肤品应该具有以下 4 个方面的功能。

(1) 营养性　在抗衰老化妆品中添加营养剂，如骨胶原蛋白水解物、胎盘素、丝肽、D-泛醇等。这些营养剂可提供皮肤新陈代谢所需要的养料，以加速皮肤的新陈代谢，补充由于肌肉老化而不能充分提供给皮肤的养分，使肌肤充满活力，延缓衰老，减少皱纹的生成。

(2) 保湿性　要想防止衰老，补充足够水分，并使其保持在皮肤上，是维持肌肤富有弹性和光泽的必要条件。故保湿剂是抗衰老化妆品中不可缺少的。常的保湿剂有甘油、尿囊素、芦荟、丙二醇、山梨醇等。

(3) 防晒性　紫外线令肌肤衰老的速度远远大于人体皮肤自身的衰老过程，因此防日晒、防紫外线照射是抗衰老化妆品必备的功能。

(4) 延缓衰老性　通过在配方中添加活性物质，参与细胞的组成与代谢，替代受损或衰老的细胞，使细胞处于最佳健康状态。常用的活性物有胶原蛋白、弹性蛋白、超氧化物歧化酶（SOD）和细胞生长因子（EGF、bFGF）。

2. 配方示例

(1) 抗衰老霜1 见表5-17所列。

表5-17 抗衰老霜1配方示例

组　成	质量分数/%	组　成	质量分数/%
硬脂酸	3.0	KSH	0.01
白油	3.0	丙二醇	2.0
十六醇	2.0	甘油	1.5
辛酸/癸酸甘油三酯	3.0	防腐剂	适量
硬脂酸甘油酯	6.0	香精	适量
聚氧乙烯(30)失水山梨醇醚	3.0	去离子水	加至100.0
细胞生长因子(EGF)	0.25μg/100g		

该配方除添加了表皮生长因子EGF外，还添加了一种从天然植物中提取的具有抗衰老抗辐射功能的物质KSH，该物质能清除自由基，对紫外线具有较强的吸收能力。

(2) 抗衰老霜2 见表5-18所列。

表5-18 抗衰老霜2配方示例

组　成	质量分数/%	组　成	质量分数/%
十六烷基糖苷	6.0	山梨醇(70%)	5.0
棕榈酰羟化小麦蛋白	2.5	香精	适量
异壬基异壬醇酯	25.0	防腐剂	适量
白油	5.0	去离子水	加至100.0
聚二甲基硅烷醇/聚二甲基硅烷酮	5.0		

配方中采用了一种蛋白生物媒介物（棕榈酰羟化小麦蛋白）作抗衰老活性成分。在0.1%的低浓度下对皮肤结构具有“刺激”和“促进生长的作用”，且对真皮胶原纤维有“重建作用”，即有使纤维伸长的趋势，这种作用在pH值为6.6时更为明显。

三、祛斑美白化妆品

1. 概述

(1) 基本原理 人类的表皮基层中存在着一种黑素细胞，能够形成黑色素。黑色素是决定人的皮肤颜色的最大因素，当黑素细胞高时皮肤即由浅褐色变为黑色。黑素细胞的分布密度无人种差异，各种肤色的人基本相同，全身共约20亿个。人类皮肤色泽主要决定于各黑素细胞产生黑色素的能力。正常时黑色素能吸收过量的日光光线，特别是吸收紫外线，保护人体。若生成的黑色素不能及时地代谢而聚集、沉积或对称分布于表皮，则会使皮肤上出现雀斑、黄褐斑或老年斑等。一般认为黑色素的生长机理是在黑素细胞内黑素体上的酪氨酸经酪酶催化而合成的。酪氨酸氧化成黑色素的过程是复杂的，紫外线能够引起酪氨酸酶的活性和黑素细胞活性的增强，因而会促进这一氧化作用，尤其对原有的色素沉着也会因太阳的照射而进一步加深，甚至恶化。

以防止色素沉积为目的的祛斑美白化妆品的基本原理体现于以下几个方面。

① 抑制黑色素的生成。通过抑制酪氨酸酶的生成和酪氨酸酶的活性，或干扰黑色素生成的中间体，从而防止产生色素斑的黑色素的生成。

② 黑色素的还原、光氧化的防止。通过角质细胞刺激黑色素的消减，使已生成的黑色素淡化。

③ 促进黑色素的代谢。通过提高肌肤的新陈代谢，使黑色素迅速排出肌肤外。

④ 防止紫外线的进入。通过有防晒效果的制剂，用物理方法阻挡紫外线，防止由紫外线形成过多的黑色素。

(2) 活性物质 基于色斑形成机理，祛斑化妆品的主要祛斑途径就是抵御紫外线、阻碍酪氨酸酶活性和改变黑色素的生成途径，以及清除氧自由基或对黑色素进行还原、脱色。

依据皮肤的美白机理，祛斑美白剂类型较多，有化学药剂、生化药剂、中草药和动物蛋白提取物等。可用于化妆品的传统祛斑美白剂包括：动物蛋白提取物、中草药提取物、维生素类、壬二酸类、熊果苷、曲酸及其衍生物等。

2. 配方示例

见表 5-19 所列。

表 5-19 活性配方示例

组 成	质量分数/%	组 成	质量分数/%
角鲨烷	5.0	甘油	3.0
肉豆蔻酸异丙酯	5.0	黄原胶	0.1
十六醇	4.5	维生素 C 磷酸镁盐	1.5
甲基硅氧烷	0.5	EDTA-2Na	0.1
聚氧乙烯甘油单硬脂酸酯	2.0	防腐剂	适量
单硬脂酸甘油酯	4.0	柠檬酸	适量
植物精油	1.0	香精	适量
1,3-丁二醇	2.0	去离子水	加至 100.0

植物精油可选用具有祛斑增白作用的金缨梅精油、七叶苷精油、洋甘菊精油或小黄瓜精油等。配方中的维生素 C 磷酸镁盐是维生素 C 衍生物，它是水溶性的，稳定性好，易被皮肤吸收，在体内被酶分解为维生素 C 而发挥作用，抑制黑色素和过氧化脂质的生成，具有良好的祛斑增白作用。另外，还有类似的水溶性维生素 C 衍生物钠盐，其水溶性优于镁盐，价格也比镁盐便宜。

小 结

1. 乳液及膏霜类化妆品都属于乳化类产品，都是使用表面活性剂（乳化剂）将油相和水相乳化混合在一起制成的。其中的油相成分、水相成分可滋润皮肤、给皮肤补充油分及水分，从而达到保护皮肤的作用。在此基础上添加一些特殊的添加剂或活性物，可达到抗衰老、美白、防晒、祛斑、营养、防皱等功效。

2. 乳液及膏霜类化妆品生产过程一般包括以下几个工序：油相和水相的调制、油水两相混合乳化、搅拌冷却、加入热敏性原料、灌装。

3. 用于乳液及膏霜类化妆品的乳化剂有阴离子表面活性剂（如硬脂酸皂、蜂蜡-硼砂等）、皂和非离子表面活性剂、非离子表面活性剂。

4. 雪花膏是以硬脂酸皂为乳化剂，选择合适的油相、水相配方，将油水两相乳化得到的。是膏霜化妆品的基础。常用原料有硬脂酸、KOH、单甘酯、羊毛脂、白油、十六醇、水、尼泊金酯、香精、抗氧剂等。

5. 润肤霜、乳液、香脂的配方原理与雪花膏类似，只是根据不同的用途需要选择相应的油水相原料，再选择合适的乳化剂，乳化油相、水相原料制得。以这些制品为基础，添加某些活性物，即可得到多种功效化妆品。

思考题

1. 乳液及膏霜化妆品的生产工艺流程如何？

2. 假定雪花膏的硬脂酸用量为12%，中和成皂的硬脂酸为20%，硬脂酸的酸值是209，需用含量82%的氢氧化钾是百分之几？

3. 生产乳液及膏霜类化妆品时，如何控制油相原料的加热温度？混合乳化前油水两相的温度又如何控制？

4. 真空乳化均质机的结构如何？

5. 雪花膏有粗颗粒的原因和控制方法是什么？

6. 制造乳液类化妆品时，停止搅拌温度对乳剂黏度有什么关系？

7. 某些乳液类化妆品，为什么储存一段时间后，黏度会增加或降低？

8. 乳液类化妆品变色的原因是什么？

9. 防晒化妆品是如何防晒的？如何评价防晒效果？

10. 美白祛斑化妆品中常添加哪些活性物？

第六章 洁面化妆品

学习目标及要求：

1. 叙述清洁霜、洗面奶、磨砂膏、去死皮膏及面膜的使用性能。
2. 叙述清洁霜、洗面奶、磨砂膏、去死皮膏及面膜的配方组成。
3. 在教师的帮助下，查找各种相关信息资料，能制定出生产洁面化妆品的工作计划，并能完成计划。
4. 能初步利用正交实验法筛选洗面奶的配方。
5. 能叙述影响洗面奶产品质量的工艺条件，并能在制定实训工作方案时运用这些知识。
6. 会根据配方及操作规程生产洁面化妆品。
7. 能初步运用所学知识分析洗面奶的质量问题。

清洁皮肤是皮肤护理的基础。当皮肤在进行新陈代谢时，皮脂腺分泌皮脂，以保持皮肤表面光滑、柔软。但这层皮脂长时间与空气接触后，空气中的尘埃会附着在上面与皮脂混合而形成污垢，与空气中氧气接触而被氧化酸败，再加上空气中微生物的进入生长、繁殖，加速污物的分解而散发臭气。汗腺分泌的汗液蒸发后的残留物留在皮肤表面，也形成了皮肤表面的污垢。表皮脱落的死细胞，俗称死皮，很易酸败，是微生物繁殖的温床。另外，还有各种化妆料在皮肤上的残迹等。

皮肤上的上述污垢若不及时被清除，就会堵塞皮脂腺、汗腺通道，影响皮肤的正常新陈代谢，加速皮肤的老化和有碍美观，甚至引起多种皮肤病，危害身体健康。清除皮肤表面的污垢可以使用肥皂、香皂等洁肤用品，但由于它们的碱性大、脱脂力强，使皮肤干燥无光泽，已逐渐被能够去除污垢、洁净皮肤而又不会刺激皮肤的清洁皮肤用化妆品所替代。

清洁面部皮肤用化妆品主要有各种清洁霜和洗面奶、磨砂膏、去死皮膏、面膜等。

第一节 清洁霜和洗面奶

一、清洁霜

清洁霜又称洁肤霜，是一种半固体膏状的洁肤化妆品，其主要作用是帮助去除积聚在皮肤上的异物，如油污、皮屑、化妆料等，兼有护肤的作用，特别适用于干性皮肤的人使用。它的去污作用一方面是利用表面活性剂的润湿、渗透、乳化作用进行去污；另一方面是利用制品中的油性成分的溶剂作用，对皮肤上的污垢、油彩、色素等进行渗透和溶解，尤其是对深藏于毛孔深处的污垢有良好的去除作用。

清洁霜采用干洗的方法使用。先用手指将清洁霜均匀地涂覆于面部并轻轻按摩，以溶解和乳化皮肤表面和毛孔内的油污，并使脂粉、皮屑等异物被移入清洁霜内，然后用软纸、毛巾或其他易吸收的柔软织物将清洁霜擦去除净。用清洁霜洁面的优点是对皮肤刺激性小，洁净后的面部皮肤感觉光滑、滋润，柔软舒适。

优质的清洁霜应具备如下特点：

① 接触皮肤后，能借体温而软化，黏度适中，易于涂抹；

② 含有足够的油分，对唇膏、脂粉及其他油污有优异的溶解性和去除效能，能迅速经由皮肤表面渗入毛孔，清除毛孔污垢；

③ 易于擦拭携污，用后在皮肤表面留下一层薄的护肤膜，令皮肤感觉舒适、柔软，无油腻感；

④ 呈中性或弱酸性，使用安全，不会引起刺激和致敏作用等。

清洁霜可分为乳化型和无水油剂型两类。乳化型清洁霜又分为水/油（W/O）型和油/水（O/W）型清洁霜。可根据需要选用不同类型的清洁霜，如化舞台妆或浓妆，多用油性化妆品，卸妆时选用 W/O 型清洁霜较好，主要是为了去除皮肤上的油性化妆料。对于一般淡妆，则使用洗净力稍弱但用后感觉爽滑的 O/W 型清洁霜更好。

清洁霜含有水分、油分和乳化剂 3 种基础原料。

油相作清洁剂或溶剂，如白油、凡士林等油、脂、蜡类。其中，白油可除去油溶性污垢，异构烷烃含量高的白油可提高清洁皮肤的能力；羊毛脂、植物油具有润肤兼具溶剂之作用。

水相作溶剂，含有水、保湿剂（如甘油、山梨糖醇、丙二醇）等，调节洗净作用及使用感，除去汗腺的分泌物和水溶性物质。

乳化剂主要是合成表面活性剂及其多组分的混合体系，如脂肪酸甘油酯、吐温-80、脂肪酸皂等。

此外，还有抗氧剂、香精、防腐剂等添加剂。

1. 乳化型清洁霜

按照乳化方式的不同，乳化型清洁霜可以分为蜂蜡-硼砂乳化体系（反应式和混用式）和非反应式乳化体系。

蜂蜡-硼砂乳化体系如下所述。

蜂蜡是最古老的化妆品原料之一，在化妆品中的作用主要是乳化和稠度调节。蜂蜡中的二十六酸与硼砂反应生成的二十六酸皂作为主要的乳化剂，高级脂肪酸酯和羟基棕榈酸蜡醇酯等作为辅助乳化剂，构成完整的乳化剂体系。蜂蜡很少会使皮肤产生过敏，并能使皮肤柔软和富有弹性。此外，蜂蜡还含有天然抗菌剂、防霉剂和抗氧化剂。

一般情况下，蜂蜡在膏霜中的含量为 5%～6%（质量），硼砂的添加量为蜂蜡量的 5%～6%，主要取决于蜂蜡含量、酸值和是否存在其他酸性组分。若硼砂量不足，则制得的膏霜和乳液无光泽、粗糙、不稳定；而硼砂过量，则会有针状硼酸或硼砂析出。

传统的反应式乳化体系有许多不足，如膏霜微粒粗大，稳定性差等，因此，在多种表面活性剂作为乳化剂应用之后，往往再加入另外一些表面活性剂作为辅助的乳化剂，与蜂蜡-硼砂乳化剂配合使用，这样就成为所谓混用式乳化。

非反应式乳化体系：

直接用表面活性剂作乳化剂，有时添加少量的蜂蜡作为稠度调节剂，在膏霜乳化体形成过程中不发生化学反应。由于合成表面活性剂工业的发展，非反应式乳化已成为目前的主要乳化方式。

（1）O/W 型清洁霜　O/W 型清洁霜是一类含油量中等轻型的洁肤制品，油腻感小，近年来较为流行，适于油性皮肤者使用。

O/W 型清洁霜的配方举例见表 6-1 所列。

表 6-1 O/W 型清洁霜配方

原料成分	质量分数/%			原料成分	质量分数/%		
	配方 1	配方 2	配方 3		配方 1	配方 2	配方 3
白油	12.5	49	30	斯盘-60			3
蜂蜡	4	8	6	吐温-60			4
石蜡	14	7		硼砂	1	0.4	
凡士林	4			三乙醇胺	2.5		
植物油			5	黄原胶		0.2	
羊毛脂			1	丁基羟基茴香醚			0.11
十六醇		1	5	防腐剂	适量	适量	适量
硬脂酸	2		2	香精	适量	适量	适量
烷基磷酸酯		1		去离子水	加至 100.0	加至 100.0	加至 100.0

配方 1 是制备反应式乳化体系的 O/W 型清洁霜，由蜂蜡-硼砂、硬脂酸-三乙醇胺分别反应生成的皂基乳化剂配合起乳化作用。其制备工艺为：将蜡、凡士林、白油及硬脂酸置于油相锅内，加热至 90℃混熔且灭菌，搅拌均匀并降温至 75℃得油相。将水置于水相锅中，搅拌下加入硼砂溶解并加热到 90℃灭菌，加入三乙醇胺，降温至 75℃得水相。将水相缓缓加入油相内，由均质乳化机搅拌达到均质乳化，继续搅拌并缓慢降温至 55℃时，加入防腐剂和香精，冷却至 45℃即可。

配方 2 是混用式乳化体系的 O/W 型清洁霜，由蜂蜡-硼砂反应生成皂基乳化剂，以烷基磷酸酯为配合乳化剂，同时添加了水溶性胶质黄原胶以增加膏体的稳定性。在制备时，先将黄原胶分散到水中，再加入硼砂，混合均匀构成水相。油相和水相分别高温灭菌后降温至 75℃，将油相加到水相中，同时均质搅拌乳化，继续搅拌并缓慢降温至 55℃时，加入防腐剂和香精，冷却至 45℃即可放料。

配方 3 是非反应式乳化体系的 O/W 型清洁霜。其制备工艺为：向油相锅中加入白油及植物油，再加入蜂蜡、羊毛脂、十六醇、硬脂酸及丁基羟基茴香醚，加热至 90℃混合熔化且灭菌，搅拌均匀并降温至 75℃；在水相锅中将水加热至 90℃，加入斯盘-60 及吐温-60，搅匀，降温至 75℃；将所得水相缓慢加到油相中，同时均质搅拌乳化，继续搅拌并缓慢降温至 55℃时，加入防腐剂和香精，冷却至 40℃以下即可出料。

(2) W/O 型清洁霜　W/O 型清洁霜使用的主要目的不是为了去除天然的皮肤污垢，而是为了去除化妆油料。近年来，使用化妆品的人越来越多，迫切希望有强亲油性的乳化型清洁霜，因此这类产品得以迅速发展。

W/O 型清洁霜的配方举例见表 6-2 所列。

表 6-2 W/O 型清洁霜配方

原料成分	质量分数/%			原料成分	质量分数/%		
	配方 1	配方 2	配方 3		配方 1	配方 2	配方 3
白油	53	50	41	斯盘-65		2	
蜂蜡	10	6	3	吐温-80			0.8
石蜡	5		10	硼砂	0.7	0.6	
凡士林	10		15	丙二醇		3	
羊毛脂	2			丁基羟基茴香醚	0.1		
十六醇		2.4		防腐剂	适量	适量	适量
单硬脂酸甘油酯		1		香精	适量	适量	适量
Arlace-83			4.2	去离子水		加至 100.0	

配方1是制备反应乳化体系的W/O型清洁霜。由蜂蜡-硼砂反应生成皂基乳化剂；配方中加入足够量的白油，使清洁霜对油脂污垢和化妆品残留物具有良好的渗透性和溶解性；凡士林和石蜡的加入可使产品具有良好的触变性；羊毛脂的助乳化作用可使膏体稳定和提供滋润作用。其制备工艺与反应乳化体系的O/W型清洁霜的工艺相同。

配方2是混用式乳化体系的W/O型清洁霜。蜂蜡-硼砂反应生成皂基乳化剂，与非离子表面活性剂单硬脂酸甘油酯、斯盘-65一起，构成混用式乳化方式。配方中的丙二醇属于多元醇类，是一种保湿剂，具有使膏体保持湿润、防止干缩的作用。其制备工艺与配方1相同。

配方3是非反应式乳化体系的W/O型清洁霜。在膏体形成过程中不发生化学反应，直接用非离子表面活性剂Arlace-83和吐温-80一起配合作乳化剂。其制备工艺与前两个配方相同。

2. 无水油剂型清洁霜

无水油剂型清洁霜又称卸妆油，它是一类全油性组分混合而制成的产品。使用时将它涂抹在皮肤上，它能随皮肤温度而触变液化流动，将皮肤上的油性污垢和化妆品残留油渍等溶解，之后即用软纸擦除以使皮肤清洁，达到卸妆目的。该类产品主要含有白油、凡士林、羊毛脂、植物油等。用在面部或颈部的防水性美容化妆品往往油性过大，不易清洁，为此，配方中常常添加中等至较高含量的酯类或温和的油溶性表面活性剂，使其油腻感减少，皮肤感觉更舒适，有时也较易清洗。有些配方制成凝胶产品，易于分散。

无水油剂型清洁霜的配方举例见表6-3所列。

表6-3 无水油剂型清洁霜配方

原料成分	质量分数/%		原料成分	质量分数/%	
	配方1	配方2		配方1	配方2
石蜡	10		地蜡(Ozokerite,73℃)		8
凡士林	20	6	肉豆蔻酸异丙酯	6	
白油	58	80	抗氧剂	适量	适量
地蜡(Ceresin,64℃)		6	防腐剂	适量	适量
十六醇	6		香精	适量	适量

这类产品制备工艺相对简单，只需将全部油性组分加热至约90℃混熔，搅拌均匀，然后降温至45℃加入香精，混合均匀后即可出料包装。

二、洗面奶

洗面奶又称为洁面乳或清洁乳液，是由油脂、保湿剂、乳化剂、表面活性剂等经乳化而制成。洗面奶含油量相对较少，一般均在20%以下，其清洁原理大致与清洁霜相同，它含有的油脂载体，可将面部的污垢、油脂、皮屑、灰尘等一同溶于其中，污垢随洗面奶被洗去，即达到清洁皮肤的目的。洗面奶有适宜的黏度，流动性好，搽在皮肤上有较好的延展性，易与皮肤亲和。洗面奶中常添加各种营养成分，如蜂蜜、丝肽、水解蛋白、胶原蛋白、黄瓜汁、柠檬汁、果酸、木瓜酶、维生素C衍生物等天然动植物提取物，使其兼具洁肤和养肤的作用，用后皮肤感觉清洁舒适，适合于任何类型的皮肤使用。目前，洗面奶已逐渐成为人们日常使用的洁面产品。

洗面奶的使用方法一般多为水洗：先将洗面奶少许倒入手心，加入少量水展开，再涂覆于面部轻轻揉擦片刻，最后用水冲洗掉。

理想的洗面奶品质要求：具有良好的清洁作用，且对皮肤温和；通过24h的耐寒和耐热实验而无明显外观变化；具有适度的流变性，室温涂抹性好。

洗面奶依据其化学组成和使用性能的不同，可分为皂基型和非皂基表面活性剂型两种。

1. 皂基洗面奶

皂基洗面奶是以脂肪酸皂类为主乳化剂配制而成的洁面产品，在配方中加入适量软化剂和保湿剂后，使用起来没有肥皂的“紧绷感”，而具有良好的润湿感。这类洗面奶常呈碱性，具有较强的去污力和丰富的泡沫，适用于油性和中性皮肤，对于过敏肤质、青春痘化脓肤质、对碱性过敏者不适用。

(1) 配方组成　皂基洗面奶的配方体系从结构上区分，应包含以下6部分：脂肪酸＋碱、多元醇、表面活性剂、软化剂、水及其他添加剂。

① 脂肪酸＋碱　脂肪酸＋碱是构成皂基洗面奶体系的骨架，产品的稳定性以及清洁能力、泡沫效果、珠光外观、刺激性等都取决于脂肪酸的选择和配比。

常用的脂肪酸有十二酸、十四酸、十六酸、十八酸，根据各种酸的性质以及对产品要求的不同，一般采用以一种酸为主体，其他酸为辅助的搭配方式。

脂肪酸所产生的泡沫随着分子量的增大而越来越细小，同时泡沫也越来越稳定，但是泡沫生成的难度也越来越大，其中十二酸生产的泡沫最大，也最易消失，十八酸生产的泡沫细小而持久。因此，在配方中各种酸通过不同的搭配方式可以给产品带来不同的泡沫性质和使用感受。

在这四种脂肪酸中，对最终产品的珠光效果影响最大的是十四酸和十八酸，十四酸产生的珠光性质是一种微透明的、类似于陶瓷表面釉层的乳白色珠光，而十八酸产生的珠光是一种强烈的白色闪光状珠光。因此，通过对各种脂肪酸的性质的分析，综合对产品的泡沫性质、珠光外观的要求，洗面奶配方中脂肪酸的搭配应该是以十四酸或十八酸为主体、其他酸为辅助的搭配方式。

脂肪酸在纯皂基配方体系中的用量一般在28%～35%之间，这主要是由于生成脂肪酸皂的性质决定的，在脂肪酸和碱的中和度保持不变的情况下，脂肪酸的用量直接影响到最终产品的结膏稳定和硬度，脂肪酸的用量增加，产生的脂肪酸皂的量增大，产品的结膏温度也将随之提高，同时产品的硬度也增大。如果配方体系中脂肪酸的用量太大，产品的结膏温度过高，可能会导致产品还没有完全皂化的情况下体系就已经结膏了，同时也会影响到产品下一步生产工艺的顺利进行。

可用于和脂肪酸中和皂化的碱有氢氧化钾、氢氧化钠、三乙醇胺等，但由于氢氧化钠生成的皂太硬，不适合用于化妆品中，而三乙醇胺生成的皂易变色，且当体系中皂的量很大时生产又不易控制，因此用于洗面奶中的碱最常用氢氧化钾。

氢氧化钾的用量取决于配方体系中对脂肪酸和氢氧化钾的中和度的要求。洗面奶中脂肪酸和氢氧化钾的中和度一般应该控制在75%～90%之间，这主要是因为：中和度过低，会导致体系不稳定；中和度过高会导致产品的刺激性增加；中和度过高会导致体系在皂化时皂液的黏度过高，同时形成产品时的结膏温度提高，从而影响生产工艺的顺利进行。

恰当的中和度应该控制在78%～85%之间。中和度的计算方法是：(氢氧化钾的用量×氢氧化钾的纯度)/(体系中所用的脂肪酸的用量×脂肪酸的酸值)。

② 多元醇　洗面奶常用的多元醇有甘油、丙二醇、1,3-丁二醇等。多元醇在皂基洗面奶的配方体系中主要起到分散或溶解脂肪酸皂的作用。

由于皂类只能微溶于水，在生产的过程中，大量的皂如果不及时分散或溶解，皂化的过程将无法完成，生产也无法继续下去。为了及时将生成的皂分散或溶解，必须使用大量的多元醇。甘油对皂的作用表现为分散作用，如果体系中单独使用甘油，用量一般应该在20%以上。丙二醇和1,3-丁二醇对皂的作用表现为溶解，因此这两者如果单独使用的话，用量可以少一些，大约在14%以上。

多元醇对洗面奶体系的作用不仅仅表现在分散或溶解皂上，它对最终产品的珠光性质和稳定性也有很大的影响，由于甘油对皂的作用是分散皂，因此产品体系中析出的珠光不会受到甘油的影响，而丙二醇和1,3-丁二醇对皂的作用是溶解皂，因此在溶解皂的同时也会将析出的珠光破坏。所以使用了丙二醇或1,3-丁二醇的洗面奶珠光效果会很差甚至没有珠光。

此外，多元醇还可以起到保湿、柔软、润滑皮肤的作用。

③ 表面活性剂　表面活性剂在皂基型洗面奶体系中最明显的作用有以下几点：作为辅助乳化剂起辅助稳定作用，可以有效地解决洗面奶在高温时稳定性，并防止产品体系在恢复常温后泛粗的现象；对皂基的高pH具有缓冲的作用，降低皂基的刺激性；改善皂基的泡沫性质，改善使用时的肤感；增加洗面奶体系的拉丝感，进而增强皂基的稳定性和改善使用时的手感。

此外，根据所使用的表面活性剂的种类的不同，表面活性剂还能够分散皂基、降低皂化过程中皂基的黏度以及起到助乳化等作用。

常用的表面活性剂有甘油脂肪酸酯、单烷基磷酸酯、PEO烷基醚、PEO烷醚磷酸盐、*N*-酰基-*N*-甲基牛磺酸盐、氨基酸类表面活性剂等。

④ 软化剂　将皮肤和毛孔中的污垢乳化或溶解，并起到营养皮肤的作用，洁肤后在皮肤上形成一层薄的护肤膜，防止皮肤过分脱脂。软化剂可选用脂肪酸、高级醇、羊毛脂衍生物、蜂蜡、橄榄油、椰子油、霍霍巴油等。

⑤ 其他添加剂　可根据设计需要加入其他添加剂，如金属离子螯合剂、防腐剂、香精、杀菌剂、抑菌剂及其他功效性成分。

⑥ 去离子水　保持和补充皮肤角质层中的水分，溶解水溶性污垢，赋予洗面奶以乳液的形态。

(2) 生产工艺　在配方设计合理的情况下，洗面奶的制作工艺十分简单，也很容易操作。因皂基型洗面奶配方结构的特殊性，在其制作工艺上也有一些需要特别注意的地方。

皂基洗面奶的生产工艺流程如图6-1所示，所用主要设备包括油相混合罐、水相混合罐、真空乳化罐等。

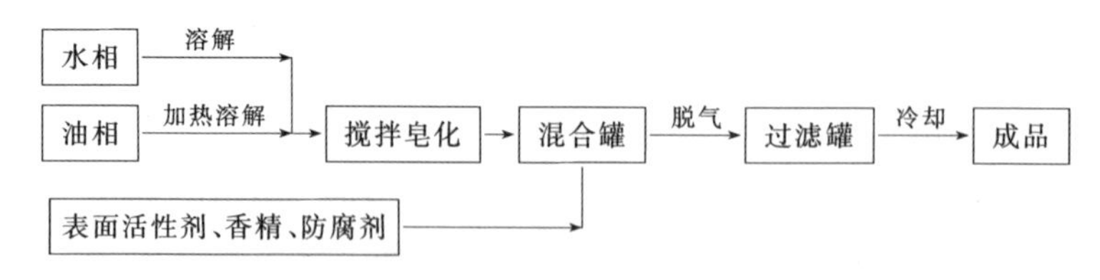

图6-1　皂基洗面奶生产工艺流程

① 操作方法　与一般的皂化体系不同，皂基洗面奶的皂化方法采用的是水相（碱液）加入油相（酸液）的方法，其中水相包括：碱、多元醇、表面活性剂、水；油相包括：酸、助乳化剂、软化剂以及其他油脂类成分。我们之所以选择将水相加入油相的方法，这主要是为了避免在皂化的过程中产生的大量的皂块无法溶解而使皂化反应无法进行下去。因为采用水相加入油相的皂化方法，皂分散的速度快，生产的皂块还没有来得及积累在一起就迅速被

分散了，而采用油相加入水相的方法，皂分散的速度慢，很容易使生成的皂块在短时间内迅速积累在一起的形成大的皂团，此时即使是体系中有大量多元醇存在的情况下，也很难再把产生的皂团打开了，特别是在大生产的条件下，这种情况更容易发生。因此，采用水相加入油相的皂化方法比采用油相加入水相的皂化方法更合理一些，更可靠一些。具体的操作方法是：

a. 将碱加入冷水中，溶解，然后加入多元醇，加热至约 70℃；

b. 将酸、乳化剂、润肤剂以及其他油脂类成分混合，加热至约 70℃；

c. 先将油相放入乳化锅内，开启搅拌，然后将水相快速加入到油相中，在此过程中可能会出现短暂的少量的皂块结团现象，可以不管它，等水相完全添加结束后皂团自然会消失；

d. 水相添加完成后，在保持体系温度不低于 80℃的情况下，保温皂化 30～60min；

e. 皂化结束后加入表面活性剂，此时应注意避免因搅拌而使体系产生气泡；

f. 降温至 55℃左右时加入香精和防腐剂；

g. 降温至降温至 40～45℃，体系结膏时，保温低速搅拌 30min 以上，停止搅拌，即可出料。

② 注意事项　在这个操作的过程中，有以下几点应该注意。

a. 由于皂化反应是一个强烈的放热反应，皂化过程中体系的温度可以升高 10～20℃，因此皂化前水相和油相的温度不应过高，一般控制在 75℃以内，以免最终皂化体系的温度过高。

b. 在皂基洗面奶生产中还有一个比较难控制的问题就是体系容易产生气泡，且产生的气泡不易消除，气泡的来源主要有 3 方面：一是加热产生的，二是表面活性剂产生的，三是搅拌和抽真空产生的。因此，为了避免体系产生大量的气泡，应该确保在皂化的过程中不要加热和抽真空；同时，控制合适的搅拌转速以防止将空气带进皂化体系；此外，表面活性剂的加入时机也是控制气泡产生的一个重要环节，应该选择在水相添加结束、体系中的皂块完全溶解后添加，也可以在皂化结束后添加表面活性剂，但应控制加料温度不低于 60℃，以免整个体系的温度因表面活性剂的加入而降低，使体系的黏度增大而导致由表面活性剂带入体系内的气泡无法浮上来。

c. 关于多元醇是放在水相里还是放在油相里也有一些不同的观点。我们来仔细分析一下多元醇溶解或分散皂的过程：如果采用多元醇放在水相的方法，因为皂可溶解或分散于多元醇中，在碱液加入到酸液的过程中，多元醇随着碱液一同进入到酸中，使得生成的皂在生成的瞬间就马上被多元醇溶解或分散掉，这样可以防止皂块的产生；反之，如果采用多元醇放在油相的方法，虽然体系中多元醇的总量很大，但是在形成皂的局部位置的多元醇的量却很少，生产的皂无法被及时的溶解或分散掉，因此容易生成大的皂团，导致皂化过程无法继续下去。因此，将多元醇放在水相中参与皂化的方法更合理一些。

d. 产品结膏点的控制也是洗面奶制作工艺中的重要环节，适宜的结膏点应该控制在 40～45℃，结膏点过高不方便皂化生产，而结膏点过低又不利于产品的稳定性。控制结膏点有两个途径：一是控制体系中皂的含量，皂的含量高则结膏点提高，反之结膏点降低；二是控制体系的中和度，如果中和度超过 85%，则结膏温度可能会提高到 50℃以上，这将给生产带来很大麻烦。由于配方体系的差异，为了将结膏点控制在一个适当的范围内，应该同时综合的考虑皂的含量和体系中和度对结膏点的影响，这一点我们可以根据自己的配方体系实际情况来摸索。

e. 在体系达到结膏点时，继续保温低速搅拌 30～60min 是十分重要的，一方面可以使皂的分布更加均匀，使体系的硬度能够控制在一个比较低的程度；另一方面也有利于加快珠光的结晶析出，一般以十八酸为主体的洗面奶体系，经过这样长时间的低速保温搅拌，珠光可以在生产结束后马上结晶析出，而且搅拌的时间越长，珠光效果越明显。

（3）配方示例 皂基洗面奶的配方举例见表6-4～表6-6所列。

表6-4 皂基洗面奶配方1

原料成分	质量分数/%	原料成分	质量分数/%
硬脂酸	10.0	甘油单硬脂酸酯(自乳化型)	2.0
氢氧化钾	3.5	*N*-酰基-*N*-甲基牛磺酸盐	2.0
棕榈酸	10.0	EDTA-Na_2	适量
羊毛脂	2.0	香精	适量
椰子油	2.0	防腐剂	适量
甘油	20.0	去离子水	加至100.0

此配方的制备方法为：在油相罐中加入硬脂酸、棕榈酸、羊毛脂、椰子油、甘油及防腐剂，加热搅拌至70℃。经过滤抽至乳化罐中并保持其温度在70℃。将预先在水相罐中溶解了氢氧化钾的去离子水，经过滤抽至上述乳化罐，并保持70℃进行中和反应。最后加入其他原料，搅拌混合，抽真空，脱泡，冷却，根据所要求的硬度选择冷却条件，出料。

表6-5 皂基洗面奶配方2

原料成分	质量分数/%	原料成分	质量分数/%
A:月桂酸	10.0	丙二醇	5.0
肉豆蔻酸	5.0	C:*N*-甲基-*N*-椰油酰基牛磺酸钠(30%)	3.0
硬脂酸	15.0	PEG-90二异硬脂酸酯	1.0
自乳化单甘酯	2.0	D:EDTA钠盐	0.1
尼泊金甲酯	0.2	去离子水	2.0
B:去离子水	15.4	E:丙烯酸(酯)共聚物(30%)	5.0
氢氧化钾(90%)	6.2	去离子水	10.0
甘油	20.0	F:香精	0.1

该珠光洗面奶配方中丙烯酸（酯）共聚物对高含量游离脂肪酸起稳定作用，且对珠光效果起增强作用；PEG-90二异硬脂酸酯起润肤、增稠的作用。其制备方法为：①将A加热至75℃，使全部熔化；将B中氢氧化钾溶解于去离子水中，加热至75℃，加入甘油、丙二醇，搅拌至溶解完全；充分搅拌下将B加入至A，控温为80～85℃，搅拌60min；待皂化完全后，搅拌下加入C，搅拌至均匀；在另一容器中将EDTA钠盐溶于去离子水，得D；缓缓搅拌下将丙烯酸（酯）共聚物分散于去离子水中，得E；待A+B+C冷却至55～60℃时，加入D和E，搅拌至均匀；保温45～50℃，继续搅拌20min，然后开始冷却；待冷却至35℃时，加入F（香精），继续搅拌15～30min至均相。

表6-6 皂基洗面奶配方3

原料成分	质量分数/%	原料成分	质量分数/%
A:硬脂酸	9.0	十六醇	2.0
棕榈酸	9.0	甘油	20.0
肉豆蔻酸	9.0	B:氢氧化钾	6.0
月桂酸	4.0	去离子水	加至100.0
月桂酸二乙醇酰胺	1.0	C:防腐剂	适量
C_{12}烷基磷酸单酯钠盐(50%)	2.0	香精	适量

此配方是以混合脂肪酸皂作为乳化剂，以未反应的脂肪酸作为内相乳化而成。其制备方法为：分别将A与B加热到75℃，在搅拌下将B慢慢加入A中，恒温皂化30min，搅拌均

匀后，降温到 40℃加入 C，搅拌均匀。

2. 非皂基表面活性剂型洗面奶

非皂基表面活性剂型洗面奶是以非皂基表面活性剂为主原料配制而成的洁面产品，其去污效果良好且性质温和，对皮肤刺激性小，有油性但无油腻感，使用后有清爽、湿润的感觉，尤其适宜混合性和干性皮肤者使用。

(1) 配方组成

① 主表面活性剂　是非皂基型洗面奶配方中的最主要成分，起到乳化和去污的作用，它直接决定配方的温和性和起泡能力。常用的表面活性剂有烷基硫酸酯盐、烷基磷酸酯及其盐类、*N*-酰基谷氨酸、*N*-酰基肌氨酸、*N*-酰基-*N*-甲基牛磺酸盐、烷基糖苷、椰油两性乙酸钠、椰油两性丙酸钠等。这些主表面活性剂在洗面奶中的特点也不尽相同。

a. 十二烷基硫酸钠（K12）和聚氧乙烯烷基硫酸钠（AES）属于去脂力较强的表面活性剂，其对皮肤及眼黏膜的刺激性较大。以 K12 或 AES 为主要清洁成分的洗面奶，通常需要调配成偏碱性配方，才能充分发挥其洗净力。若搭配果酸一起加入产品中，则因无法调整为酸性溶液，果酸的效果会大打折扣。在洗净力上 K12、AES 丝毫不逊色于皂化配方，对皮肤的刺激度也与皂类相近。以洗后的触感而言，则以皂化配方为佳。

b. 酰基磺酸钠具有优良的洗净力，且对皮肤的刺激性小。此外，它有极佳的亲肤性，洗时及洗后的感觉都不错，皮肤不会过于干涩且有柔嫩的触感。以此为主要成分的洗面奶，酸碱值通常控制在 pH 为 5～7 之间，非常适合正常肌肤使用。因此，建议油性肌肤者或喜好无油滑感的人，选用这一类成分为主的洗面奶，长期使用对肌肤比较有保障。

c. 烷基磷酸酯类（MAP）属于温和、中度去脂力的表面活性剂。这一类制品，必须调整其酸碱值在碱性的环境，才能有效发挥洗净效果。其亲肤性较好，所以洗时或洗后触感均佳。但是，对于碱性会过敏的肤质，仍不建议长期使用。

d. 氨基酸系表面活性剂多采用天然成分为原料制造而得，其成分本身可调为弱酸性，所以对皮肤的刺激性很小，亲肤性又特别好，是目前高级洗面奶清洁成分的主流，价格较为昂贵。长期使用，可以不需顾虑对皮肤有伤害。

② 其他成分　其他所有成分同皂基洁面乳，有辅表面活性剂、增稠剂、软化剂、保湿剂、防腐剂、珠光剂、香精和功能性添加剂等。另外，非皂基表面活性剂虽性质较皂基温和、对皮肤刺激性较小，但通常不易冲净，用后有油腻感，所以，此种类型的洗面奶还常在配方中加入减滑剂。

(2) 生产工艺　非皂基表面活性剂型洗面奶的生产工艺相对简单，具体操作方法是：将保湿剂、表面活性剂等水溶性成分，加入水中溶解，注意此过程应缓慢进行，以免产生大的不溶块，然后在水相中加入络合剂，加热至 60～65℃，搅拌溶解；在油相罐中加入软化剂、调理剂、油溶性表面活性剂等油溶性成分和防腐剂，加热、搅拌；分别将水相、油相经过滤后抽至乳化罐，搅拌混合，加入香精，充分混合后，脱气、降温，出料。其生产工艺流程如图 6-2 所示。

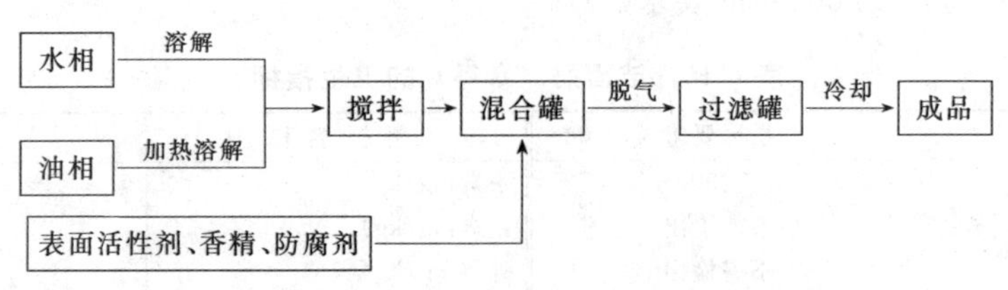

图 6-2　非皂基表面活性剂型洗面奶生产工艺流程

（3）配方示例　非皂基表面活性剂型洗面奶的配方举例见表6-7～表6-9所列。

表6-7　非皂基表面活性剂型洗面奶配方1

原料成分	质量分数/%	原料成分	质量分数/%
A:$C_{8\sim10}$烷基聚葡萄糖苷	20.0	甘油	20.0
椰油酰胺丙基甜菜碱	10.0	B:Carbopol 2020	0.8
十二烷基二乙醇酰胺	3.0	去离子水	加至100.0
丙二醇二硬脂酸酯	1.0	C:三乙醇胺	1.0
PEG-6辛酸/癸酸甘油酯	1.0	D:防腐剂、香精	适量

此配方是利用Carbopol 2020增稠，以烷基聚葡萄糖苷作为主表面活性剂的泡沫型洗面奶。Carbopol 2020是聚丙烯酸的改性聚合物，它是一种抗电解质的新型增稠剂，对于非皂基体系增稠效果很好。该配方的制备方法为：分别将A和B混合均匀，在70℃下将B加入到A中，搅拌均匀，加入C，冷却到40℃再加入D，搅拌均匀。

表6-8　非皂基表面活性剂型洗面奶配方2

原料成分	质量分数/%	原料成分	质量分数/%
十二烷基聚氧乙烯(3)醚硫酸钠(70%)	10.0	PEG-5月桂基柠檬酸琥珀酸二钠(50%)	10.0
十二烷基二乙醇酰胺	3.0	甘油	10.0
丙二醇双硬脂酸酯	1.3	十六/十八醇	1.0
PEG-6辛酸/癸酸甘油酯	1.0	香精、防腐剂	适量
椰油酰胺丙基甜菜碱(30%)	10.0	去离子水	加至100.0

通常单一的增稠剂很难将非皂基体系增稠到较大稠度，两种以上的抗电解质的聚合物复配，效果比较好。配方2就是以十二烷基聚氧乙烯（3）醚硫酸钠和PEG-5月桂基柠檬酸琥珀酸二钠来形成液晶相。这种表面活性剂液晶增稠体系可以做出很漂亮的珠光效果，但要求表面活性剂的含量比较高，因而会引起较强的脱脂力，适合于作油性皮肤用的洗面奶。

表6-9　非皂基表面活性剂型洗面奶配方3

组　分	质量分数/%	组　分	质量分数/%
椰油酰胺基丙基二甲基氧化胺	4.0	山梨醇	2.0
四(2-羟丙基)乙二胺	2.0	月桂酸	4.0
单月桂基磷酸酯	27.0	防腐剂	适量
Carbopol 941	0.2	香精	适量
甘油	8.0	去离子水	加至100.0

配方3是含有单烷基磷酸酯盐（MAP）和氧化胺的洗面奶，泡沫丰富而且容易冲洗，清洁力较强且对皮肤刺激小，是一种非常适合中国人肤感要求的洗面奶。制备时只需将各物料分散于水中，经搅拌至均匀乳液即可。

三、洁面奶（膏霜）的质量标准

洁面奶（膏霜）的卫生指标应符合表6-10（GB 7916—87）要求，感官、理化指标应符合表6-11（QB/T 1645—2004）的要求。

表6-10　洁面奶（膏霜）的卫生指标

指标名称	指标要求	指标名称	指标要求
细菌总数/(个/g)	≤1000	汞/(mg/kg)	≤1
粪大肠菌群/(个/g)	不得检出	铅/(mg/kg)	≤40
绿脓杆菌/(个/g)	不得检出	砷/(mg/kg)	≤10
金黄色葡萄球菌/(个/g)	不得检出	甲醇/(mg/kg)	≤0.2%

表 6-11　洁面奶（膏霜）的理化指标

指标名称		指标要求	
		表面活性剂型	皂基型
感官指标	色泽	符合规定色泽	
	香气	符合规定香型	
	质感	均匀一致	
理化指标	耐热	(40±1)℃保持 24h，恢复至室温后无油水分离现象	
	耐寒	−5～10℃保持 24h，恢复至室温后无分层、泛粗、变色现象	
	pH	4.0～8.5(果酸类产品除外)	5.5～11.0
	离心分离	2000r/min，30min 无油水分离(颗粒沉淀除外)	—

第二节　深层洁面产品

深层洁面产品包括磨砂膏和去死皮膏，使用这类产品的主要目的是彻底清除皮肤污垢及皮肤的陈腐角质层细胞，可使皮肤中过多的皮脂从毛孔中排挤出来，使毛孔疏通。定期使用深层洁面产品，可使皮肤清洁、光滑，有减少皱纹、预防粉刺等功效。

一、磨砂膏

磨砂膏，就是指含有均匀细微颗粒的乳化型洁肤品。其主要用于去除皮肤深层的污垢，通过在皮肤上摩擦可使老化的鳞状角质剥起，除去死皮。使用时将膏体在皮肤上适当按摩，在发挥制剂中油分、水分及表面活性剂清洁作用的同时，通过杏核粉、尼龙粉等磨砂剂的摩擦作用，可将较难清除的污垢及堆积在皮肤表面老化的角质层细胞去除；同时这种摩擦对皮肤所产生的刺激作用可促进血液循环及新陈代谢，舒展皮肤的细小皱纹，增进皮肤对营养成分的吸收；还可使皮肤中过多的皮脂从毛孔中排挤出来，使毛孔疏通，具有预防粉刺的作用。磨砂膏可以说是集洁肤、护肤与美容于一体的新型化妆品。但要注意过度摩擦会对皮肤产生刺激作用，所以大家挑选时一定要试试磨砂颗粒是否圆滑、是否过于坚硬。

磨砂膏比较适合油性和混合性皮肤，过敏性皮肤不能使用，干性皮肤要慎用，且按摩时轻重要适度，以免造成皮肤损伤。此类制品不宜天天使用，一般而言，适宜的磨砂膏使用次数为：油性皮肤每 2 周使用 1 次；干性皮肤每个月使用一次；中性或混合性皮肤每 2 周 1 次，可以只在 T 字部位使用；另外，有的部位角质过厚，也可以采用磨砂的方式来使肌肤光滑。如长有粉刺的部位，使用磨砂膏去除死皮也有助于油脂的顺利排出，有一定的治疗作用。

磨砂膏的使用方法为：取拇指大小，均匀涂在肌肤上，注意避开眼睛周围，双手以由内向外画小圈的动作轻揉按摩，鼻窝处改为由外向内画圈，持续 5～10min。我们在使用用磨砂膏时，按摩动作一定要轻柔，同一部位按摩 5 次就可以了，不宜过多。如果用力过大也会伤害皮肤。并且在使用前，要保证脸上有足够的水分，以免过干而磨伤皮肤。每次磨面后，应用清水将皮肤冲洗干净，擦干后可涂抹润肤膏霜或乳液。当皮肤损伤或有炎症时，应禁用磨砂膏，以防感染。

磨砂膏的原料是由膏霜的基质原料与磨砂剂组成。磨砂剂是磨砂膏中的特效成分，要求其有适当的粒度（一般在 100～1000μm 之间，最佳粒度为 250～500μm），形状为球形，硬度也应适中，而且必须具有安全性、稳定性和有效性。

磨砂剂的有效性常从以下两个方面来测定：一是评价其物理清洁功能，方法是取定量膏体负载摩擦后，测量彩色美容化妆品的存留量；二是测定皮肤角质细胞的剥离情况，具体操作是用具有黏性的载玻片或透明胶带，剥离使用磨砂膏前后皮肤脱落的陈腐角质细胞，再将细胞进行染色，然后在显微镜下计算，比较其有效性。

磨砂剂通常可分为天然和合成磨砂剂两类。常用的天然磨砂剂有植物果核原粒（如杏核粉、桃核粉等）和天然矿物粉末（如二氧化钛、滑石粉等），常用的合成磨砂剂有聚乙烯、聚苯乙烯、聚酰胺树脂、聚甲基丙烯酸甲酯、尼龙等微球型粉末。

磨砂膏的配制并不是简单地将磨砂剂加入膏体或乳液基质中即可，而应根据产品的要求和特性进行精心设计和试验。首要的是磨砂剂的选择，要选择相对密度较小、形状规则匀称的球珠形微粒，在按摩时磨砂微粒要呈滚动式，要有舒适的肤感。再者，在研制过程中还应特别注意磨砂膏产品的稳定性，要进行耐热、耐寒试验；还要进行离心试验，即在转速为4000r/min的条件下离心30min后，观察膏体有无分层现象以及磨砂剂有无析出现象；还可用显微镜观察膏体，考察微粒的分布情况。根据这些试验结果，确定磨砂剂的最佳选择。

磨砂膏的生产工艺与清洁霜的生产大致相同。具体方法为：分别混合溶解油相和水相，加热至约70℃。搅拌下缓慢将水相加入油相中，搅拌均匀后，加入磨砂剂，搅拌冷却至约40℃，加入三乙醇胺、防腐剂、香精等，搅拌均匀，冷至室温即可出料包装。

磨砂膏的配方举例见表6-12及表6-13所列。

表6-12　磨砂膏配方

原料成分	质量分数/%		原料成分	质量分数/%	
	配方1	配方2		配方1	配方2
白油	9.0	7.0	吐温-60		1.5
硅油	4.0		天然果核粉(120目)		3.0
乙酰化羊毛脂	2.5	3.0	斯盘-60	1.5	
十六醇	2.5	2.0	三乙醇胺	1.0	
硬脂酸	5.0		甘油	4.0	5.0
单硬脂酸甘油酯	1.0		微孔磨砂剂	3.0	
2-乙基己基十六醇酯		2.0	防腐剂、香精、抗氧剂	适量	适量
PEG-400硬脂酸钠		3.0	去离子水	加至100.0	加至100.0

表6-13　磨砂乳液配方

原料成分	质量分数/%	原料成分	质量分数/%
白油	20.0	单油酸甘油酯	1.0
辛基癸醇	10.0	聚乙烯微球	5.0
单硬脂酸甘油酯	4.0	防腐剂	适量
十六/十八醇醚-12	1.5	香精	适量
十六/十八醇醚-20	1.5	去离子水	加至100.0

配方1中的微孔磨砂剂为弹性微球状的多孔高分子聚合物，可将维生素、氨基酸等营养物质或药剂吸附其中，洁面时通过与皮肤的摩擦接触，在去污的同时，可释放出其孔穴中的内容物使皮肤吸收，从而达到净肤养颜的目的。

配方2是用天然果核粉微粒为磨砂剂而制备的磨砂膏。

此配方为磨砂乳液，这是一种具有磨面洁肤兼护肤的乳液状化妆品，其中含有微细的球形聚乙烯磨砂剂，通过在皮肤上适当按摩，可温和而有效地去除污物及陈腐角质，刺激性小而肤感舒适。

二、去死皮膏

死皮是指皮肤表面上积存的死亡角质细胞残骸。陈腐角质化细胞的堆积会使皮肤黯淡无光，并形成细小的皱纹，还会引起角质层增厚等皮肤疾病。因此，清除皮肤上的死皮是洁肤、护肤和美容的重要程序之一。

通过使用去死皮膏，可以快速去除皮肤表面的角化细胞，改善皮肤的呼吸，有利于汗腺、皮脂腺的分泌，增强皮肤的光泽和弹性；可以预防角质层增厚，加速皮肤新陈代谢，促进皮肤对营养成分的吸收，令皮肤柔软、光滑；还可清除过剩的油脂，预防粉刺滋生。

去死皮膏与磨砂膏有着几乎相同的作用和功效，它们的不同之处在于：磨砂膏完全是机械性的磨面洁肤作用，而去死皮膏的作用机理还包含化学性和生物性；磨砂膏多适用于油性皮肤，而去死皮膏适用于中性皮肤及不敏感的任何皮肤。

正常皮肤一般可每周使用一次去死皮膏，使用的具体方法是：将适量膏体均匀涂覆于面部，轻轻摩擦皮肤约 5～10min，用手帕或软纸将脱离皮肤的死皮、污垢和与膏体混合形成的残余物一起去除，再用清水冲洗干净皮肤，随后涂抹护肤膏霜（或乳液）。

去死皮膏的原料除了要有一般磨砂膏所需的基质原料和磨砂剂之外，还需添加具有去死皮作用的成分，如果酸、维甲酸、尿囊素、溶角蛋白酶、海藻胶等，这些去死皮制剂具有抑制毛囊角化、加快表皮死细胞脱落、促进表皮细胞更新等作用。

去死皮膏的生产工艺与磨砂膏相同。添加磨砂剂的去死皮膏在配制过程中同样要注意制品的稳定性，必须进行相应的耐热、耐寒和高速离心试验。

去死皮膏的配方举例见表 6-14 所列。

表 6-14　去死皮膏配方

原料成分	质量分数/%		原料成分	质量分数/%	
	配方 1	配方 2		配方 1	配方 2
硬脂酸	7.0		薄荷脑		0.05
白油	2.0	2.0	溶角蛋白酶	3.5	
十六醇	2.5		聚乙烯微球	8.0	
石蜡	1.0		聚甲基丙烯酸甲酯微球		5.0
二甲基硅油	3.5		滑石粉	1.0	
霍霍巴油		5.0	尿囊素		1.0
单硬脂酸甘油酯	1.5		Carbopol-940	1.5	
十六烷基糖苷		10.0	KOH	0.7	
Sepigel 305		0.5	防腐剂、香精	适量	适量
丙二醇	2.0		去离子水	加至 100.0	加至 100.0

配方 1 中添加的溶角蛋白酶是一种生化活性成分，它具有突出的溶解角质蛋白的活性，能够在较温和过程中达到促进角质层更新的效果。这种酶在醇-水介质中稳定，不易失活。

配方 2 中的尿囊素具有软化皮肤角质蛋白的作用，有利于去掉皮肤上的死皮。薄荷脑有清凉止痒作用。Sepigel 305 是一种聚丙烯酰胺类复合乳化剂，添加少量即有显著的增稠效果，有助于改善制品的稳定性和亮度，使膏体具有光滑细腻的效果。

第三节　面　膜

面膜是一种集洁肤、护肤、养肤和美容于一体的面部皮肤用多功能化妆品，受到女士的普遍欢迎，在美容院中使用更为普遍，有着良好的发展前景。

面膜的用法是将其均匀涂覆于面部皮肤上，经过一定时间，涂层逐渐干燥而在皮肤表面形成一层膜状物，然后将该层薄膜揭掉或洗掉即可。面膜的作用主要表现在如下几个方面。

（1）洁肤　由于面膜的吸附作用，在剥离或洗去面膜时，可使皮肤上的分泌物、皮屑、污垢等随面膜一起被去除，达到满意的洁肤效果。

（2）护肤和养肤　由于面膜覆盖在皮肤表面，抑制皮肤水分的蒸发，从而软化表皮角质层、扩张毛孔和汗腺口，同时使皮肤表面温度上升，促进血液循环，使皮肤有效地吸收面膜中的活性营养成分，起到良好的护肤和养肤作用。

（3）美容　随着面膜的形成和干燥，所产生的张力使皮肤的紧张度增加，致使松弛的皮肤绷紧，这样有助于减少和消除面部的皱纹，从而产生美容的效果。

面膜的种类很多，根据其外观性状大致可分为剥离面膜、粉状面膜、膏状面膜、成型面膜等。目前使用最普遍的主要是剥离面膜和成型面膜。

一、剥离面膜

剥离面膜一般为软膏状或凝胶状，使用时将其涂抹在面部，经 15～20min，待干后剥离整个面膜，皮肤上的污垢、皮屑等也黏附在面膜上一同被除去。

1. 配方组成

（1）成膜剂　成膜剂是剥离面膜的关键成分，通常使用水溶性高分子化合物，因其不仅具有良好的成膜性，而且具有增稠、乳化和分散作用，对含有无机粉末的基质具有稳定作用，还具有一定的保湿作用。常用的有聚乙烯醇（PVA）、聚乙烯吡咯烷酮（PVP）、丙烯酸聚合物（Carbopol）、聚氧乙烯（PEG）、羧甲基纤维素（CMC）、果胶、明胶、黄原胶等。成膜的厚度、成膜速度、成膜软硬度、剥离性的好坏等都与成膜剂的用量有关。

（2）粉剂　在软膏状面膜中作为粉体，对皮肤的污垢和油脂有吸附作用。常用的为高岭土、膨润土、二氧化钛、氧化锌或某些湖泊、河流及海域的淤泥。

（3）保湿剂　对皮肤起保湿作用，常用的为甘油、丙二醇、山梨醇、聚乙二醇等。

（4）油脂　补充皮肤所失油分，常用的为橄榄油、蓖麻油、角鲨烷、霍霍巴油等。

（5）醇类　调整蒸发速度，使皮肤具有凉爽感。常用的为乙醇、异丙醇等。

（6）增塑剂　增加膜的塑性，常用的为聚乙二醇、甘油、丙二醇、水溶性羊毛脂等。

（7）防腐剂　抑制微生物生长，常用的为尼泊金酯类。

（8）表面活性剂　主要起增溶作用，常用的为 POE 油醇醚、POE 失水山梨醇单月硅酸酯等。

（9）其他添加剂　赋予产品特殊功能的添加剂，如：抑菌剂，常用的有二氯苯氧氯酚、十一烯酸及其衍生物、季铵盐等；愈合剂，常用尿囊素等；抗炎剂，常用甘草次酸、硫黄、鱼石脂等；收敛剂，常用炉甘石、羟基氯化铝等；营养调节剂，常用氨基酸、叶绿素、奶油、蛋白酶、动植物提取液、透明质酸钠等；促进皮肤代谢剂，常用维生素 A、α-羟基酸、水果汁、糜蛋白酶等。

2. 配方示例及生产工艺

剥离面膜的配方示例见表 6-15 和表 6-16 所列。

表 6-15　凝胶状剥离面膜配方

原料成分	质量分数/%		原料成分	质量分数/%	
	配方 1	配方 2		配方 1	配方 2
PVA	10.0	16.0	三异丙醇胺	0.5	
丙二醇	5.0	4.0	水解蛋白	5.0	
Carbopol 941	0.4		POE 油醇醚		0.5
乙醇	20.0	11.0	防腐剂、香精	适量	适量
CMC		5.0	去离子水	加至 100.0	加至 100.0

凝胶状剥离面膜的生产工艺为：先将聚乙烯醇、Carbopol 941 等水溶性高分子化合物用保湿剂或乙醇润湿，然后加入去离子水，加热至约 70℃，搅拌使其溶解均匀，制成水相；香精、防腐剂、表面活性剂、油脂等与余下的乙醇或保湿剂混合溶解，制成油相；待温度降至 50℃时将油相加入水相中，搅拌均匀，脱气，过滤，冷却至 35℃即可包装。

表 6-16　软膏状剥离面膜配方

原料成分	质量分数/%		原料成分	质量分数/%	
	配方 1	配方 2		配方 1	配方 2
PVA	16.0	15.0	吐温-20		1.0
PVP	4.0	5.0	钛白粉	2.0	5.0
E-inspire 343	1.0		氧化锌	2.0	
1,3-丁二醇	4.0		滑石粉		10.0
山梨醇		6.0	乙醇		8.0
甘油		4.0	防腐剂	适量	适量
橄榄油		3.0	香精	适量	适量
角鲨烷		2.0	去离子水	加至 100.0	加至 100.0

软膏状剥离面膜的生产工艺与凝胶状剥离面膜的基本相同，只是在加入成膜剂之前，应先将粉剂在去离子水中混合均匀。

除上述两种外，另有一种剥离型面膜外观呈乳状液。但形成薄膜剥离时，其薄膜变成了一种透明的皮膜，这种产品多含有各种聚合物，例如醋酸乙烯酯、聚乙烯醇等，以及多元醇酯和硅乳的乳液。当擦到皮肤上后，薄膜中的水分挥发后，破坏了薄膜的乳化状态，便形成了一层透明的薄膜。

乳化状剥离型面膜配方示例见表 6-17 所列。

表 6-17　乳液状剥离面膜配方

原料成分	质量分数/%		原料成分	质量分数/%	
	配方 1	配方 2		配方 1	配方 2
聚乙烯吡咯烷酮	1.5		硅酮油乳化液		1.5
聚醋酸乙烯酯	20.0	14.0	十二烷基硫酸酯钠盐	0.2	
聚乙烯醇		12.0	吐温-20	0.8	
橄榄油	2.0		吐温-60		0.5
羊毛脂	1.5		乙醇		6.0
山梨醇	5.0		防腐剂、香精	适量	适量
丙二醇		5.0	去离子水	加至 100.0	加至 100.0

二、粉状面膜

粉状面膜是一种均匀、细腻、无杂质的混合粉末状物质，对皮肤安全无刺激，其制造、包装、运输和使用都很方便。

粉状面膜适宜于油性和干性皮肤者使用。使用时将适量面膜粉末与水调和成糊状，均匀涂覆于面部，经过 10～20min，随着水分的蒸发糊状物逐渐干燥，在面部形成一层胶性软膜或干粉状膜，将其剥离（胶性软膜），或用水洗净（干粉状膜）即可。

粉状面膜的基质原料是具有吸附和润滑作用的粉末，如高岭土、钛白粉、氧化锌、滑石粉等，以及可以形成胶性软膜的天然或合成胶质类物质，如淀粉、硅胶粉、海藻酸钠等；还可添加多种功效性的粉末状物质，如中草药粉及天然动植物提取物粉，使其具有护肤养肤作用；另外还需加入防腐剂、香精等。粉状面膜配方举例见表 6-18 所列。

表 6-18 粉状面膜配方

原料成分	质量分数/%		原料成分	质量分数/%	
	干粉状膜	胶性软膜		干粉状膜	胶性软膜
高岭土	50.0	40.0	中药粉	2.0	10.0
滑石粉	20.0	20.0	凝胶剂		5.0
氧化锌	20.0		固体山梨醇	8.0	
海藻酸钠		20.0	防腐剂	适量	适量
淀粉		5.0	香精	适量	适量

粉状面膜的生产工艺比较简单：先将粉料研细、混合，然后将液体物质喷洒于其中，拌和均匀后过筛即可。另外，还可依个人喜好或需要，在使用时加入一些天然营养物如新鲜黄瓜汁、果汁、蔬菜汁、蜂蜜、蛋清等，调制成天然浆泥面膜，以增强其护肤养肤效果。所以目前许多美容院还专门开设了采用天然果菜泥敷面美容的服务。但要注意的是这些天然营养面膜糊要现制现用，不能久存，以免受到微生物等污染。

三、成型面膜

成型面膜是一类贴布式面膜，它是近年来才出现的新型面膜，由于其使用方便而备受消费者的喜爱。

最常见的成型面膜是将无纺布类纤维织物剪裁成人的面部形状，放入包装袋中，再灌入面膜液浸渍，将包装袋密封而制得。使用时，打开密封包装袋，取出一张成型面膜紧密贴合在面部，经 15～20min，面膜液逐渐被吸收，然后将近乎干燥的面膜布揭下即可。

成型面膜液的主要成分有保湿剂、润肤剂、活性物质（如果酸、维生素、表皮生长因子等），还有防腐剂、香精等。成型面膜液配方举例见表 6-19 所列。

表 6-19 成型面膜液配方

原料成分	质量分数/%		原料成分	质量分数/%	
	干性皮肤用	油性皮肤用		干性皮肤用	油性皮肤用
Arlamol HD	约 45.0		珍珠水解液		0.5
霍霍巴油	25.0		烷基糖苷		2.5
羊毛油	25.0		去离子水		约 97.0
沙棘油	5.0		防腐剂	适量	适量
表皮生长因子		适量	香精	适量	适量

四、其他类型面膜

1. 黏土面膜

黏土面膜主要成分为粉体（滑石粉、陶土等），此外尚有油分、保湿剂、富脂剂、营养剂等。其特征为粉体吸附皮肤的过剩油脂，经冲洗除去，脱脂力高，对粉刺有效。配方示例见表 6-20 所列。

表 6-20 黏土面膜配方

原料成分	质量分数/%	原料成分	质量分数/%
陶土	6.0	斯盘-60	2.0
滑石粉	6.0	吐温-80	2.0
钛白粉	2.0	防腐剂、香精	适量
液体石蜡	10.0	去离子水	加至 100.0

该配方生产工艺为：将油相（液体石蜡、斯盘-60、吐温-80）和去离子水分别加热至 70℃，混合乳化后，加入粉体搅拌，至 50℃加入防腐剂、香精，混匀，冷却至室温即可出料灌装。

2. 泡沫面膜

这是一种气雾（气溶胶）型面膜，主要成分为油分、保湿剂和发泡剂等，其中含有的细小泡沫可对皮肤达到保湿效果。配方示例见表 6-21 所列。

表 6-21 泡沫面膜配方

原料成分	质量分数/%	原料成分	质量分数/%
硬脂酸	5.0	斯盘-60	1.0
十六/十八混合醇	1.0	吐温-80	1.0
山萮酸	4.0	防腐剂、香精	适量
霍霍巴油	1.0	液化石油气	3.0
甘油	5.0	发泡剂	4.0
三乙醇胺	1.0	去离子水	加至 100.0

该配方生产工艺为：将油相（硬脂酸、山萮酸、混合醇、斯盘-60、吐温-80、霍霍巴油）和水相（甘油、去离子水）分别加热至 70℃，混合乳化，50℃添加防腐剂、香精、三乙醇胺，冷却，与发泡剂在同一容器内充填后，包装。

3. 干膜状面膜

近年来出现的干膜状成型面膜，是以水溶性的葡萄糖天然纤维素衍生物为主要成分，并添加多种天然植物提取物和生物活性成分、纤维素等制成的一种干膜状成型面膜。因其具有良好的水活性，可以使其中的多种成分在溶解状态下最大限度地被皮肤快速吸收而充分发挥功效，因而具有极佳的护肤、养肤效果。

干膜状面膜使用时是将它直接敷于润湿的面部、均匀贴紧，经过 15～20min，面膜溶解液逐渐被吸收和干燥，然后用清水洗净即可。这类面膜使用方便、感觉舒适、易于包装、便于携带和保存，是一类很有发展前景的面膜新产品。

4. 石膏面膜

石膏面膜又称为“倒模”，它是一种固化剥离型面膜。该面膜使用前为粉末状，主要成分为熟石膏，还可添加其他营养物质及植物、中草药成分。使用时将倒模粉用水调和成糊状后涂覆于面部，由于熟石膏与水发生水合反应，产生热量，并逐渐固化，最后将固化了的面膜经剥离去除。石膏面膜因使用过程中对皮肤进行热渗透，使局部血液循环加快，皮脂腺、汗腺分泌增加，从而促进皮肤对有效成分和营养成分的吸收，具有增白和淡化色斑的效果，适用于干性、中性、衰老性和色斑性皮肤。

五、面膜的质量标准

根据轻工部 QB/T 2872—2007 标准，面膜的感官、理化、卫生指标应符合表 6-22 和表 6-23 要求。

表 6-22 面膜的感官、理化指标

<table>
<tr><th colspan="2" rowspan="2">指标名称</th><th colspan="4">指 标 要 求</th></tr>
<tr><th>膏(乳)状面膜</th><th>啫喱面膜</th><th>面贴膜</th><th>粉状面膜</th></tr>
<tr><td rowspan="2">感官指标</td><td>外观</td><td>均匀膏体或乳液</td><td>透明或半透明凝胶状</td><td>湿润的纤维贴膜或胶状成形贴膜</td><td>均匀粉末</td></tr>
<tr><td>香气</td><td colspan="4">符合规定香气</td></tr>
<tr><td rowspan="3">理化指标</td><td>耐热</td><td colspan="2">(40±1)℃保持 24h,恢复至室温后与试验前无明显差异</td><td>—</td><td>—</td></tr>
<tr><td>耐寒</td><td colspan="2">(－5～10)℃保持 24h,恢复至室温后与试验前无明显差异</td><td>—</td><td>—</td></tr>
<tr><td>pH(25℃)</td><td colspan="3">3.5～8.5</td><td>5.0～10.0</td></tr>
</table>

表 6-23 面膜的卫生指标

指标名称	指标要求	指标名称	指标要求
菌落总数/(CFU/g)	≤1000，眼、唇部及儿童用产品≤500	甲醇/(mg/kg)	≤2000(乙醇、异丙醇含量之和≥10%时需测甲醇)
粪大肠菌群/g	不得检出	铅/(mg/kg)	≤40
绿脓杆菌/g	不得检出	砷/(mg/kg)	≤10
金黄色葡萄球菌/g	不得检出	汞/(mg/kg)	≤1
霉菌和酵母菌总数/(CFU/g)	≤100		

实训项目 3 洗面奶的生产

一、认识洗面奶的生产过程，明确学习任务

1. 学习目的

通过观察洗面奶的生产过程，清楚本实训项目要完成的学习任务（即按照给定配方和生产任务，生产出合格的洗面奶）

2. 要解决的问题

（1）认识原料

原 料 名 称	原料外观描述(颜色、气味、状态)
硬脂酸	
氢氧化钾	
棕榈酸	
肉豆蔻酸	
月桂酸	
羊毛脂	
椰子油	
甘油	
甘油单硬脂酸酯(自乳化)	
N-酰基-*N*-甲基牛磺酸盐	
EDTA-Na_2	
香精	
尼泊金甲酯	
去离子水	

（2）用正交法来安排实验

选用 5 个考察因素：脂肪酸总量（A）、十八酸与十二酸的质量比（B）、中和度（C）、甘油（D）、单甘酯（E）；每个因素分别取 4 个水平。因此，采用 $L_{16}4^5$ 正交表来安排实验，表头设计如下：

试验号 \ 因素	因素 A	因素 B	因素 C	因素 D	因素 E
1	水平 A1	水平 B1	水平 C1	水平 D1	水平 E1
2	水平 A1	水平 B2	水平 C2	水平 D2	水平 E2
3	水平 A1	水平 B3	水平 C3	水平 D3	水平 E3
4	水平 A1	水平 B4	水平 C4	水平 D4	水平 E4
5	水平 A2	水平 B1	水平 C2	水平 D3	水平 E4
6	水平 A2	水平 B2	水平 C1	水平 D4	水平 E3
7	水平 A2	水平 B3	水平 C4	水平 D1	水平 E2
8	水平 A2	水平 B4	水平 C3	水平 D2	水平 E1
9	水平 A3	水平 B1	水平 C3	水平 D4	水平 E2
10	水平 A3	水平 B2	水平 C4	水平 D3	水平 E1
11	水平 A3	水平 B3	水平 C1	水平 D2	水平 E4
12	水平 A3	水平 B4	水平 C2	水平 D1	水平 E3
13	水平 A4	水平 B1	水平 C4	水平 D2	水平 E3
14	水平 A4	水平 B2	水平 C3	水平 D1	水平 E4
15	水平 A4	水平 B3	水平 C2	水平 D4	水平 E1
16	水平 A4	水平 B4	水平 C1	水平 D3	水平 E2

以上需做 16 次实验，可将学生分为 16 个小组，每个小组做 1 次实验。

二、分析工作任务，收集信息，解决疑问

1. 学习目的

通过查找文献及网络信息，了解正交试验法及正交表，认识洗面奶的配方组成、生产原理、操作步骤、工艺条件。

2. 要解决的问题

（1）正交表 $L_{16}4^5$ 的含义是？

（2）本实训项目生产的洗面奶属于什么类型？其生产原理是？

（3）认识洗面奶的配方组成，完成下表：

原料组分	组成(质量分数)/%	作　用	价格/(元/kg)
硬脂酸	10.0～15.0		
氢氧化钾(100%)	3.0～9.0		
棕榈酸	5.0		
肉豆蔻酸	5.0		
月桂酸	5.0～10.0		
羊毛脂	2.0		
椰子油	2.0		
甘油	10.0～25.0		
甘油单硬脂酸酯	2.0～8.0		
N-酰基-*N*-甲基牛磺酸盐	2.0		
EDTA-Na_2	0.1		
香精	0.2		
尼泊金甲酯	0.2		
去离子水	加至 100.0		

（4）皂化常用脂肪酸有哪些？应如何搭配使用？为什么？

（5）什么是中和度？应控制在多少较为适宜？为什么？

（6）若用丙二醇替换配方中的甘油，结果将如何？

（7）自乳化单甘酯和普通单甘酯有何区别？

（8）简述生产洗面奶的操作步骤。

（9）混合乳化时的加料顺序如何？

（10）描述洗面奶的感官指标、理化指标、卫生指标及其相应检验方法。

（11）洗面奶中气泡的来源是什么？如何避免大量气泡的产生？

（12）影响洗面奶的泡沫性质和珠光效果的因素有哪些？如何影响？

（13）描述洗面奶的主要生产设备及其使用注意事项。

（14）分析影响洗面奶产品质量的因素：

① 温度控制

A. 溶解油相、溶解水相时的温度应为多少？

B. 两相在混合前的温度是否要一致？为什么？

C. 冷却的快慢对产品质量有何影响？

D. 乳化时温度为多少？

② 时间控制：乳化时间为多少？时间过长或过短对产品质量有何影响？

③ 搅拌速度控制：

A. 乳化时搅拌速度为多少？均质速度为多少？

B. 冷却时的搅拌速度为多少？为什么？

C. 为什么在体系达到结膏点时还需保温低速搅拌 30～60min？

三、确定生产洗面奶的工作方案

1. 学习目的

通过实操和讨论明确洗面奶的配方与生产方法，并制定出生产洗面奶的工作方案。

2. 要解决的问题

(1) 明确试验考察的各因素的 4 个考察水平，参见下表：

因素 水平	脂肪酸总量 A (质量分数)/%	十八酸 /十二酸 B	中和度 C	甘油 D (质量分数)/%	单甘酯 E (质量分数)/%
1	20	1/1	75%	10	2
2	25	1/2	80%	15	4
3	30	2/1	85%	20	6
4	35	3/1	90%	25	8

(2) 按 100g 洗面奶的实验总量，将各因素及其水平值填入下表：

试验号＼因素	脂肪酸总量 A/g	十八酸/十二酸(B)	中和度 C/%	甘油 D/g	单甘酯 E/g
1					
2					
3					
4					
5					
6					
7					
8					
9					
10					
11					
12					
13					
14					
15					
16					

(3) 明确各自的实验配方（填入下表），制定操作方案（可用文字、方框图、多媒体课件表示）。

组　分	质量分数/%	组　分	质量分数/%
硬脂酸		甘油	
氢氧化钾		甘油单硬脂酸酯(自乳化型)	
棕榈酸		*N*-酰基-*N*-甲基牛磺酸盐	
肉豆蔻酸		EDTA-Na_2	
月桂酸		香精	
羊毛脂		防腐剂	
椰子油		去离子水	

(4) 按各自的实验方案进行实验，并做好实验记录（步骤、工艺条件、产品检测等）。

(5) 核算每千克产品的原料成本。

序　号	原 料 组 分	单价/(元/kg)	用量/kg	总价/元
1	硬脂酸			
2	氢氧化钾			
3	棕榈酸			
4	肉豆蔻酸			
5	月桂酸			
6	羊毛脂			
7	椰子油			
8	甘油			
9	甘油单硬脂酸酯			
10	*N*-酰基-*N*-甲基牛磺酸盐			
11	EDTA-Na_2			
12	香精			
13	尼泊金甲酯			
14	去离子水			
每千克产品的原料成本是：　　元				

(6) 考查对比各组的实验结果（列表对比分析）。

① 泡沫测定 采用ROSS泡沫仪测定洗面奶样品的泡沫高度。

② 流变性测定 采用旋转黏度计测定洗面奶样品的布氏黏度。

③ 正交分析 将各组测定的泡沫高度和黏度值及其珠光效果填入下表，通过正交分析，讨论各因素对产品性能和外观的影响。

因素 试验号	脂肪酸	十八酸/十二酸	中和度	甘油	单甘酯	泡沫高度	布氏黏度	珠光效果
1								
2								
3								
4								
5								
6								
7								
8								
9								
10								
11								
12								
13								
14								
15								
16								

分析：

(7) 在老师指导下，根据实验结果优化配方及操作方法，确定洗面奶的生产配方并核算成本。

组　分	质量分数/%	成本/(元/kg)	组　分	质量分数/%	成本/(元/kg)
硬脂酸			甘油		
氢氧化钾			甘油单硬脂酸酯(自乳化型)		
棕榈酸			*N*-酰基-*N*-甲基牛磺酸盐		
肉豆蔻酸			EDTA-Na_2		
月桂酸			香精		
羊毛脂			防腐剂		
椰子油			去离子水		
每千克产品的原料成本是：　　元					

(8) 按生产10kg洗面奶的任务，制定出详细的生产操作规程。

四、按既定方案生产洗面奶

1. 学习目的

掌握洗面奶的生产方法，验证方案的可行性。

2. 要解决的问题

（1）按照既定方案，组长做好分工，要确保各组员清楚自己的工作任务（做什么，如何做，其目的和重要性是什么），同时要考虑紧急事故的处理。

操 作 步 骤	操 作 者	协 助 者

（2）填写生产记录

① 生产任务书

产品名称		生产计划	kg
生产日期		实际产量	kg
质量状况		操作人员	

② 称料记录

序 号	原 料 名 称	理论质量/g	实际称料质量/g	领料人
1	硬脂酸			
2	氢氧化钾			
3	棕榈酸			
4	肉豆蔻酸			
5	月桂酸			
6	羊毛脂			
7	椰子油			
8	甘油			
9	甘油单硬脂酸酯			
10	*N*-酰基-*N*-甲基牛磺酸盐			
11	EDTA-Na_2			
12	香精			
13	尼泊金甲酯			
14	去离子水			
合计	—			

③ 操作记录

序号	时间(__点__分)	温度/℃	搅拌速度/(r/min)	压力/MPa	操作内容
1					
2					
3					
4					
5					
6					

五、产品质量评价及实训完成情况总结

1. 学习目的

通过对产品质量的对比评价，总结本组及个人完成工作任务的情况，明确收获与不足。

2. 要解决的问题

(1) 产品性能测定及质量评价

指标名称		检验结果描述
感官指标	外观	
	香气	
	质感	
理化及性能指标	pH 值	
	耐热性	
	耐寒性	
	泡沫高度	
	布氏黏度	

(2) 实训工作完成情况评价

序号	评价项目	评价结果(或完成情况)
1	实训报告的填写情况	
2	独立完成的工作任务	
3	小组合作完成的任务	
4	教师指导下完成的任务	
5	是否达到了学习目标(特别是正确进行洗面奶生产和检验产品质量的掌握情况)	
6	存在的问题及建议	
7	实训收获与不足之处	

小　结

1. 清洁霜是一种半固体膏状的洁肤化妆品。清洁霜可分为乳化型和无水油剂型两类，乳化型清洁霜又分为水/油（W/O）型和油/水（O/W）型清洁霜。清洁霜含有水分、油分和乳化剂 3 种基础原料，此外，还有抗氧剂、香精、防腐剂等添加剂。

2. 洗面奶是由油脂、保湿剂、乳化剂、表面活性剂等经乳化而制成。依据其化学组成和使用性能的不同，洗面奶可分为皂基型和非皂基表面活性剂型两种。皂基洗面奶的配方体系从结构上区分，应包含脂肪酸+碱、多元醇、表面活性剂、软化剂、水及其他添加剂等6部分，其制作工艺多采用水相加入油相的皂化方法。非皂基表面活性剂型洗面奶是以非皂基表面活性剂为主原料配制而成的洁面产品，其去污效果良好且性质温和，制作工艺是将油相和水相分别溶解后再将两相混合搅拌乳化而成。

3. 磨砂膏是含有均匀细微颗粒的乳化型洁肤品，多适用于油性皮肤，用时通过在皮肤上摩擦可使老化的鳞状角质剥起，除去死皮。磨砂膏的原料是由膏霜的基质原料与磨砂剂组成，磨砂剂是磨砂膏中的特效成分，通常可分为天然和合成磨砂剂两类。磨砂膏在配制过程中要特别注意制品的稳定性。

4. 去死皮膏也是用于去除皮肤老化角质层的洁肤品，其作用机理包含机械性、化学性和生物性，适用于中性皮肤及不敏感的任何皮肤。去死皮膏的原料除了要有一般磨砂膏所需的基质原料和磨砂剂之外，还需添加去死皮制剂。去死皮膏的生产工艺与磨砂膏相同，添加磨砂剂的去死皮膏在配制过程中同样要注意制品的稳定性。

5. 面膜是一种集洁肤、护肤、养肤和美容于一体的面部皮肤用多功能化妆品，根据其外观性状大致可分为剥离面膜、粉状面膜、膏状面膜、成型面膜等。剥离面膜一般为软膏状或凝胶状，其配方中含有成膜剂、粉剂、保湿剂、油脂、醇类、增塑剂、防腐剂、表面活性剂及其他功能性添加剂。粉状面膜是一种均匀、细腻、无杂质的混合粉末状物质，其基质原料是具有吸附和润滑作用的粉末，以及可以形成胶性软膜的天然或合成胶质类物质，还可添加多种功效性的粉末状物质，另外还需加入防腐剂、香精等。成型面膜是一类贴布式面膜，是将无纺布类纤维织物剪裁成人的面部形状，放入包装袋中，再灌入面膜液浸渍，将包装袋密封而制得。其面膜液的主要成分有保湿剂、润肤剂、功能性活性物质、防腐剂、香精等。

思考题

1. 反应式、非反应式与混用式乳化体系的清洁霜有何区别？请各举一配方示例说明。
2. 洗面奶有哪些类型？它们在性能和配方上有何区别？
3. 皂基洗面奶中常用哪些酸和碱构成皂基？如何计算和选择它们的中和度？
4. 简述皂基洗面奶的生产工艺。
5. 试举一配方示例说明非皂基表面活性剂型洗面奶中各组分的作用。
6. 磨砂膏与去死皮膏在其功效和原料上各有何区别？
7. 剥离面膜、粉状面膜、成型面膜在原料组成和使用方法上各有何区别？

第七章　水剂类化妆品

学习目标及要求：

1. 叙述化妆水及香水的原料、类型及性能。
2. 叙述化妆水及配方并初步能进行配方分析。
3. 在教师的帮助下，查找各种相关信息资料，能制定出生产水剂类化妆品的工作计划，并能完成计划。
4. 能叙述影响化妆水产品质量的工艺条件，并能在制定实训工作方案时运用这些知识。
5. 会根据配方及操作规程生产化妆水。
6. 能初步运用所学知识分析水剂化妆品的质量问题。

水剂类化妆品是指以水、酒精或水-酒精溶液为基质的透明液体类产品，如香水类、化妆水类、育发水类、冷烫水、祛臭水等。这里主要介绍以酒精或水-酒精溶液为基质的化妆水类和香水类。这类产品必须保持清晰透明，即使在5℃左右的低温，也不能产生浑浊和沉淀，香气应纯净无杂味。因此对这类产品所用原料、包装容器和设备的要求是极其严格的。特别是香水用酒精，不允许含有微量不纯物质（如杂醇油等），否则会严重损害香水的香味。包装容器必须是优质的中性玻璃及与内容物不会发生作用的材料。所用色素必须耐光、稳定性好，不会变色，或采用有色玻璃瓶包装。生产设备最好采用不锈钢或耐酸搪瓷材料。另外，酒精是易燃易爆品，生产车间和生产设备等必须采取防火防爆措施，以保证安全生产。

第一节　化　妆　水

化妆水一般呈透明液状。通常是在用洗面奶等洗净皮肤上的污垢后，为给皮肤的角质层补充水分及保湿成分，使皮肤柔软，调整皮肤生理作用而使用的化妆品。化妆水和奶液相比，油分少，有舒适清爽的使用感，且使用范围广，功能也在不断扩展，如具有皮肤表面清洁、杀菌、消毒、收敛、防晒、防止皮肤长粉刺或去除粉刺等多种功效。对化妆水一般的性能要求是符合皮肤生理，保持皮肤健康，使用时有清爽感，并具有优异的保湿效果以及透明的美好外观。通常化妆水按其使用目的和功能可分为如下几类。

（1）柔软性化妆水　以保持皮肤柔软、润湿为目的。

（2）收敛性化妆水　抑制皮肤分泌过多油分，收敛而调整皮肤。

（3）洗净用化妆水　对简单化妆的卸妆等，具有一定程度的清洁皮肤作用。

（4）精华素营养水　含有高营养性的精华物质，具有修护皮肤的功能。

（5）须后水　抑制剃须后所造成的刺激，使脸部产生清凉的感觉。

（6）痱子水　去除痱子，并赋予清凉舒适的感觉。

一、化妆水的基本原料

如前所述，化妆水的基本功能是保湿、柔软、清洁、杀菌、消毒、收敛等，所用原料大多与功能有关，因此不同使用目的的化妆水，其所用原料和用量也有差异。一般使用的原料性能及选用原则如下所述。

1. 溶剂

化妆水是水剂型的产品，水当然是主要的溶剂，其主要作用是溶解、稀释其他原料，补充皮肤水分。但是作为润肤原料的物质，如油脂等一般都不溶于水，加入水中会出现浑浊和分层现象。所以除了水，一定要有其他有机溶剂帮助溶解，而且这种溶剂应该具有油、水两溶性，以便得到均相产品。乙醇就是化妆水里使用的主要有机溶剂，而且用量较大。其主要作用是溶解其他水不溶性成分，且具有杀菌、消毒功能，赋予制品用于皮肤后清凉的感觉。另外异丙醇也可用作上述目的。

化妆水一般是完全透明的产品，里面的任何瑕疵都无法隐藏，而且溶剂的用量很大，所以对溶剂质量要求很高。特别不能有钙镁离子，否则日久将产生絮状沉淀物，所使用的水应是去离子水，所使用的乙醇应不含低沸点的乙醛、丙醛及较高沸点的戊醇、杂醇油等杂质。

2. 保湿剂

保湿剂的主要作用是保持皮肤角质层适宜的水分含量，降低化妆水的冻点，改善制品的使用感，同时也是溶解油性原料的溶剂。常用的保湿剂有甘油、丙二醇、1,3-丁二醇、聚乙二醇、山梨醇、氨基酸类、吡咯烷酮羧酸盐及乳酸盐等。

3. 润肤剂和柔软剂

润肤剂的主要作用是补充皮肤表面过度流失的油脂，滋润干燥的皮肤，防止出现粗糙开裂。蓖麻油、橄榄油、高级脂肪酸等不仅是良好的皮肤滋润剂，而且还具有一定的保湿和改善使用感的作用。另外，氢氧化钾、三乙醇胺、碳酸钾等碱剂，具有软化角质层的作用以及调整化妆水的 pH 值等。

4. 增溶剂（表面活性剂）

尽管几乎所有的化妆水里都含有酒精，但含量一般均在 30%以下，非水溶性的香料、油类、药物等不能很好地溶解，影响制品的外观和性能，因此需要使用其他增溶剂解决。表面活性剂就是最合适的增溶剂。利用表面活性剂在水中形成胶团的特性和对溶质的增溶作用，不仅可以更多地在化妆水中添加油性物质，提高产品的滋润作用，而且能利用少量的香料发挥良好的赋香效果，并保持制品的清晰透明。作为增溶剂，一般使用的是亲水性强的非离子表面活性剂，如聚氧乙烯油醇醚、聚氧乙烯失水山梨醇脂肪酸酯、聚氧乙烯氢化蓖麻油等，同时这些表面活性剂还具有洗净作用。在化妆水配方中应避免选用脱脂力强、刺激性大的表面活性剂。

5. 药剂

应用于化妆水的药剂主要有收敛剂、杀菌剂、营养剂等。

(1) 收敛剂　收敛剂对皮肤蛋白质有轻微的凝固作用，并能抑制皮脂和汗液的过度分泌。常用的收敛剂有金属盐类如苯酚磺酸锌、硫酸锌、氯化锌、明矾、氯化铝、硫酸铝、苯酚磺酸铝等；有机酸类如苯甲酸、乳酸、单宁酸、柠檬酸、酒石酸、琥珀酸、醋酸等；无机酸中常用的有硼酸等。其中铝盐的收敛作用最强，锌盐的收敛作用较铝盐温和；酸类中苯甲酸和硼酸的使用很普遍，而乳酸和醋酸则采用得较少。

(2) 杀菌剂　化妆水一般要求具备杀灭细菌和螨虫的功效，防止皮肤感染，避免产生粉刺和暗疮。化妆水里的乙醇有杀菌作用，但其用量远远达不到 75%的最佳杀菌浓度，故还需要增加其他专门的杀菌剂。常用的杀菌剂是季铵盐类阳离子型表面活性剂，如十六烷基三甲基溴化铵、十二烷基二甲基苄基氯化铵等，与聚氧乙烯类非离子型表面活性剂一起使用没有冲突。另外，水是最容易滋生微生物的地方，含有营养物质的化妆水更容易感染霉菌，存放时间长就会腐败变质。季铵盐类阳离子型表面活性剂同时也是非常好的防霉剂，可以保障化妆水自身不产生霉变，保证产品质量。此外，加入硼酸以及乳酸、水杨酸等小分子有机酸也都具有杀菌作用。

(3) 营养剂 如维生素类、氨基酸衍生物、生物制剂等。如有报道称日本一家公司的研究人员发现，用赤霉素和蛋白分解酶配制的化妆水对医治因黑素细胞功能亢进而引起的黑斑(或雀斑)病具有一定疗效。

6. 其他辅助原料

化妆水中除上述主要原料外，为赋予制品令人愉快舒适的香气，加香精是必不可少的；为赋予制品用后清凉的感觉，可以加入薄荷脑；为防止金属离子的催化氧化作用而形成不溶解的沉淀物，可加入金属离子螯合剂如EDTA等；为减少产品流动性、改善使用时的手感，可以加入一些增黏剂如天然胶或合成水溶性高分子化合物等；为赋予制品艳丽的外观可加入色素；为防止制品退色或赋予制品防晒功能可加入紫外线吸收剂等。

二、化妆水的类型及配方

化妆水的类型包括柔软性化妆水、收敛性化妆水、洗净用化妆水、精华素、痱子水、须后水等。

1. 柔软性化妆水

柔软性化妆水是给皮肤角质层补充适度的水分及保湿、使皮肤柔软、保持皮肤光滑润湿的制品。因此，保湿效果和柔软效果是配方的关键。保湿剂是配方中不可缺少的成分。丙二醇、甘油是最平常的原料，讲究一点的也可加入聚乙二醇(PEG)、羟乙基纤维素等各种水溶性的高分子化合物，不仅具有好的保湿性能，提高制品的稳定性，并且能够改善产品的外观质感；但胶质溶液易受微生物污染，配方中应加入适当的防腐剂；金属离子会使胶质的黏度发生变化，除采用去离子水外，还可适量加入螯合剂。

柔软性化妆水当然要有皮肤柔软剂，最佳的水溶性柔软剂应该是果酸(AHA)。皮肤的变硬和老化是皮肤角质层增厚的结果，医学实验已经证明，果酸具有软化角质层的独特功效，高浓度的果酸甚至能够溶解角质层。果酸在水中溶解度非常大，最适合配制水剂产品。需要留意的是控制其使用量，急功近利者欲增大果酸的含量，换来的却是皮肤过敏。通过广泛的人群试验，果酸引起皮肤过敏的平均临界浓度约为10%左右。柔软性化妆水中果酸的用量建议控制在6%以下。其他的柔软剂的作用机理是将油分渗入皮肤角质层中，使其在油脂的长时间浸泡下慢慢软化。这类柔软剂主要是易溶解的高级脂肪醇及其酯类。

pH值对皮肤的柔软也有影响。人的皮肤正常pH值为微酸性，在偏酸环境中有利于抵抗细菌的入侵，保持皮肤健康。果酸对皮肤角质层的溶解力随酸度的提高而增强，在酸性条件下柔软效果比碱性条件下好；而油性柔软剂在弱碱性条件下对角质层的柔软效果好，适用于干性皮肤者及皮脂分泌较少的中老年人，还可于秋冬寒冷季节使用。因此，柔软性化妆水可制成接近皮肤pH值的弱酸性直至弱碱性，而较多倾向于调整至接近皮肤的pH值。

柔软性化妆水配方举例见表7-1所列。

表7-1 柔软性化妆水配方

原料成分	质量分数/%			原料成分	质量分数/%		
	配方1	配方2	配方3		配方1	配方2	配方3
甘油	3.0	5.0	9.0	EDTA二钠			0.1
丙二醇	4.0	4.0	3.0	酒精	15.0	10.0	20.0
油醇	0.1	0.1	0.5	赤霉素		0.5	
缩水二丙二醇	4.0			菠萝蛋白酶		0.3	
AHA			4.0	香精	0.1	0.1	0.2
吐温-20	1.5	1.5		色素、防腐剂、紫外线吸收剂	适量	适量	适量
聚氧乙烯(20)月桂醇醚	0.5		2.5	去离子水	加至100.0		

配制要点：将丙二醇、甘油、缩水二丙二醇、紫外线吸收剂、赤霉素、蛋白酶、AHA、EDTA 二钠等加入去离子水中，室温溶解；另把香精、防腐剂、油醇、表面活性剂等溶解于酒精中；再将酒精溶液加入水溶液中，搅拌均匀；调色、调整 pH 值，过滤后即可灌装。

2. 收敛性化妆水

收敛性化妆水主要是作用于皮肤上的毛孔和汗孔，对过多的脂质及汗液的分泌具有抑制作用，防止粉刺形成；而对皮肤蛋白质有轻微的凝固作用，使皮肤的张力增大，从而起到防皱效果。从作用特征看，收敛性化妆水适用于油性皮肤者，也可作夏季化妆使用。

收敛性化妆水的配方由溶剂、收敛剂、保湿剂、增溶剂和香精等组成，其配方的关键是收敛剂的选择使用。锌盐等较强烈的收敛剂可用于需要较好收敛效果的配方中；而在收敛效果要求不高的配方中，应选用其他较温和的收敛剂。

收敛剂的作用，从化学特性上看，是由酸及具有凝固蛋白质作用的物质发挥的；从物理因素而言，冷水及乙醇的蒸发导致皮肤暂时降温，也有一定的收敛作用。因此，收敛性化妆水配方中乙醇用量较大，pH 值大多呈弱酸性。

收敛性化妆水配方举例见表 7-2 所列。

表 7-2 收敛性化妆水配方

原料成分	质量分数/%			原料成分	质量分数/%		
	配方 1	配方 2	配方 3		配方 1	配方 2	配方 3
硼酸	4.0		2.5	聚乙二醇		5.0	2.0
丹宁酸		0.1		吐温-20	3.0		3.0
苯酚磺酸锌	1.0	1.0	1.0	聚氧乙烯(15)油醇醚		2.0	
柠檬酸			0.3	EDTA 二钠			0.1
薄荷脑			0.1	香精	0.5	0.4	0.2
酒精	13.5	10.0	15.0	防腐剂、色素	适量	适量	适量
甘油	10.0	3.0	10.0	去离子水	加至 100.0		

配制要点：先将收敛剂、保湿剂、螯合剂等水溶性组分溶于去离子水中；另把增溶剂、香精、薄荷脑等水不溶性组分溶解于乙醇中；再将酒精溶液加入水溶液中，充分混合均匀，用色素调色，调整 pH 值呈弱酸性。经过滤后即可灌装。

3. 洗净用化妆水

洗净用化妆水是以清洁皮肤为目的的化妆用品，不仅具有洗净作用，而且还具有柔软保湿之功效。大多数化妆水由于含有酒精、多元醇及增溶剂等，均具有一定程度的洗净作用。但在某些场合，如淡妆卸妆等，因色彩化妆品类对皮肤的紧贴性好而难以卸除，必须采用洗净专用的化妆水。洗净用化妆水从配方组成上看与柔软性化妆水基本相当，只是在配方中酒精和表面活性剂的用量较多，制品的 pH 值大多呈中性至弱碱性。表面活性剂一般选用温和的非离子型及两性型、高分子类等，这些物质即使残留在皮肤上也不会对皮肤造成损伤。

洗净用化妆水配方举例见表 7-3 所列。

表 7-3 洗净用化妆水配方

原料成分	质量分数/%			原料成分	质量分数/%		
	配方 1	配方 2	配方 3		配方 1	配方 2	配方 3
甘油	2.0		10.0	聚氧乙烯(20)失水山梨醇单油酸酯	2.0		
丙二醇	6.0	8.0		氢氧化钾		0.05	
聚乙二醇(1500)		5.0	2.0	酒精	15.0	20.0	20.0
一缩二丙二醇	2.0			香精	0.1	0.2	0.5
羟乙基纤维素		0.1		色素、防腐剂	适量	适量	适量
聚氧乙烯聚丙二醇	1.0			去离子水	加至 100.0		
聚氧乙烯(15)油醇醚		1.0	2.0				

配制要点：先将保湿剂、增稠剂、氢氧化钾等加入去离子水中，室温下溶解；另将增溶剂、防腐剂、香精加入乙醇中，室温下溶解；再将乙醇溶液加入水溶液中，搅拌使其混合均匀，过滤后即可灌装。

4. 精华素营养水

精华素是近年来出现的一个化妆品新剂型，是指将具有修护皮肤功能的精华物质溶于水中制成的黏稠透明液状化妆品。精华液的种类主要有：给皮肤提供营养的抗皱精华素；对皮肤有滋润和活化作用的活肤精华素；具有杀菌、祛痘防粉刺的除痘消炎精华素等。精华素的组成与上面介绍的化妆水大体相同，由保湿剂、营养剂、润肤剂、增稠剂、表面活性剂（增溶剂）以及香精、防腐剂等组成。最大的差别在于营养剂。精华素所使用的营养剂多数是从天然物中提取的、具有生理活性的物质，还有人工合成的化学药剂，如具有活肤、抗皱和滋润作用的胎盘提取液、人参提取液、透明质酸等；具有消炎和修复作用的甘草提取液、尿囊素、维甲酸甲酯、水杨酸甲酯等。

另外，精华素所用的增稠剂一般为羟乙基纤维素，这种物质的水溶液具有很润滑的感觉。精华物质、润肤剂和香精的水溶性不好，照例要使用表面活性剂和乙醇来增溶。由于有大量生理活性物质，对表面活性剂的安全性要求更高，只能使用非离子表面活性剂，而且几乎都是水溶性良好的吐温系列。精华素营养水配方举例见表 7-4 所列。

表 7-4 精华素营养水配方

原料成分	质量分数/%		原料成分	质量分数/%	
	配方 1	配方 2		配方 1	配方 2
维生素 E	0.1		羟乙基纤维素	0.5	0.5
人参提取液	6.0		吐温-60	2.0	
胎盘提取液	4.0		吐温-20		2.0
透明质酸	0.1		尿囊素		0.3
甘草提取液		5.0	EDTA 二钠	0.1	0.1
维甲酸甲酯		0.05	杰马-Ⅱ		0.1
水杨酸甲酯		0.2	香精	0.2	0.2
甘油	8.0	3.0	卡松	0.1	
95%乙醇	10.0	20.0	去离子水	加至 100.0	加至 100.0

配方 1 是抗皱滋润精华素，配方 2 是除痘消炎精华素。配制要点：将羟乙基纤维素（HEC）浸泡在冷水里数小时，待溶胀以后加热至 85℃，搅拌溶解成为透明溶液，冷却至 40℃以下加入甘油、人参提取液、胎盘提取液、透明质酸、甘草提取液、尿囊素、EDTA

二钠和防腐剂（杰马-Ⅱ和卡松）；另外将维生素E、维甲酸甲酯、水杨酸甲酯、吐温-20、吐温-60、香精溶解于乙醇里；再将乙醇溶液加入到以上水溶液中，搅拌混合均匀，静止存放3天进行陈化，过滤后灌装。

5. 须后水

须后水为男士刮须后使用的化妆水。其中含有收敛剂、清凉剂和杀菌剂等，涂搽在刮剃后的皮肤上，可以起到滋润、清凉、杀菌、消毒等作用，用以消除剃须后面部绷紧及不舒服之感，防止细菌感染，同时散发出令人愉快舒适的香味。近年来部分年青女性也需要经常剃去手脚上的体毛，致使须后水已经不再是男性的专用品了。

在剃须过程中一般都有使用肥皂或者其他碱性的发泡剂作为润滑剂，剃须之后脸上必然残留有碱性物质。碱性物质是比较难用清水彻底冲洗干净的物质，因此在自然状况下剃须后的皮肤需较长时间才能恢复正常的偏酸性的pH值。所以，须后水配方中必须加入少量的硼酸、乳酸、安息香酸等用以中和碱性，使皮肤很快恢复正常pH值。

剃须过程中毛孔受到力的作用而张开，皮肤会松弛，容易被微生物侵入。须后水配方中应该少量加入收敛剂以收缩毛孔，但应选择刺激性较小的收敛剂。具有二价金属离子的锌盐的收敛作用较三价金属离子的铝盐温和，酸类中苯甲酸和硼酸的使用很普遍，适合须后水使用。

适当的酒精用量能产生缓和的收敛作用及提神的凉爽感觉。酒精用量通常在40%～60%之间，加入量过大则刺激性较大，太少则香精等不能溶解而产生浑浊现象。近代则加入增溶剂如聚氧乙烯（15）月桂醇醚、吐温-20等加以克服，减少酒精用量。

剃须时如果用力过猛或者剃须工具不够锋利，剃须后皮肤会有疼痛感，须后水配方最好考虑这种情况，加入微量表面皮肤麻醉剂，如对氨基苯甲酸乙酯等，减少刺痛感，提供舒适的感觉。不过应注意限制用量，否则会使嘴唇麻木。另一个办法是加入少量薄荷脑，用凉爽感觉减轻刺痛感。

剃须后皮肤上的油脂被肥皂和其他发泡剂带走了，皮肤显得干燥，为了保持皮肤油水平衡，配方中可适量加入保湿剂和润肤剂。所用材料以保水保油为主，一般不用其他营养物质，而且用量较前面几种化妆水为少。

须后水一定要有杀菌作用，防止细菌乘机侵入张开的毛孔和受损的表皮，预防剃须后皮肤出血引起发炎。常用的杀菌剂是季铵盐类阳离子表面活性剂，如十六烷基三甲基溴化铵、十二烷基二甲基苄基氯化铵等，其用量通常为0.1%以下。使用季铵盐类阳离子表面活性剂做杀菌剂时，配方中的增溶剂最好不要使用阴离子表面活性剂，防止因相互作用而失去杀菌功效。

专门给男性使用的须后水，香精一般采用馥奇香型、薰衣草香、古龙香型。而给女士使用的剃毛后修护水，香精的选择则比较广泛。须后水配方举例见表7-5所列。

表7-5 须后水配方

原料成分	质量分数/%			原料成分	质量分数/%		
	配方1	配方2	配方3		配方1	配方2	配方3
酒精	44.0	24.0	50.0	聚氧乙烯(20)硬化蓖麻油	0.4		
丙二醇		2.0		吐温-20		2.0	
一缩二丙二醇	0.8			薄荷脑		0.2	0.1
山梨醇			2.5	杀菌剂	0.1	0.1	0.1
对氨基苯甲酸乙酯		0.2		色素、紫外线吸收剂	适量	适量	适量
苯酚磺酸锌	0.16			香精	0.5	0.5	0.5
硼酸			2.0	去离子水	加至100.0		

配制要点：将保湿剂、收敛剂、紫外线吸收剂溶解于水中；另将除色素外的其他成分溶解于酒精中；然后将两者混合均匀，调色、过滤后即可灌装。

6. 痱子水

痱子水是用于治疗皮肤表面痱子的化妆水。痱子是一种最常见的轻微的皮肤病，多见于夏季或有高温高湿的环境中，由于外界气温增高且湿度大时，身上分泌的汗液不能畅快地从汗腺口排泄出来而发生的小水疱或血疱疹。由此会引起搔痒、刺痛、甚至发热，有时皮肤被挠破而受细菌感染，引起皮炎或毛囊炎等。因此痱子水中必须含有杀菌、消毒、止痒祛痛及消炎等药物，可以使用硼酸、水杨酸、柠檬酸等酸性物质止痒祛痛及消炎，一些中草药如甘草提取液、野菊花提取液等具有同样的功效。使用季铵盐类阳离子表面活性剂杀菌、消毒，同时加入高达70%～75%的乙醇帮助消毒。配方中如果加入适量薄荷脑或樟脑等，可以赋予制品用后清凉舒适之感。在一些含有固体成分（悬浊液）的配方里，可以使用硫黄和氧化锌粉末做杀菌剂。一些油溶性的止痒消炎成分有时候也被采用，如水杨酸甲酯等。

痱子水配方里由于使用大量乙醇，同时不溶物数量有限，所以不一定要使用表面活性剂增溶。但是考虑到痱子水通常的使用对象是儿童居多，治疗药物的量要适当控制，乙醇浓度高了有刺激，所以最好还是适量使用表面活性剂增溶，以减少乙醇的用量。

痱子水配方举例见表7-6所列。

表7-6　痱子水配方

原料成分	质量分数/%		原料成分	质量分数/%	
	配方1	配方2		配方1	配方2
薄荷脑	0.5	0.5	尿囊素	0.1	0.1
甘草提取液	10.0		水杨酸甲酯	0.2	
野菊花提取液	10.0		EDTA二钠	0.1	0.1
甘油	5.0		95%乙醇	35.0	70.0
吐温-20	2.0		十二烷基二甲基苄基氯化铵		0.1
硼酸		2.0	DP-300	0.2	
水杨酸		2.0	香精	0.2	0.2
乙二醇		5.0	去离子水	加至100.0	加至100.0

配方1乙醇用量较少，主要靠表面活性剂吐温-20增溶，刺激性小，适合成人和儿童使用。配方中消炎止痒主要采用中草药剂。DP-300是汽巴公司生产、目前普遍使用的复合杀菌剂和防霉剂。产品是透明水溶液。配制方法：将乙醇和吐温-20放入溶解锅中，加入薄荷脑、水杨酸甲酯和香精等水不溶解物先行溶解，再将其余原料按配方比例加入水中搅拌溶解。最后将两者充分混合均匀成为透明溶液。静置3天，确定没有变浑浊后，过滤灌装。

配方2是乙醇溶液配方，不用增溶剂，适合成人使用。配制方法：将乙醇放入溶解锅中，将薄荷脑、水杨酸和香精等水不溶解物先行溶解，再将其余原料按配方比例加入，搅拌溶解。最后加水稀释并充分混合。静置3天，确定没有变浑浊后，过滤灌装。

三、化妆水的生产工艺

化妆水的生产最好在不锈钢设备内进行。由于化妆水的黏度低，较易混合，因此各种形式的搅拌桨均可采用。另外某些种类的化妆水酒精含量较高，应采取防火防爆措施。

化妆水的生产工艺如图7-1所示，其生产过程包括溶解、混合、调色、过滤及装瓶等。

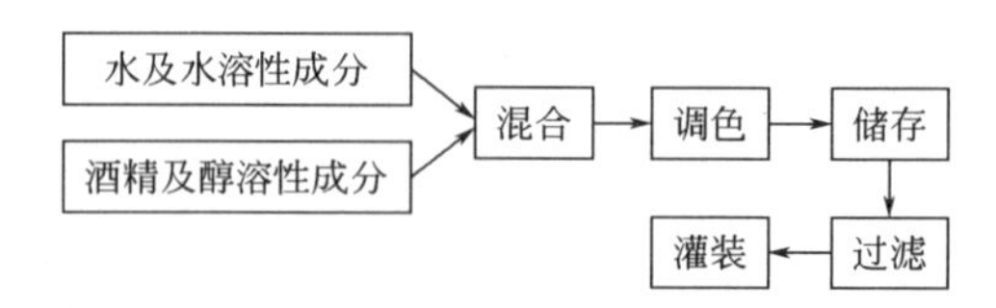

图 7-1 化妆水的生产工艺流程

在一个不锈钢设备中加入去离子水，再依次加入保湿剂、紫外线吸收剂、杀菌剂、收敛剂及其他水溶性成分，搅拌使其充分溶解；在另一不锈钢设备中加入酒精，再加入润肤剂、防腐剂、香料、增溶剂及其他水不溶性成分，搅拌使其溶解均匀；将酒精体系和水体系在室温下混合、搅拌均匀，然后加入色素调色，再经过滤除去杂质、不溶物等（必要时可经储存陈化后再行过滤），即得澄清透明的化妆水。过滤材料可用素陶、滤纸、滤筒等，滤渣过多则说明增溶和溶解过程不完全，应重新考虑配方及工艺。用不影响组成的助滤剂（如硅藻土、漂土、粉状石棉等），可完全除去不溶物。

上述过程中，香精（或香料）一般是加在酒精溶液中。若配方中酒精的含量较少，且加有一些增溶剂（表面活性剂）时，可将香料先加入增溶剂中混合均匀，在最后缓缓地加入制品中，不断地搅拌直至成为均匀透明的溶液，然后经过陈储和过滤后，即可灌装。

为了加速溶解，水溶液可略加热，但温度切勿太高，以免某些成分变色或变质。

关于储存陈化问题，不同的产品、不同的配方以及所用原料的性能不同，所需陈化时间的长短也不同，陈储期从 1 天到 2 周不等。总之，不溶性成分含量越多，陈储时间越长；否则陈储时间可短一些。但陈储对香味的匀和成熟、减少粗糙的气味是有利的。

第二节 香 水

香水类化妆品包括香水、古龙水和花露水，其主要作用是散发香气，它们只是香精的香型和用量、酒精的浓度等不同而已。按产品形态可分为溶剂类香水、气雾型香水、乳化香水和固体香水 4 种。

一、溶剂类香水

传统的香水都是溶剂型的产品，香精香料被溶解在乙醇和异丙醇中成为透明溶液。溶剂型香水外观美观、配制工艺简单、喷洒后挥发速度快因而香气容易散发出来，比较受消费者欢迎，一直是香水里的主流产品。由于大部分产品都采用酒精作为溶剂，所以也可以称之为酒精类香水。主要包括香水、花露水和古龙水 3 种。香精溶解于酒精即为香水。香水具有芳香浓郁持久的香气，主要作用是喷洒于衣襟、手帕及发饰等处，散发出悦人的香气，是重要的化妆用品之一。古龙水英文名叫 Cologne，是 1680 年在德国 Cologne 首先由意大利人生产的，1756～1763 年德法战争期间，法国士兵将其带回法国，起名为 Eau de Cologne（古龙水），一直沿用至今，它通常用于手帕、床单、毛巾、浴室、理发室等处，散发出令人清新愉快的香气，多为男士所用。花露水是一种用于沐浴后，祛除一些汗臭及在公共场所解除一些秽气的夏令卫生用品；且具有杀菌消毒作用；涂于蚊叮、虫咬之处有止痒消肿的功效；涂抹于患痱子的皮肤上，亦能止痒而有凉爽舒适之感。

1. 主要原料

酒精液香水的主要原料有香料或香精、酒精和水等。

(1) 香料或香精　香水的主要作用是散发出浓郁、持久、芬芳的香气，是香水类化妆品中含香精量最高的，一般为15%～25%。所用香料也较名贵，往往采用天然的植物净油如茉莉净油、玫瑰净油等，以及天然动物性香料如麝香、灵猫香、龙涎香等配制而成。

古龙水和花露水内香精含量较低，一般为2%～8%之间，香气不如香水浓郁。一般古龙水的香精中含有香柠檬油、柠檬油、薰衣草油、橙花油、迷迭香等。习惯上花露水的香精以清香的薰衣草油为主体。

香水类化妆品所用香精的香型是多种多样的，有单花香型、多花香型、非花香型等。大多数香水包括50～100种香成分，有的还会更多。香精的调配简称调香，就是将选定的香精按拟定的香型、香气，运用一定的调配技艺，调制出人们喜好的、和谐的、极富浪漫色彩和幻想的香精。调香不仅是一项技术，同时也是一门艺术。调香师要具有丰富的香料与香精知识、灵敏的辨香嗅觉、良好的艺术修养、丰富的想象能力及扎实的香精配备理论基础和合成工艺技术。

应用于香水的香精，当加入到介质中制成产品后，从香气性能上说，总的要求应是：头香、体香、基香要连贯，香气和谐、优雅、扩散性好，而且通过定香剂的作用能使香气长久保持原来香型及香气特征。香气要对人有吸引力，香感华丽，格调新颖，富有感情，能引起人们的好感与喜爱。

(2) 溶剂　酒精又名乙醇，是配制香水类产品的主要溶剂。所用酒精的浓度根据产品中香精用量的多少而不同。香水内香精含量较高，酒精的浓度就需要高一些，否则香精不易溶解，溶液就会产生浑浊现象，通常酒精的浓度为95%。古龙水和花露水内香精的含量较低一些，因此酒精的浓度亦可低一些，通常为75%～90%之间。

由于在香水类制品中大量使用酒精，因此，酒精质量的好坏对产品质量的影响很大。用于香水类制品的酒精应不含低沸点的乙醛、丙醛及较高沸点的戊醇、杂醇油等杂质。酒精的质量与生产酒精的原料有关：用葡萄为原料经发酵制得的酒精，质量最好，无杂味，但成本高，适合于制造高档香水；采用甜菜糖和谷物等经发酵制得的酒精，适合于制造中高档香水；而用山芋、土豆等经发酵制得的酒精中含有一定量的杂醇油，不能直接使用，必须经过加工精制，才能使用。

香水用酒精的处理方法是：在酒精中加入1%的氢氧化钠，煮沸回流数小时后，再经过一次或多次分馏，收集其气味较纯正的部分，用于配制中低档香水。如要配制高级香水，除按上述方法对酒精进行处理外，往往还在酒精内预先加入少量香料，经过较长时间的陈化(一般应放在地下室里陈化1个月左右）后再进行配制效果更好。所用香料有秘鲁香脂、吐鲁香脂和安息香树脂等，加入量为0.1%左右；赖百当浸膏、橡苔浸膏、鸢尾草净油、防风根油等加入量为0.05%左右。最高级的香水是采用加入天然动物性香料，经陈化处理而得的酒精来配制。

用于古龙水和花露水的酒精也需处理，但比香水用酒精的处理方法简单，常用的方法有以下几种。

① 酒精中加入0.01%～0.05%的高锰酸钾，充分搅拌，同时通入空气，待有棕色二氧化锰沉淀出现，静置一夜，然后过滤得无色澄清液。

② 每升酒精中加1～2滴30%浓度的过氧化氢，在25～30℃储存几天。

③ 在酒精中加入1%活性炭，经常搅拌，1周后过滤待用。

异丙醇也是经常使用的溶剂。与乙醇相比，异丙醇的刺激要小一点，气味小一些，沸点要高一些，挥发时间慢一些。有些在乙醇中溶解度小的香料在异丙醇中溶解度可能增加，所以以乙醇为主、配合部分异丙醇组成混合溶剂，比单纯用乙醇的溶解效果更好一些。

水作为溶剂在香水类化妆品里也占一定的位置。不同产品的含水量有所不同。香水因含香精较多，水分只能少量加入或不加，否则香精不易溶解，溶液会产生浑浊现象。古龙水和花露水中香精含量较低，可适量加入部分水代替酒精，降低成本。配制香水、古龙水和花露水的水质，要求采用新鲜蒸馏水或经灭菌处理的去离子水，不允许其中有微生物或铁、铜及其他金属离子存在。水中的微生物虽然会被加入的酒精杀灭而沉淀，但它会产生令人不愉快的气息而损害产品的香气；铁、铜等金属离子则对不饱和芳香物质会发生催化氧化作用，所以除进行上述处理外，还需加入柠檬酸钠或EDTA等螯合剂，防止金属离子的催化氧化作用，以稳定产品的色泽和香气。

(3) 其他　香料以油性成分为主，容易被空气氧化变味，一般需加入0.02%的抗氧化剂，如BHA、BHT等；为保证香料的完全溶解，最好还是加入一些表面活性剂以增溶，以聚氧乙烯类非离子表面活性剂为佳，比如吐温系列、AEO-9、聚氧乙烯（20）硬化蓖麻油等。

2. 配方及制法

(1) 配方举例

① 紫罗兰香型香水　见表7-7所列。

表 7-7　紫罗兰香型香水配方举例

原料成分	质量分数/%	原料成分	质量分数/%
紫罗兰花净油	14.0	檀香油	0.2
金合欢净油	0.5	龙涎香酊剂(3%)	3.0
玫瑰油	0.1	麝香酊剂(3%)	2.0
灵猫香净油	0.1	酒精(95%)	80.0
麝香酮	0.1		

② 东方香型香水　见表7-8所列。

表 7-8　东方香型香水配方举例

原料成分	质量分数/%	原料成分	质量分数/%
橡苔浸膏	6.0	对甲酚异丁醚	0.15
香根油	1.5	醋酸异戊酯	1.5
香柠檬油	4.5	洋茉莉醛	0.6
胡荽油	0.6	苯乙醇	6.0
黄樟油	0.3	酮麝香	0.45
异丁子香酚	0.45	二甲苯麝香	2.1
广藿香油	3.0	抗氧剂	0.1
檀香油	3.0	酒精(95%)	69.75

③ 茉莉香型香水　见表7-9所列。

表 7-9　茉莉香型香水配方举例

原料成分	质量分数/%	原料成分	质量分数/%
苯乙醇	0.9	乙酸苄酯	7.2
羟基香草醛	1.1	茉莉净油	2.0
香叶醇	0.4	松油醇	0.4
甲基戊基肉桂醛	8.0	酒精(95%)	80.0

④ 古龙水　见表 7-10 所列。

表 7-10　古龙水配方举例

原料成分	质量分数/%		原料成分	质量分数/%	
	配方 1	配方 2		配方 1	配方 2
香柠檬油	2.0	0.8	柠檬油		1.4
迷迭香油	0.5	0.6	乙酸乙酯	0.1	
薰衣草油	0.2		苯甲酸丁酯	0.2	
苦橙花油	0.2		甘油	1.0	0.4
甜橙油	0.2		酒精(95%)	75.0	80.0
橙花油		0.8	去离子水	20.6	16.0

⑤ 花露水　见表 7-11 所列。

表 7-11　花露水配方举例

原料成分	质量分数/%	原料成分	质量分数/%
橙花油	2.0	安息香	0.2
玫瑰香叶油	0.1	酒精(95%)	75.0
香柠檬油	1.0	去离子水	21.7

(2) 制备方法　溶剂类香水的制备方法非常简单，将香料溶解在溶剂中，再加入其他助剂搅拌均匀就可以了。不过要得到稳定不变的香水，还要对产品进行陈化和过滤处理。

二、气雾型香水

气雾型香水在使用的时候通过喷嘴呈雾状飞散在空气中，其香味浓度一般比同样浓度的溶剂类香水来得强，含有 1%香精的喷雾香水抵得上含有 3%～4%香精的溶剂类香水，所以气雾型香水在香水产品中占有很大的比例，比较受消费者的欢迎。

气雾型香水的配方就是在一般溶剂类香水的基础上加入推进剂制成。所使用的推进剂除了安全无毒、对皮肤无刺激性、不造成环境污染、不与配方里的其他成分发生化学作用等普通质量要求以外，一定要没有不愉快的气味，不能影响香水的香型。常用的推进剂是二甲醚。

气雾型香水的配方举例见表 7-12 所列。

表 7-12　气雾型香水的配方举例

原料成分	质量分数/%	原料成分	质量分数/%
玫瑰香精	6.5	香兰素	0.7
依兰油	2.2	BHT	0.05
豆蔻油	0.4	乙醇	72.0
康乃馨净油	0.5	去离子水	7.45
丁香酚	0.2	二甲醚	10.0

气雾型香水的生产需要使用耐压气雾罐、使用加压灌装机封装。喷雾剂二甲醚是在灌装的过程加入的。

三、乳化香水

溶剂型香水要使用大量的乙醇，由此也带来不少缺陷。溶剂本身带有自己的气味，尽管使用前做过脱臭处理，但总不可能做到完全没有气味。溶剂与香料的比例十分悬殊，即使留有少量气味也会对香料的气味造成影响，香型会有所改变，给产品的调香带来麻烦。香料成分非常复杂，并非每一个成分都能够完全溶解在乙醇之中，结果造成配制香水的时候某些香料的使用受到限制，调香不能完美。由于产品中乙醇含量极高，又不易加入对皮肤有滋润作用的物质，所以对皮肤的刺激性较高；且由于产品黏度低，对包装容器要求苛刻。

乳化香水使用比较少的溶剂，主要靠表面活性剂的作用将油溶性的香料通过乳化分数在水中形成乳液状产品。乳化香水在某种程度上克服了溶剂型香水的上述缺点，具有留香持久（配方中油蜡类物质有保香作用）、对皮肤有滋润作用、刺激小等特点。乳化香水的作用和用法与溶剂型香水一样，涂覆于耳后、肘弯、膝后等处，亦可涂覆在身体上和手上，用以散发香气。

1. 乳化香水的原料

乳化香水主要由香精、乳化剂和水组成。由于有水做载体，可以顺便添加其他物质以增加使用功能，例如加入多元醇可以滋润皮肤，加入杀菌剂可以保障健康。

（1）香精　通常香精的加入量为5%～10%。香精的用量应根据其香味浓淡和香水的类型而定，但总的来讲，用量应尽可能少一些，用量愈高，形成稳定乳化体就越困难。由于溶剂体系的改变，原来在有机溶剂里面非常稳定的香料在水中或许会发生某些变化，对这一点要特别加以留意。乳化香水所用香精应避免采用在水溶液中易变质的成分。芳香族的醇类及醚类在多数情况下是稳定的，可较多选用；而醛类、酮类和酯类在含有乳化剂的碱性水溶液中易分解，应尽量少用或不用。

（2）乳化剂　乳化香水的配制中很重要的一点就是形成稳定的乳化体。由于配方中含有较多的香精，并且必须采用形成乳化体后再加香的方式制造，对乳化体的稳定性带来考验。解决的关键是选择高效率的乳化剂。合适的乳化剂是阴离子型表面活性剂和非离子型表面活性剂，可以单独使用，也可以互相搭配使用。长碳链脂肪酸皂（如硬脂酸钾、硬脂酸钠、硬脂酸三乙醇胺等）和脂肪醇无机酸盐（如月桂醇硫酸钠等）经常被采用；单硬脂酸甘油酯、聚氧乙烯硬脂酸酯、失水山梨醇脂肪酸酯、聚氧乙烯失水山梨醇脂肪酸酯、聚乙二醇脂肪酸酯等使用的频率则更高。

（3）多元醇　也是乳化香水中的主要原料之一。它的作用一方面是保持乳化香水适宜的水分含量，防止水分过快蒸发而影响乳化体的稳定性；另一方面是降低乳化香水的冻点，防止在寒冷的天气结冰，使瓶子因膨胀而破裂；同时它又是香精的溶剂。通常采用的多元醇有甘油、丙二醇、山梨醇、聚乙二醇、乙氧基二甘醇醚等。

（4）其他　除了稳定性外，还要求乳化香水在使用时对皮肤没有油腻的感觉，也不留下油污，并应具有化妆品必要的光洁细致的组织。油蜡类物质的加入，不仅作为乳化体的油相，使制品在用后有滋润皮肤作用，而且可起到保香剂的作用，提高香气持久性。但不宜多加，否则油腻性过强。乳化香水有时也可加入一些色素以增进外观。香料的色泽对成品色泽的影响很大，可使乳化体自乳白色到奶黄色直至棕色，加入一些化妆品用的色素可极大改善乳化香水的外观。另外，配方中通常加入CMC等增稠剂以增加连续相的黏度，提高乳化体的稳定性。加入防腐剂防止微生物的生长，对乳化香水的稳定性也是有利的。乳化香水对水质的要求同溶剂类香水。

2. 配方实例及制备工艺

（1）液状乳化香水配方实例　见表7-13所列。

表 7-13 液状乳化香水配方实例

原料成分	质量分数/%	原料成分	质量分数/%
A:油相		三乙醇胺	1.2
硬脂酸	2.5	CMC(低黏度)	0.2
鲸蜡醇	0.3	尼泊金甲酯	0.1
单硬脂酸甘油酯	1.5	色素	适量
B:水相		去离子水	82.2
丙二醇	5.0	C:香精	7.0

(2) 半固体状乳化香水配方实例 见表 7-14 所列。

表 7-14 半固体状乳化香水配方实例

原料成分	质量分数/%	原料成分	质量分数/%
A:油相		丙二醇	6.0
蜂蜡	2.0	尼泊金甲酯	0.1
鲸蜡醇	8.0	色素	适量
脂蜡醇	4.5	去离子水	71.2
B:水相		C:香精	7.0
月桂醇硫酸钠	1.2		

(3) 乳化香水的制备工艺 乳化香水的外形是膏霜乳液，配制工艺与膏霜乳液大同小异。液状乳化香水的制作可参照奶液类化妆品的生产工艺，半固体状乳化香水的制作可参照膏霜类化妆品的生产工艺。通常先将 A（油相）在不锈钢夹层锅内加热熔化至 65℃（半固体型为 70℃），在另一搅拌锅中将 B（水相）加热至 65℃，搅拌溶解均匀。然后，在搅拌条件下将 A 倒入 B 中，继续搅拌待乳化完全后，搅拌冷却至 45℃时，再缓缓加入香精，搅拌使其分散均匀后，在夹层内通冷却水，快速冷却至室温，停止搅拌即可灌装。

某些香精在乳化后加香会使乳化体不稳定，易产生分离现象，可将香精加入油相一起进行乳化，但必须注意乳化温度应以不破坏香精的稳定为准。由于香精能渗透通过聚乙烯，故乳化香水不宜用聚乙烯瓶包装。

乳化香水配方最好经过 6 个月的稳定性试验，合格后方可投入正式生产。研究表明，乳化香水如能在 45℃烘 24h，再在 0℃冰箱中冰冻 24h，若其性质不变的话，那么在常温下的稳定性是比较可靠的。

四、固体香水

严格来说固体香水并不属于本章所论述的水剂类化妆品的范围。但是考虑到固体香水与液体香水配方和原材料有很多相似的地方，使用目的也相同，放在一起讨论比较方便。而且固体香水除了涂抹在人的身体上作为化妆品外，更多是作为环境清新剂使用，在房间、卫生间、汽车、公共场合等地方都可以派上用场，发展势头很好，所以专门增加了本小节的内容。

固体香水是将香料溶解在固化剂中，制成各种形状并固定在密封较好的特形容器中，携带和使用方便。其用途与其他香水相同。固体香水的香气不及液体香水来得幽雅，但在香气持久性方面，液状香水不及固体香水。

1. 固体香水的原料

固体香水主要由表面活性剂、增塑剂、溶剂、香精等原料组成。

(1) 表面活性剂（固化剂和分散剂） 固体香水与其他香水的显著区别是表面活性剂在配方中作为固化剂和分散剂使用。固化剂是香水的载体，代替普通香水里的溶剂。香水被吸附或者固化在合适的载体里，缓慢释放到空气中。此外，香料在固体载体中的分散受到的阻力比较大，均匀性无法跟液体相比，需要加入分散剂帮助分散。通常采用硬脂酸钠作固化剂。生产中可直接加入硬脂酸钠，也可在生产过程中以氢氧化钠中和硬脂酸而成。直接加入硬脂酸钠，可简化生产过程，但需要较长时间溶解。固体香水的硬度可通过调整硬脂酸钠的含量来实现，增加硬脂酸钠的用量可以生产出较硬的固体香水棒。若配方中硬脂酸钠含量少一些，硬脂酸中棕榈酸含量高一些和灌模时冷却速度慢一些，可以制得较透明的产品。

制作固体香水的其他固化剂有蜂蜡、小烛树蜡、松脂皂、二丙酮果糖硫酸钾、乙酸钠、乙基纤维素等。石蜡和凡士林是制造无水固体香水时所使用的油蜡类固化剂。

使用硬脂酸皂做固化剂的固体香水形态类似于雪花膏，使用蜂蜡做固化剂的固体香水形态类似于冷霜，两者可以直接涂抹于皮肤上，既可保持持久香气，又兼备护肤功能。

(2) 增塑剂 为了改善固体香水的可塑性，达到软硬适中的要求，防止固体香水干燥碎裂，避免在使用时涂覆在皮肤上的薄膜干燥太快而形成硬脂酸皂白粉层，在固体香水配方中还需加一些多元醇类如甘油、丙二醇、山梨醇、乙氧基二甘醇醚和聚乙二醇等作为增塑剂。同时多元醇还是固化剂的良好溶剂。适当采用一部分分子量比较大的脂肪酸酯，如异丙醇的棕榈酸酯和肉豆蔻酸酯，增塑和保湿效果会更好。

(3) 溶剂 水和乙醇是固体香水中普遍使用的溶剂。在固体香水中水的用量较少，一般不超过10%。水的主要作用是在生产过程中用来溶解氢氧化钠，以利其与硬脂酸中和生成硬脂酸钠。水量过多的弊病是产生硬脂酸钠和硬脂酸的微小结晶，形成白色斑点，影响外观；还有容易形成乳化体，改变固体香水的形态。

乙醇作为溶剂能够在产品制造过程中改善物料流动性，增加香料在载体中的溶解度，方便香料均匀分散；在使用过程中增加固体香水的挥发性，适合作为固体清新剂的用途。

此外，也有完全不含溶剂的固体香水制品。

(4) 香精 由于采用硬脂酸钠作固化剂，因此固体香水呈碱性，所以在选择香料时必须加以注意，即尽可能选用在碱性条件下稳定的香原料来调配香精。

2. 配方实例及制备工艺

(1) 固体香水配方1 见表7-15所列。

表7-15 固体香水配方1

原料成分	质量分数/%	原料成分	质量分数/%
A:油相		B:水相	
硬脂酸	6.0	氢氧化钠	0.8
棕榈酸异丙醇酯	3.0	去离子水	4.0
甘油	5.5	丙二醇	3.5
95%乙醇	67.0	色素	适量
香精	10.0		

① 配方说明 使用硬脂酸钠做固化剂和分散剂，而且让硬脂酸钠在生产过程中自溶液内部生成，混合均匀而且得到的产品光洁、致密、细腻，外观好，稳定性更好。适合涂抹在皮肤上使用和作为空气清新香座使用。与雪花膏不同的是，配方里游离脂肪酸的量约为配方中硬脂酸用量的10%以下，以硬脂酸钠为主，意在提高产品的硬度。配方里水的用量控制在4%，不会出现乳化现象。

② 制备工艺　将乙醇、硬脂酸、甘油等成分混合，加热至70℃，在快速搅拌条件下，将溶解在水中的氢氧化钠缓缓加入，形成半透明的液体。加入香精和色素搅拌均匀。趁物料可以流动的时候灌入模具，冷却成型后即可包装。

（2）固体香水配方2　见表7-16所列。

表7-16　固体香水配方2

原料成分	质量分数/%	原料成分	质量分数/%
硬脂酸钠	6.0	95%乙醇	54.0
甘油	5.0	香精	15.0
丙二醇	4.0	色素	适量
二甘醇单乙醚	3.0	去离子水	13.0

① 配方说明　本配方直接使用硬脂酸钠做固化剂和分散剂，分量更准确、配制工艺更加简单。与硬脂酸钠在配制过程中自溶液内部生成的方式比较，物料的混合均匀程度以及产品细腻度稍逊。本配方实际的乙醇浓度接近75%，符合消毒乙醇的标准，故适合涂抹在皮肤上使用，也可作为空气清新香座使用。与雪花膏不同的是，配方里游离脂肪酸的量为零，实际上是一种硬肥皂，以提高产品的硬度。润滑剂采用丙二醇、甘油和二甘醇单乙醚等三种不同沸点、不同黏度的多元醇，调整其比例可以适当调整产品的软硬度。配方里水的用量控制与普通肥皂产品差不多。

② 配制工艺　在安装有回流冷凝器的不锈钢锅内加入乙醇、水和硬脂酸钠，加热至70℃，搅拌溶解。再加入其余物料搅拌混合均匀，形成半透明的液体。适当降温，趁物料可以流动的时候（大约50～60℃）灌入模具，冷却成型后即可包装。

（3）固体香水配方3　见表7-17所列。

表7-17　固体香水配方3

原料成分	质量分数/%	原料成分	质量分数/%
石蜡	20.0	蜂蜡	4.0
凡士林	45.0	甘油	5.0
白矿油	5.0	香精	17.0
邻苯二甲酸二丁酯	3.0	色素	适量
单硬脂酸甘油酯	1.0	BHT	0.1

① 配方说明　这是不含乙醇的固体香水，其配方类同唇膏，只是香精用量远较唇膏多。石蜡、凡士林和白矿油组成了固体香水的载体，改变比例可以调整硬度。增塑剂邻苯二甲酸二丁酯是用来改善产品可塑性的，能够增加产品柔性和减少收缩。蜂蜡能提高产品的熔点而不明显影响硬度，而且它有很好的相容性，能帮助使各种成分互相融合，使产品容易从模型内取出。单硬脂酸甘油酯帮助各种物料混合均匀。甘油提高产品在皮肤上的滋润性和保水性。本配方挥发性很低，只适合涂抹在皮肤上使用，不能作为空气清新香座使用。另外，配方中几乎全部是油蜡成分，在皮肤上的透气性差一点。

② 配制工艺　将油、脂、蜡加入原料熔化锅，加热至85℃左右，如果配方中石蜡的熔点高或用量大，温度还要提高。物料熔化后保温搅拌20min，使油蜡均匀分散，同时杀灭细菌。适当降低温度（视熔点高低而定）后加入香精和甘油，缓慢搅拌均匀，避免混入空气。形成透明的液体后静止降温，趁物料可以流动的时候（大约50～60℃）灌入模具，冷却成型后即可包装。

五、香水的生产工艺

乳化香水、固体香水和气雾型香水的制造工艺具有特殊性，在上面各小节里已经结合配方实例做过介绍。这里主要是指酒精液香水、花露水和古龙水等溶剂类香水的通用生产工艺。溶剂类香水的配制，最好在不锈钢设备内进行。因酒精是易燃物质，所有装置都应采取防火防爆措施。溶剂类香水的生产过程包括生产前准备工作、配料混合、储存陈化、冷冻过滤、灌装等，其生产工艺流程如图 7-2 所示。

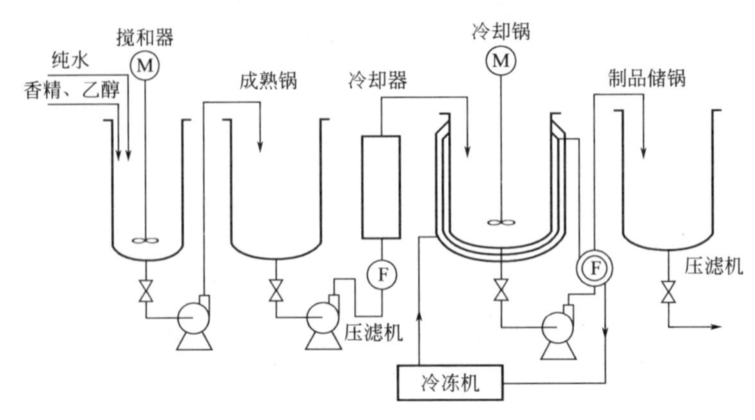

图 7-2 香水的生产工艺设备流程

1. 生产前准备工作

首先检查机器设备运转是否正常，管道、阀门等是否畅通；按当天生产数量，根据配方比例领取定量的各种所需原料，然后按规定操作程序过磅配料。

色基应事先按规定浓度，用去离子水配好溶解过滤，密封备用。以保证色基的稳定性，色基应放在玻璃瓶或不锈钢桶内，以防止金属离子混入而影响产品质量。

2. 配料混合

按规定配方以质量为单位进行配制，配制前必须严格检查所配制香水、古龙水或花露水与需要的香精名称是否相符。

先将酒精计量加入密闭的配料锅内，再加入香精、色素，搅拌（也可用压缩空气搅拌），最后加入去离子水（或蒸馏水），混合均匀。开动泵将配制好的香水（或花露水、古龙水）输送到陈化锅。

3. 储存陈化

储存陈化是调制酒精液香水的重要操作之一。陈化有两个作用：其一是使香味匀和成熟，减少粗糙的气味。因刚制成的香水香气未完全调和，香气比较粗糙，需要在低温下放置较长时间，使香气趋于和润芳馥，这段时间称为陈化期，或叫成熟期。其二是使容易沉淀的水不溶性物自溶液内离析出来，以便过滤。

香精的成分很复杂，由醇类、酯类、内酯类、醛类、酸类、酮类、肟类、胺类及其他香料组成，再加上酒精液香水大量采用酒精作为介质。它们之间在陈化过程中，可能发生某些化学反应，如酸和醇作用生成酯，而酯也可能分解生成酸和醇；醛和醇能生成缩醛和半缩醛；胺和醛或酮能生成席夫碱化合物；以及其他氧化、聚合等反应。一般总希望香精在酒精溶液中经过陈化后使一些粗糙的气味消失而变得和润芳馥。但若香精调配不当，也可能产生不理想的变化，这需要经过一定的时间，才能确定陈化的效果。

关于陈化需要的时间，有不同的说法。一般认为，香水至少要陈化 3 个月；古龙水和花露水陈化 2 周。也有的认为较长的成熟期更为有利，即香水 6～12 个月，古龙水和花露水 2～3 个月。具体的成熟期可视香料种类的不同以及各厂实际生产情况而定：如果古龙水的香精中含萜及不溶物较少，则可缩短成熟期；如果产销周期较长，则生产过程中的成熟期也可以短一些。

陈化是在有安全装置的密闭容器中进行的，容器上的安全管用以调节因热胀冷缩而引起的容器内压力的变化。关于陈化条件和效果的研究很多，据介绍，有采用在 38～40℃ 的较高温度下置密封容器中陈化数星期至 1 个月的；也有利用微波、超声波等在极短时间达到成熟效果的。但香水生产者一般还是采用低温自然陈化的方法。

4. 冷冻过滤

制造酒精液香水等液体状化妆品时，过滤是十分重要的一个环节。陈化期间，溶液内所含少量不溶物质会沉淀下来，可采用过滤的方法使溶液清澈透明。为了保证产品在低温时也不至出现浑浊，过滤前一般应经过冷冻使蜡质等析出以便滤除。冷冻可在固定的冷冻槽内进行，也可在冷冻管内进行。

为提高产品的质量（低温透明度），可采用多级过滤。首先经过滤机过滤除去陈化过程中沉淀下来的物质和其他杂质；然后再经冷却器冷却至 0～5℃，使蜡质等有机杂质析出，经过滤后输入半成品储锅。也可在冷却过滤后，恢复至室温，再经一次细孔布过滤，以确保产品在储存和使用过程中保持清晰透明。在半成品储锅中应补加因操作过程中挥发掉或损失的乙醇等，化验合格后即可灌装。

采用压滤机过滤，并加入硅藻土或碳酸镁等助滤剂以吸附沉淀微粒，否则这些胶态的沉淀物会阻塞滤布孔道，增加过滤困难，或穿过滤布，使滤液浑浊。助滤剂的用量应力求少，达到滤清要求为好，尽可能避免由于助滤剂过多，使一些香料被吸附而造成香气的损失。

5. 灌装及包装

装灌前必须对水质清晰度和瓶子清洁度进行检查。按品种产品的灌装标准（指高度）进行严格控制，不得灌得过高或过低。

目前的香水大都采用玻璃瓶包装。包装的形式较多，通常可分为普通包装和喷雾式（包括泵式和气压式）包装两种类型。一般认为气压香水的香气强度似乎较同样百分含量的普通香水来得强，如含有 1%香精的气压香水抵得上含有 3%～4%香精含量的普通包装酒精液香水，这主要是由于良好的雾化效果所致。但采用气压包装，必须注意香精与喷射剂的相容性，以免影响香水的香味。

气压香水也可制成泡沫的形态，香水的配方系采用雪花膏型的乳化体，而和雪花膏不同之处在于含有多量的香精。

第三节　水剂类化妆品的生产设备

香水、化妆水等水剂类化妆品所用的主要原料为乙醇（酒精）。乙醇的沸点 78.5℃，闪点 12.78℃。乙醇蒸气在空气中的爆炸极限浓度为 3.28%～18.95%。乙醇在空气中最高允许含量为 $3mg/m^3$。因此，水剂类化妆品生产车间及所用设备和操作等均有特殊要求，所用设备均需在密闭状态下操作，以免大量的乙醇挥发到空气中，对生产场地造成空气污染，增加不安全因素。为了确保空气中乙醇含量低于最高允许含量，生产车间必须有良好的自然通风。所用设备、照明和开关等都应采取防火防爆措施。由于铁等金属离子易和酒精溶液起反应，使产品变色和香味变坏，故最好采用不锈钢制的设备。

水剂类化妆品生产过程中所用的主要设备是混合设备和过滤设备，另外还有储存、冷冻、液体输送及灌装等辅助设备。

一、混合设备

使用混合设备的目的是使各物料充分溶解，形成透明均一的溶液。水剂类化妆品的黏度很低，所用原料大多易溶解，因此对混合设备的搅拌条件要求不高，各种形式的搅拌桨叶均可采用，一般以螺旋推进式搅拌较为有利。锅体为不锈钢制的密闭容器，电机和开关等电器设备均需有较好的防燃防爆措施。搅拌桨的转数一般为 300～360r/min，也可以用无级变速搅拌。

二、过滤设备

过滤效果直接影响产品的澄清度。工业上应用的过滤设备称为过滤机，过滤机的类型很多，板框式压滤机是应用较广泛的过滤机，具有立式和卧式两种。另外，还有叶片式压滤机、筒式精密过滤器。

板框式压滤机由许多顺序交替的滤板和滤框构成。滤板和滤框支撑在压滤机机座的两个平行的横梁上，可用压紧装置压紧或拉开，每块滤板与滤框之间夹有过滤介质（滤布或滤纸等）。压滤机的滤板表面周边平滑，在中间部分有沟槽，滤板的沟槽部和下部通道联通，通道的末端有旋塞用以排放滤液。滤板的上边缘有 3 个孔，中间孔通过悬浮液，旁边的孔通过清洗用的洗涤液。滤板上包有滤布，滤布上应开有孔，并要与滤板上的孔相吻合，如图 7-3 所示。

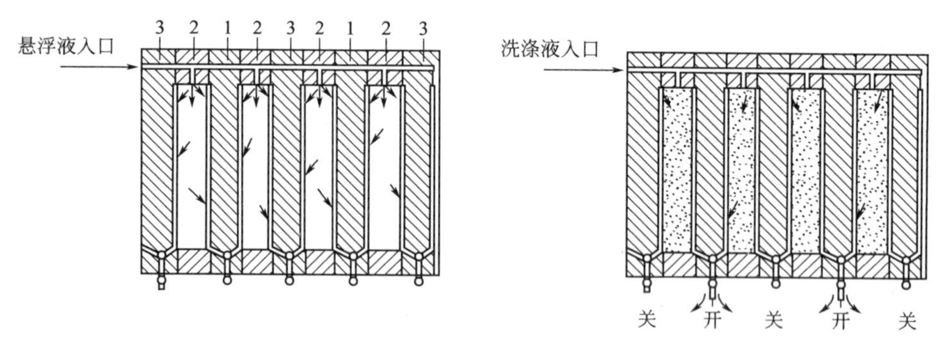

图 7-3 板框式压滤机

1—滤板；2—滤框；3—洗涤滤板

滤框位于两滤板之间，三者形成一个滤渣室，被滤布、滤纸等阻挡的固体粒子就沉积在滤框侧的滤布上。滤框上有同滤板相吻合的孔，当滤板与滤框装配在一起时，就形成输送液体的 3 条通道。

过滤过程是悬浮液滤浆在规定的压强下由泵送入过滤机，沿各滤框上的垂直通道进入滤框，滤液受压分别穿过两侧滤布再沿滤板的沟槽流出去，滤液由出口排出，固体则被截留于框内，当滤渣充满框后，则停止过滤。之后可打开压滤机取出滤渣，清洗滤布，整理滤板、滤框，以便进行下一次过滤。

板框式压滤机的优点是占地面积小、推动力大、易于检查过滤机的操作、没有运动部分、操作简单、使用可靠。缺点是滤板、滤框装拆用人工进行，劳动强度大；滤渣洗涤不彻底；由于经常拆卸和在压力下操作，滤布磨损严重；另外，板框式压滤机是间歇操作，效率较低。

板框式压滤机适用于含较黏的悬浮颗粒，温度在 100℃以上和过滤压力大于 0.1MPa 的情况。

三、液体灌装（充填）设备

1. 定量杯充填机

这是一种采用较广的设备，如图 7-4 所示。充填的工作过程：在充填器下面没有灌装瓶时，定量杯由于弹簧的作用而下降，浸没在储液相中，则定量杯内充满液体。当瓶子进入充填器下面后，瓶子向上升起，上升机构用凸轮或压缩汽缸均可，此时，瓶口被送进喇叭口内，压缩弹簧，使定量杯上升超出液面。这时杯内的液体通过容量调节到阀体的环形槽内，由于进液管的上下两段是隔开的，在下段管子上的小孔进入阀体的环形槽内，液体方可进入进液管的下段流入瓶内，液体内的空气则由喇叭口上的排气孔中逸出。

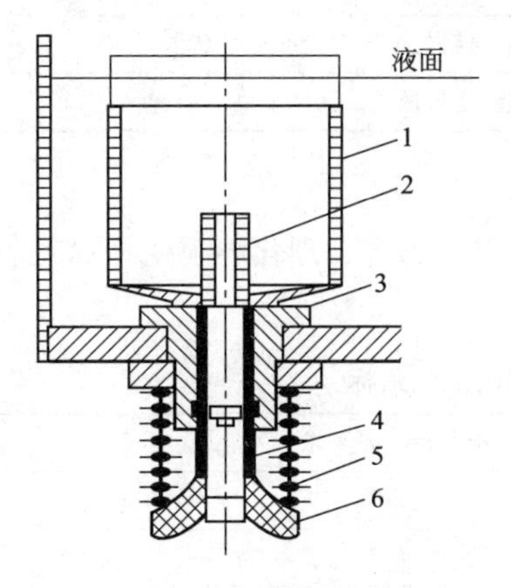

图 7-4　定量杯充填机

1—定量杯；2—调节器；3—刚体；4—进样管；5—弹簧；6—喇叭口

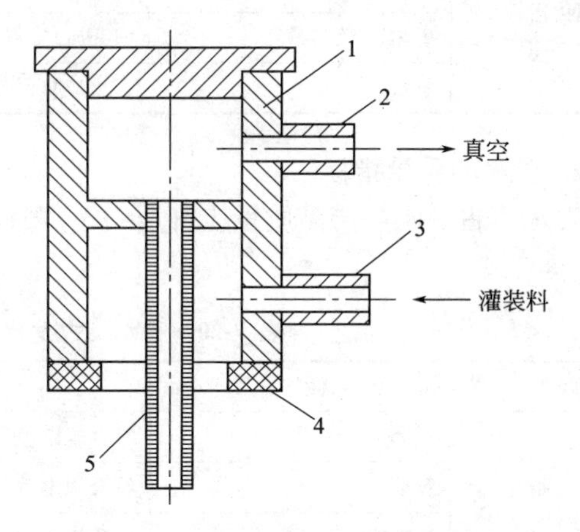

图 7-5　真空充填器

1—壳体；2—真空接管；3—液体进入管；4—密封填料；5—真空吸管

定量杯中的容量，是通过调节容量调节管的高低达到调节容量杯内流出液体的多少。

2. 真空充填器

真空充填器的结构比较简单，如图 7-5 所示。当瓶口与密封填料接触密封后，瓶内的空气通过真空吸管从真空接管内抽出，瓶内减压，液体在大气压力的作用下，通过液体进入管口进入瓶内。当瓶口的密封被破坏后，液体就自动停止流入瓶内。瓶内液面的高度，可由真空吸入管的长度调节控制。多余的液体可通过真空吸管流入中间容器内回收。

第四节　水剂类化妆品的质量控制

一、水剂类化妆品的质量指标

1. 化妆水的质量指标

化妆水类产品质量应符合 QB/T 2660—2004 要求，卫生指标见表 7-18 所列，感官、理化指标见表 7-19 所列。

表 7-18　化妆水的卫生指标

指标名称	指标要求	指标名称	指标要求
细菌总数/(CFU/g)	≤1000，儿童用产品≤500	甲醇/(mg/kg)	≤2000(不含乙醇、异丙醇的化妆水不需测甲醇)
粪大肠菌群	不得检出		
绿脓杆菌	不得检出	铅/(mg/kg)	≤40
金黄色葡萄球菌	不得检出	砷/(mg/kg)	≤10
霉菌和酵母菌总数/(CFU/g)	≤100	汞/(mg/kg)	≤1

表 7-19 化妆水的感官、理化指标

指标名称		指标要求
感官指标	香气	符合规定香型
	外观	均匀液体，不含杂质
理化指标	相对密度(20℃/20℃)	规定值±0.02
	pH	4.0～8.5(直测法)(α、β羟基酸类产品除外)
	耐热	(40±1)℃保持24h，恢复至室温后与试验前无明显性状差异
	耐寒	(5±1)℃保持24h，恢复至室温后与试验前无明显性状差异

2. 香水的质量指标

香水、古龙水类产品质量应符合 QB/T 1858—2004 要求，感官、理化、卫生指标见表7-20所列。

表 7-20 香水、古龙水的感官、理化、卫生指标

指标名称		指标要求
感官指标	色泽	符合规定色泽
	香气	符合规定香气
	清晰度	水质清晰，不应有明显杂质和黑点
理化指标	相对密度(20℃/20℃)	规定值±0.02
	浊度	5℃水质清晰，不浑浊
	色泽稳定性	(48±1)℃保持24h，维持原有色泽不变
卫生指标	甲醇/(mg/kg)	≤2000

3. 花露水的质量指标

花露水类产品质量应符合 QB/T 1858.1—2006 要求，感官、理化、卫生指标见表 7-21所列。

表 7-21 花露水的感官、理化、卫生指标

指标名称		指标要求
感官指标	色泽	符合规定色泽
	香气	符合规定香气
	清晰度	水质清晰，不应有明显杂质和黑点
理化指标	相对密度(20℃/20℃)	0.84～0.94
	浊度	10℃时水质清晰，不浑浊
	色泽稳定性	(48±1)℃保持24h，维持原有色泽不变
卫生指标	甲醇/(mg/kg)	≤2000
	铅/(mg/kg)	≤40
	砷/(mg/kg)	≤10
	汞/(mg/kg)	≤1

二、水剂类化妆品的质量问题及其控制方法

水剂类化妆品的主要质量问题是浑浊、变色、变味、干缩、刺激性等现象，有时在生产过

程中即可发觉，但有时需经过一段时间或不同条件下储存后才能发现，必须加以注意。

1. 浑浊和沉淀

水剂类化妆品通常为清晰透明的液体，即使在低温（5℃左右）也不应产生浑浊和沉淀现象。引起制品浑浊和沉淀的主要原因可归纳为如下两个方面。

（1）配方不合理或所用原料不合要求　主要考虑复配物溶解性。此类产品中酒精的用量较大，其主要作用是溶解香精或其他水不溶性成分，需考虑酒精/水的比例，比例不同，对物质溶解度也不同。如果酒精用量不足，或所用香料含蜡等不溶物过多，都有可能在生产、储存过程中产生浑浊和沉淀现象。根据加入原料特性，有时还需加入增溶剂（表面活性剂）。如加入水不溶性成分过多，增溶剂选择不当或用量不足，也会导致浑浊和沉淀现象发生。

控制方法：合理选择配方，生产中严格按配方配料，对原料严格要求。

（2）生产工艺和生产设备的影响　为除去制品中的不溶性成分，生产中采用静置陈化和冷冻过滤等措施。如静置陈化时间不够，冷冻的温度偏低，过滤温度偏高或压滤机失效等，都会使部分不溶解的沉淀物不能析出，在储存过程中产生浑浊和沉淀现象。

控制方法：应适当延长静置陈化时间；检查冷冻温度和过滤温度是否控制在规定温度下；检查压滤机滤布或滤纸是否平整、有无破损等。

2. 变色和变味

（1）酒精质量不好　由于在水剂类化妆品中大量使用酒精，因此，酒精质量的好坏直接影响产品的质量。

控制方法：所用酒精应经过适当的加工处理，以除去杂醇油和醛类等杂质。

（2）水质处理不好　水剂类化妆品除加入酒精外，为降低成本，还加有部分水。水中铜、铁等金属离子对不饱和芳香物质会发生催化氧化作用，导致产品变色、变味；微生物虽会被酒精杀灭而沉淀，但会产生令人不愉快的气味而损害制品的气味。

控制方法：应严格控制水质，避免上述不良现象的发生。要求采用新鲜蒸馏水或经灭菌处理的去离子水，不允许有微生物或铜、铁等金属离子存在。

（3）空气、热或光的作用　水剂类化妆品中含有易变色的原料如葵子麝香、洋茉莉醛、醛类、酚类等，在空气、光和热的作用下会使色泽变深，甚至变味。

控制方法：在配方时应注意原料的选用或添加防腐剂、抗氧剂以及紫外线吸收剂；应注意包装容器，避免产品与空气接触；配制好的产品应存放在阴凉处，尽量避免光线的照射。

（4）碱的作用　控制方法：水剂类化妆品的包装容器要求中性，不可有游离碱，否则会使香料中的醛类等起聚合作用而造成离析或浑浊，致使产品变色、变味。

3. 刺激皮肤

主要原因：发生变色、变味现象时，必然导致制品刺激性增大。另外，香精中含有某些刺激性成分较高的香料或这些有刺激性成分的香料用量太多，又或者原料不纯，含有某些对皮肤有害的物质，经长期使用，会与皮肤产生各种不良反应。

控制方法：应注意选用刺激性低的香料和选用纯净的原料，加强质量检验。对新原料的选用更要慎重，要事先做各种安全性试验。

4. 严重干缩甚至香精析出

主要原因：由于瓶口不平整或瓶口、瓶盖螺丝不够紧，包装容器密封不严，经过一定时间的储存，就有可能发生因酒精挥发而严重干缩甚至香精析出分离的现象，特别是香水、古龙水、花露水等。

控制方法：应加强管理，严格检测瓶、盖以及内衬密封垫的密封程度。包装时要盖紧瓶盖。

实训项目4 化妆水的生产

一、认识化妆水的实验室制备过程，明确学习任务

1. 学习目的

通过观察化妆水的生产过程，清楚本实训项目要完成的学习任务（即按照给定原料设计化妆水配方、制定化妆水制备的详细方案、制备出合格的化妆水产品）。

2. 要解决的问题

认识原料，完成下表。

原料名称	原料外观描述(颜色、气味、状态)
甘油	
丙二醇	
油醇	
羊毛脂	
聚氧乙烯(20)月桂醇醚	
吐温-20	
聚乙二醇	
羟乙基纤维素	
硼酸	
水杨酸	
苯酚磺酸锌	
明矾	
酒精	
氢氧化钾	
$EDTA-Na_2$	
香精	
尼泊金甲酯	
去离子水	

二、分析学习任务，收集信息，解决疑问

1. 学习目的

通过查找文献信息，认识化妆水的配方组成、常用原料、生产方法、步骤、工艺条件等。

2. 要解决的问题

(1) 化妆水包括哪些类型？它们的配方组成和应用性能有何区别？

(2) 化妆水中用什么物质作溶剂？简述其性质和质量要求。

(3) 保湿剂在化妆水配方中有何作用？常用哪些物质？

(4) 化妆水配方中为什么要加增溶剂？常用的增溶剂有哪些物质？

(5) 化妆水中常用什么物质作润肤剂和柔软剂？

(6) 说明化妆水的感官指标、理化指标和卫生指标。

(7) 说明化妆水常见的质量问题和控制方法。

(8) 根据现有原料各自设计化妆水的实验配方，填入下表（需说明各组配方的化妆水类型和性能，并详细了解配方所选原料的性质和特点）。

原料名称	质量分数/%	作　用

(9) 制定实验操作方案（可用文字、方框图、多媒体课件表示）。

(10) 核算每千克产品的原料成本：

序　号	原 料 组 分	单价/(元/kg)	用量/kg	总价
1				
2				
3				
4				
5				
6				
7				
8				
9				
10				
每千克产品的原料成本是：　　元				

三、确定生产化妆水的工作方案

1. 学习目的

通过实验结果调整化妆水的配方及制备步骤、工艺条件等，并制定出生产化妆水的工作方案。

2. 要解决的问题

(1) 认识实验设备及其操作注意事项。

(2) 按设计的实验配方进行实验，并做好实验记录（步骤、工艺条件等）。

(3) 评价实验产品：感官指标、理化指标。

(4) 在老师的指导下，根据实验结果调整配方及制备步骤、工艺条件，做好记录（建议把各小组的实验结果列表参考对比，必要时可重复实验和调整）。

(5) 在老师指导下，根据实验结果优化配方及操作方法，确定化妆水的生产配方并核算成本。

组　分	质量分数/%	成本/(元/kg)	组　分	质量分数/%	成本/(元/kg)
每千克产品的原料成本是：　　元					

(6) 在老师的指导下，按生产10kg（按本校设备生产能力下限而定）化妆水的任务，制定出详细的生产方案。

四、按既定方案生产化妆水

1. 学习目的

掌握化妆水的生产方法，验证方案的可行性。

2. 要解决的问题

(1) 按照既定方案，组长做好分工，要确保各组员清楚自己的工作任务（做什么，如何做，其目的和重要性是什么），同时要考虑紧急事故的处理。

操　作　步　骤	操　作　者	协　助　者

(2) 填写生产记录

① 生产任务书

产品名称		生产计划	kg
生产日期		实际产量	kg
质量状况		操作人员	

② 称料记录

序　号	原 料 名 称	理论质量/g	实际称料质量/g	领料人
1				
2				
3				
4				
5				
6				
7				
8				
9				
10				
合计				

③ 操作记录

序　号	操　作　条　件	操　作　内　容
1		
2		
3		
4		
5		
6		

五、产品质量评价及实训完成情况总结

1. 学习目的

通过对产品质量的对比评价，总结本组及个人完成工作任务的情况，明确收获与不足。

2. 要解决的问题

（1）产品质量评价

指　标　名　称		评价结果描述
感官指标	香气	
	外观	
理化指标	相对密度	
	pH	
	耐热	
	耐寒	

（2）实训工作完成情况评价

序　号	评　价　项　目	评价结果(或完成情况)
1	实训报告的填写情况	
2	独立完成的工作任务	
3	小组合作完成的任务	
4	教师指导下完成的任务	
5	是否达到了学习目标(特别是正确进行化妆水生产和检验产品质量的掌握情况)	
6	存在的问题及建议	
7	实训收获与不足之处	

小　结

1. 化妆水的基本原料包括溶剂、保湿剂、润肤剂和柔软剂、增溶剂、药剂等，还有其他辅助原料如防腐剂、香精、螯合剂等。

2. 化妆水的类型包括柔软性化妆水、收敛性化妆水、洗净用化妆水、精华素、痱子水、须后水等。柔软性化妆水的配方中不可缺少的成分是皮肤柔软剂和保湿剂；收敛性化妆水的配方关键是收敛剂的选择使用；洗净用化妆水的配方中酒精和表面活性剂的用量较多；精华素是指将具有修护皮肤功能的精华物质（营养剂）溶于水中制成的黏稠透明液状化妆品；须后水为男士刮须后使用的化妆水，其中含有收敛剂、清凉剂和杀菌剂等；痱子水是用于治疗皮肤表面痱子的化妆水，其中必须含有杀菌、消毒、止痒祛痛及消炎等药物。

3. 化妆水的生产最好在不锈钢设备内进行，其生产过程包括溶解、混合、调色、过滤及装瓶等。

4. 香水类化妆品按产品形态可分为溶剂类香水、气雾型香水、乳化香水和固体香水 4 种。溶剂型香水又称为酒精类香水，是香水里的主流产品，包括香水、古龙水和花露水 3 种类型，其主要原料是香料或香精、酒精和水，另外还需加入一些表面活性剂、抗氧化剂等；气雾型香水的配方就是在一般溶剂类香水的基础上加入推进剂制成，其香味浓度一般比同样浓度的溶剂类香水来得强；乳化香水是主要由香精、乳化剂和水制成的乳液状香产品，其外形和配制工艺都与膏霜乳液类似；固体香水是将香料溶解在固化剂中，制成各种形状并固定在密封较好的特形容器中，其用途与其他香水相同，而携带和使用更方便。固体香水主要由香精、表面活性剂(固化剂)、增塑剂、溶剂等原料组成。

5. 溶剂类香水的配制，最好在不锈钢设备内进行。因酒精是易燃物质，所有装置都应采取防火防爆措施。其生产过程包括生产前准备工作、配料混合、储存陈化、冷冻过滤、灌装等。

6. 水剂类化妆品生产过程中所用的主要设备是混合设备和过滤设备，另外还有储存、冷冻、液体输送及灌装等辅助设备。

7. 水剂类化妆品的主要质量问题是浑浊、变色、变味、干缩、刺激性等现象，必须注意加以控制。

思考题

1. 化妆水的基本原料有哪些？常用什么物质作收敛剂？

2. 化妆水主要有哪几类？它们的配方和功效各有何区别？
3. 香水用酒精应如何处理？
4. 酒精液香水和乳化香水在其应用功效及原料组成方面各有何区别？
5. 酒精液香水的生产过程包括哪些操作工序？为什么要进行陈化和过滤？
6. 水剂类化妆品生产的主要设备有哪些？
7. 水剂类化妆品常见质量问题有哪些？它们的成因是什么？应如何控制？

第八章　沐浴及洗发用品

学习目标及要求

1. 叙述沐浴用品及洗发用品的种类。
2. 叙述沐浴用品及洗发用品常用的原料和在配方中的作用。
3. 能初步对沐浴用品或洗发用品的配方进行分析。
4. 在教师的帮助下，查找各种相关信息资料，能制定出生产沐浴用品或洗发用品的工作计划，并能完成计划。
5. 能初步利用正交实验法筛选沐浴用品或洗发用品的配方。
6. 能叙述影响沐浴用品或洗发用品产品质量的工艺条件，并能在制定实训工作方案时运用这些知识。
7. 会根据配方及操作规程生产沐浴用品或洗发用品。
8. 能初步运用所学知识分析沐浴用品或洗发用品的质量问题。

第一节　沐浴用品

沐浴用品是一种用于清洁皮肤，并具有一定护肤作用的化妆品。目前市场上比较流行的沐浴用品主要有淋浴浴剂和泡沫浴剂。

一、淋浴浴剂

淋浴浴剂亦称沐浴露，是由多种表面活性剂为主体成分配制而成的液态洁身护肤品，沐浴露与液态香波有许多相似之处，外观为黏稠状液体，所不同的是沐浴露中要求添加对皮肤有滋润、保湿和清凉止痒作用的成分，更进一步可以添加美白、嫩肤和去角质成分使之成为功效性沐浴护肤用品。与传统的沐浴用品香皂对比，沐浴露具有使用方便、易清洗、抗硬水、泡沫丰富、用后皮肤润滑感好等特点。特别是沐浴露使用过程中不会产生像香皂那样的片状皂垢漂浮在水面上，感觉要好得多。所以，近年来沐浴露的产销量持续增长，成为沐浴用品的主流产品，一般家庭用的都是这类。

1. 沐浴露的组成

沐浴露的主要成分有表面活性剂、保湿剂、调理剂和营养添加剂；辅助成分常添加珠光剂、防腐剂、香精和色素等。

(1) 表面活性剂　沐浴露的主要功能是清洗干净黏附于人体皮肤上的过量油脂、污垢、汗渍和人体分泌物等，保持身体的清洁卫生，这种功能主要依靠表面活性剂来加以实现。因此在所有的沐浴露配方中都必须使用多种表面活性剂，构成沐浴露的主要成分。阴离子表面活性剂有着优良的起泡、去污作用，是沐浴露的主表面活性剂，如AES、AESA、K_{12}、$K_{12}A$、MES等。除起主要的起泡、去污作用的阴离子表面活性剂外，沐浴露中还用到辅助表面活性剂——两性离子表面活性剂和非离子表面活性剂，起增泡、稳泡和增稠作用，如BS-12、CAB、CHS、6501、氧化胺等。

(2) pH值调节剂　人体皮肤pH值约为4.5～6.5，所以，沐浴露的pH值最好调到弱酸性，与人体皮肤pH值相近。表面活性剂型沐浴液的pH值应调为5.5～7.0，而且在此

pH 值范围内能使甜菜碱和防腐剂发挥最佳功效，可用 pH 值调节剂（如柠檬酸等）调节 pH 值。但皂基型沐浴液的 pH 值较高，需 pH 值在 8.5 以上才能使皂基型沐浴液稳定。

（3）黏度调节剂　人们的使用习惯要求沐浴露具有一定的黏度，合适的黏度可以增加产品的稳定性，不容易分层。黏度调节剂主要有如下 3 类。

① 水溶性聚合物　如聚乙二醇（6000）、Carbopol 树脂、纤维素衍生物等。

② 有机增稠剂　如烷醇酰胺、甜菜碱型两性表面活性剂、氧化胺等。

③ 无机盐　如氯化钠、氯化铵和硫酸钠等。

（4）其他　表面活性剂（特别是阴离子表面活性剂）在清除皮肤污垢的同时也把皮脂除去了，容易造成皮肤表面干燥和粗糙，为了避免表面活性剂的过分脱脂造成的皮肤干燥，除了应加入温和型的表面活性剂之外，还应加入一定的润肤剂，有的沐浴液中还加入天然提取物、杀菌剂、抗氧剂等制成调理型沐浴露。

加入珠光片或珠光浆可配制珠光型沐浴露。另外，防腐剂、香精和色素也是沐浴露必要的组成部分。

2. 沐浴露配方举例

（1）乳液沐浴露配方示例　见表 8-1 所列。

表 8-1　乳液沐浴露配方示例

组　成	质量分数/%	组　成	质量分数/%
AESA(70%)	11	芦荟提取液	1
MES	5	乳化硅油	3
6501	3	水杨酸	0.1
CAB-35(35%)	9	香精、防腐剂	适量
杏仁油	2	去离子水	加至 100.0

配制要点：将杏仁油和 6501 混合为油相，加热到 75℃融化成液体，保温备用。其余的原料（香精、防腐剂除外）溶解在水里加热到 70℃，加入油相，搅拌混合，均质成稳定乳液。降温至 40℃加入香精、防腐剂，搅拌均匀。继续降温到室温。静置 24h 以上使产品消泡，罐装得成品。

（2）透明型沐浴露配方示例　见表 8-2 所列。

表 8-2　透明型沐浴露配方示例

组　成	质量分数/%	组　成	质量分数/%
AESA(70%)	13	海藻提取液	2
$K_{12}A$(70%)	4	硼酸	0.1
月桂基二甲基氧化胺	3	羟乙基纤维素	0.2
CAB-35	7	香精、防腐剂	适量
甘油	2	去离子水	加至 100.0
EDTA	0.1		

配制要点：将去离子水放入夹套加热桶内，加热升温到 70～80℃，$K_{12}A$、AESA 和羟乙基纤维素，搅拌至完全溶解成透明溶液。降温到 60℃，加入其他成分搅拌均匀。降到 40℃以下加香精搅匀。静置 24h 以上使产品稳定，过滤除去固体杂质，罐装得成品。

二、泡沫浴剂

泡沫浴剂是一种盆浴专用品，洗澡时放入浴盆或浴缸的热水中即产生丰富的泡沫，并具有宜人的香气，在国外特别是欧洲已相当普及，近年来，国内也有了这种制品。泡沫浴剂作为浴剂，其主要功能仍然是清洁、去污，与普通沐浴露没有太多的区别。虽然从理论上泡沫多少与去污力并没直接的联系，但是泡沫浴剂产生的大量泡沫不单只是为了增加沐浴的乐趣，更主要的是沐浴过程中，污垢、油脂被分散悬浮与水中后，被泡沫包围和吸附，容易随清水冲洗干净，不留痕迹。优良的泡沫浴剂应具备以下列功能：①泡沫丰富而稳定；②耐硬水；③泡沫在肥皂、油污存在下并不消失；④性质温和、不刺激皮肤和眼睛；⑤去污力良好；⑥洗后皮肤不干燥；⑦留香持久；⑧在浴盆上不留水垢痕迹。

泡沫浴剂有液体、固体和胶体等不同品种，其主要成分有：发泡剂、泡沫稳定剂、润肤剂、增稠剂、螯合剂、香料、色料和其他添加剂。其中用量最大的为表面活性剂，添加量一般在15%～35%之间，常用的有烷基硫酸盐、聚氧乙烯脂肪醇醚硫酸盐、α-烯基磺酸盐等。最常用的润肤剂是带支链的酯类、聚氧乙烯化天然油脂、羊毛脂和硅油等。

粉末泡沫浴剂配方示例见表 8-3 所列。

表 8-3　粉末泡沫浴配方示例

组　成	质量分数/%	组　成	质量分数/%
K_{12}	13	甘油	2
无水硫酸钠	72	羟乙基纤维素	3
6501	3	水杨酸	0.1
CAB-35(35%)	20	香精、防腐剂	适量

配制要点：将配方中的所有固体成分加在一起，移入搅拌桶里混合均匀。把所有液体成分混合搅拌均匀，在不断搅拌下慢慢喷洒到固体混合物当中吸收。得到的含水混合物用任意方式干燥，最后用粉碎机粉碎成粉末。包装得成品。

三、其他浴用品

浴盐不是普通的盐，而是用天然海盐等加工精练而成的矿物质、营养素及某些提取物（如海藻）的结晶。所含的矿物质等可以加速皮下脂肪的分解。因此，现在许多国家，人们已经习惯用浴盐洗脸、洗脚、洗澡、瘦身，在健身、美容的同时，也提高了生活品位，浴盐是一种极好的美容品和健身品，具有清洁消毒、护肤健体等多种功能。浴盐不仅外形漂亮，而且香味扑鼻。有些浴盐被称作彩虹盐——不同颜色的浴盐散发出不同的香味；纯色的浴盐被称为水晶盐，颜色不同，名字也不同，有海洋微风、薰衣迷情、茉莉仙子、仙逸雪莲、伊甸情缘、紫色玫瑰、幻影花踪等。

浴油或喷雾状浴油是一种油状沐浴洁肤品，是继泡沫浴剂之后第二大美浴用品。重要作用是使身体有令人愉快的芳香，也可使皮肤柔软及缓和皮肤干燥。将其分散于洗澡水中，沐浴后皮肤表面残留一层类似皮脂一样的油膜，可防止水分蒸发和干燥，使皮肤柔软、光滑、健美。浴油的主体成分是液态的动植物油、烃类化合物、高级醇及乳化剂和分散剂，油性组分不宜太多，否则具有油腻感。

浴盐浴油配方示例见表 8-4 所列。

表 8-4　浴盐浴油配方示例

浴　盐	质量分数/%	浴　油	质量分数/%
硫酸钠	76.0	貂油	7.5
马油	1.5	聚乙二醇双硬脂酸酯	7.5
碳酸氢钠	22.5	IPP	8
色素、香精	适量	IPM	7
		香精	适量
		矿物油	加至 100.0

按现在的市场要求来看，沐浴用品的发展主要是开发新型的表面活性剂原料及有效的添加剂，以赋予沐浴液更多的功能，新型表面活性剂应在去污力与保护皮肤之间寻求平衡。既要能够有效清除身体上的污垢，又不能过分脱去皮肤上的油脂，更不允许刺激皮肤和伤害皮肤组织。从国内外沐浴用品的专利来看，防晒浴液、调理皮肤的沐浴液及超温和性沐浴用品是近年来研究的热点。

第二节 洗发用品

香波作为基本的洗发用品，早期产品功能是单一的清洁作用，随着香波配方、工艺的发展及消费要求的提高，香波已逐渐发展成一个集洗发、护发、药效于一身的化妆品性洗发用品。我国的洗发水市场经历一个从品种单一、功能简单向多品牌、功能全面的发展过程。最初，在20世纪80年代，香波的作用是用来清洁头发，例如海鸥、蜂花，后来宝洁、联合利华等大公司进入中国，带来了二合一概念，整体带动了香波市场的升级。近年来，同时具有洗发、护发功能的调理香波，以及集洗发、护发、去屑、止痒等多功能于一身的香波成为市场流行的主要产品。许多香波选用有疗效的中草药或水果、植物的提取液作为添加剂，或采用天然油脂加工而成的表面活性剂作为洗涤发泡剂等，以提高产品的性能，顺应“回归大自然”的世界潮流。

一、洗发用品的基本原料

香波的主要功能是洗净黏附于头发和头皮上的污垢和头屑等，以保持清洁。在香波中对主要功能起作用的是表面活性剂。除此之外，为改善香波的性能，配方中还加入了各种添加剂。因此，香波的组成大致可分为两类：表面活性剂和添加剂。

1. 表面活性剂

表面活性剂是香波的主要成分，为香波提供了良好的去污力和丰富的泡沫。最初的香波仅以单纯的硬脂酸钾皂制成，由于皂类在硬水中易生产不溶性的钙、镁皂，使洗后头发发黏、不易梳理、失去自然光泽。随着香波市场的发展，用于香波中的表面活性剂品种日益增多，通常以阴离子表面活性剂为主，为改善香波的洗涤性和条理性还加入非离子表面活性剂、两性离子表面活性剂及阳离子表面活性剂。各类离子表面活性剂各有特长，发挥优势综合互补。阴离子表面活性剂去污力强，泡沫丰富，性价比优，是香波的主体；非离子表面活性剂乳化力强，泡沫细密持久，性能温和；两性离子表面活性剂温和，相容性好，提供细密的泡沫等；阳离子表面活性剂调理性好。

(1) 主表面活性剂——阴离子表面活性剂　香波的主要功能是清洁头发，由于阴离子表面活性剂具有良好的洗涤去污能力，理所当然成为香波配方的主体。常用的有脂肪醇硫酸盐、脂肪醇聚氧乙烯醚硫酸盐、脂肪酸单甘油酯硫酸盐、琥珀酸酯硫酸盐、脂肪酰谷氨酸钠等。

(2) 辅助表面活性剂　阴离子表面活性剂的清洁力十分好，但脱脂力很强，过度使用会损伤头发，婴儿香波更不可多用，因此需配入辅助表面活性剂，它们在降低体系的刺激性、调整稠度、稳定体系、增泡稳泡方面有所帮助。常用的是一些非离子表面活性剂和两性表面活性剂。在两性表面活性剂方面，常用氨基酸类表面活性剂（如月桂酰氨基酸钠盐、肌氨酸钠）及椰油酰胺丙基甜菜碱、羟磺基甜菜碱等。非离子表面活性剂方面，广泛使用椰油基单乙醇酰胺、椰油基二乙醇酰胺等。

因为头发通常带负电，所以体系中的阳离子表面活性剂便有可能吸附到头发上，起到抗静电、改善梳理性等调理效果，并对洗发水的黏度和稳定性有帮助。此外，阳离子表面活性剂还具有润滑作用和杀菌作用。高斯米特公司的二十二烷基三甲基氯化铵是非常有效的调理剂，具有极佳的干、湿梳理性、抗静电性和水分散性。还有三鲸蜡基甲基氯化铵，也是高活性调理剂，可改善头发的梳理性及手感，抗静电性较好，可提高头发的丰满度。

2. 添加剂

现代香波不仅能清洁头发，还应具有护发、养发、去屑、止痒等功能，所以配方中除了表面活性剂外，还应加入各种特效的添加剂。

(1) 增稠剂　洗发水为浓表面活性剂胶团溶液体系，电解质的加入可使胶团增大，所以氯化钠、氯化铵、氯化钙等常被用作增稠剂。但是通过控制胶束大小来增稠时要注意，胶团结构可以从棒状变到六方晶相，所以加入过量无机盐，则会进一步进入大层状，黏度反而又会下降，所以无机盐加入量需要认真斟酌。还有一种方法是添加高分子化合物，如纤维素衍生物、卡波树脂、HEC、自然胶类等，但会带来触变性不好的问题，所以应根据实际情况选择合适的增稠剂。

(2) 去屑止痒剂　水杨酸及其盐、十一碳烯酸衍生物、硫化硒、六氯化苯羟基喹啉、聚乙烯吡咯烷酮-碘络合物以及某些季铵化合物等都具有杀菌止痒功能。目前使用效果比较明显的有吡啶硫酮锌（ZPT）、十一碳烯酸衍生物和 Octopirox、Climbazole（甘宝素又名二唑酮）

(3) 螯合剂　为了抵抗硬水对泡沫和清洁力的影响，还应加入螯合剂。常用的螯合剂有柠檬酸、酒石酸、乙二胺四乙酸钠（EDTA）或非离子表面活性剂如烷醇酰胺、聚氧乙烯失水山梨醇油酸酯等。EDTA 对钙、镁等离子有效，柠檬酸、酒石酸对常致变色的铁离子有螯合效果。

(4) 遮光剂　遮光剂包括珠光剂，主要品种有硬脂酸金属盐（钙、镁、锌盐）、鲸蜡醇、脂蜡醇、鱼鳞粉、铋氯化物、乙二醇单硬脂酸酯和乙二醇双硬脂酸酯等。目前普遍采用乙二醇单、双硬脂酸酯作为珠光剂。

(5) 酸度调节剂　常用的酸度调节剂有柠檬酸、酒石酸、磷酸以及硼酸、乳酸等。

(6) 防腐剂　常用的防腐剂有尼泊金酯类、苯甲酸钠、咪唑啉尿素、甲醛、凯松等。选用防腐剂必须考虑防腐剂适宜的 pH 值范围以及和其他添加剂的相容性。如苯甲酸钠只有在碱性条件下才有防腐效果，因此在酸性香波中不宜使用；又如甲醛会和蛋白质化合，因此加水解蛋白的营养香波不宜选用甲醛作防腐剂。

(7) 护发、养发添加剂　这类添加剂主要有：维生素类，如维生素 E、维生素 B_5 等；氨基酸类，如丝肽、水解蛋白等；中草药提取液，如人参、当归、芦荟、何首乌、啤酒花、沙棘、茶皂素、天山雪莲等都可以提取某些成分添加到化妆品中。

(8) 香精、色素　香精加入产品后应进行有关温度、阳光、酸碱性等综合因素对其稳定性影响的试验，而且应注意香精在香波中的溶解度以及对香波的黏度、色泽等的影响。配制婴儿香波要特别注意刺激性。

除上述各类原料外，水也是香波的主要原料，应采用去离子水或蒸馏水，以免生成钙、镁皂而是产生沉淀，还应通过杀菌，以提高产品的微生物稳定性。

二、洗发用品的类型及配方

对全球香波市场而言，市售的香波种类繁多，按其功能特点分为：调理香波、中性香波、干性香波、婴儿香波、珠光香波等。按其形态分为粉状、膏状、液状和冻膏状；按其透明度可分为透明型、珠光型和乳浊型；按使用又可分为通用型、婴儿型、止痒型。一般来说，理想的洗发香波应具备以下性质：①具有丰富的泡沫；②能去除污垢和过多的油脂，又不会因洗发使头发变的干燥，还具备低刺激性；③容易冲洗干净，不易残留；④产品有去除头皮屑功能和止痒效果，洗涤后可减少头发静电作用；⑤使用后使头发光亮柔软，快干，易梳理，易定型；⑥产品的 pH 值应与头发的 pH 值相近似，不伤头发，一般来说，香波的 pH 值以 6 为宜；⑦无刺激性。

目前，液状香波是市场上流行的主体，其特点是使用方便、包装美观、深受消费者喜爱。液状香波从外观上分透明型和乳浊型（珠光型）两类。

1. 透明液状香波

透明液状香波具有外观透明、泡沫丰富、易于清洗等特点，在整个香波市场上占有很大比例。但由于要保持香波的透明度，在原料的选用上受到了很大的限制，通常以选用浊点较低的原料为原则，以便产品即使是在低温时仍能保持透明清晰，不出现沉淀、分层等现象。常用的表面活性剂是溶解性好的脂肪醇聚氧乙烯醚硫酸盐（钠盐、铵盐或三乙醇胺盐）、脂肪醇硫酸三乙醇胺盐、醇醚琥珀酸酯磺酸盐、烷醇酰胺等。

使用氧化胺、甜菜碱等表面活性剂可代替烷醇酰胺用于配制透明液状香波，能显著提高产品的黏度和泡沫稳定性，且具有调理和降低刺激性等作用。磷酸盐类表面活性剂具有良好的吸附性和调理性，也可用于透明香波。近几年来新开放的温和型表面活性剂琥珀酸单酯磺酸盐类，如醇醚琥珀酸酯磺酸盐和油酰胺基琥珀酸酯磺酸盐，具有降低其他表面活性剂刺激性的性能，且溶解性好，可用来配制透明香波，特别是油酰胺基琥珀酸酯磺酸盐具有优良的低刺激性、调理性和增稠性，是较为理想的配制透明香波的原料。

为改进透明香波的调理性能，可加入阳离子纤维素聚合物、DNP、水溶性硅油等调理剂。

透明液状香波配方示例见表 8-5 所列。

表 8-5 透明液状香波配方示例

组　　成	质量分数/%	组　　成	质量分数/%
K_{12}	5	EDTA	0.1
AES	10	甘油	5
6501	3	盐	适量
平平加	2	苯甲酸钠	0.3
AS	3	香精	适量
乳化硅油	1	去离子水	加至 100.0

配制要点：将配方中的去离子水和甘油投入烧杯中，水浴加热，同时开启搅拌，当水温增加到 40℃时，缓慢加入 AES，继续搅拌至完全溶解，当溶液温度升高到 70℃时，缓慢加入 K_{12}，至完全溶解。将物料温度降到 50℃以下。加入 AS，完全溶解后依次加入平平加、6501、苯甲酸钠、EDTA。用精密试纸检验溶液 pH 值，以饱和柠檬酸溶液调节产品 pH 值在 7.5～8.0 之间，再加入香精，搅拌下冷却至室温。以适量食盐调节产品粘度到令人满意的程度即可。

2. 乳浊液香波

乳浊液香波包括乳状香波和珠光香波两种。乳浊液香波由于外观呈不透明状，具有遮盖性，原料的选择范围较广，可加入多种对头发、头皮有益的物质，其配方结构可在液态透明香波配方的基础上加入遮光剂配制而成，对香波的洗涤性和泡沫性稍有影响，但可改善香波的调理性和润滑性。乳状香波可加入高碳醇、羊毛脂及其衍生物、硬脂酸金属盐等；珠光香波可加入鱼鳞粉、铋氯氧化物、乙二醇单硬脂酸酯或乙二醇双硬脂酸酯等。

当在乳浊香波配方中加入各种具有抗静电、调理功能的高分子阳离子表面活性剂、两性表面活性剂等时，就构成了调理香波；当加入维生素类、氨基酸类及天然动植物提取液时，就构成了护发、养发香波；当加入吡啶硫酸锌等去屑止痒剂时，可构成去屑止痒香波；同时加入调理、营养、去屑止痒等成分，则构成多功能香波。

乳浊液香波配方示例见表 8-6 所列。

表 8-6 乳浊液香波配方示例

组　成	质量分数/%	组　成	质量分数/%
TAB-2	0.5	柠檬酸	0.05
AES(70%)	16	乳化硅油	2.5
K_{12}A(70%)	3.5	卡松	0.1
CMEA	1.5	西柚香	0.2
瓜尔胶	0.3	盐	1
珠光片	1	去离子水	加至 100.0

配制要点：将 TAB-2、AES（70%）、K_{12}A（70%）、CMEA、去离子水（40%）、珠光片按顺序混合加热到 85℃，开启均质机 3～5min 溶解完全；瓜尔胶用 2%的去离子水充分分散后，逐步搅拌加入上面的溶液；然后依次加入乳化硅油、柠檬酸、卡松、西柚香、盐，补水至 100%。

3. 膏状香波

膏状香波即洗发膏，是国内开发较早、至今仍然流行的大众化产品。具有携带和使用方便、泡沫适宜、清除头发污垢良好，由于呈不透明膏状体，可加入多种对头发有益的滋润性物质等特点。现代洗发膏也从单一洗发功能向洗发、护发、养发、去屑止痒等多功能方向发展，如市场上销售的“羊毛脂洗发膏”、“去屑止痒洗发膏”等。普通洗发膏常用硬脂酸皂为增稠剂，十二醇硫酸钠为洗涤发泡剂，再添加高碳醇、羊毛脂等滋润剂，三聚磷酸钠、EDTA 等螯合剂，甘油、丙二醇等保湿剂以及防腐剂、香精、色素等配制而成。

膏状香波也可配成透明的冻胶状，其配方结构是在普通液态透明香波的基础上加入适量的水溶性高分子纤维素，如 CMC、羟乙基纤维素、羟丙基甲基纤维素等、电解质氯化钠、碳酸钠等，或其他增稠剂经复配而成。

洗发膏配方示例见表 8-7 所列。

表 8-7 洗发膏配方示例

组　成	质量分数/%	组　成	质量分数/%
硬脂酸	3.0	三聚磷酸钠	10.0
8%KOH 溶液	5.0	香精、防腐剂及颜料	适量
十二醇硫酸钠	25.0	去离子水	44.0
月桂酰二乙醇胺	3.0		

配制要点：将熔化的硬脂酸加到十二醇硫酸钠、氢氧化钾的水溶液（90℃）中搅拌，再

加入月桂酰二乙醇胺和三聚磷酸钠搅拌均匀，此时应为液体，最后加入碳酸氢钠，待溶解后即结成膏状，40℃时加入香精搅匀即成。

第三节 液洗类化妆品的生产工艺及设备

液洗类化妆品生产所涉及的设备主要是带搅拌的混合罐、高效乳化或均质设备、物料输送泵、真空泵、计量泵、物料储罐和计量罐、加热和冷却设备、过滤设备、包装和灌装设备。液洗类化妆品的生产工艺流程，如图 8-1 所示。

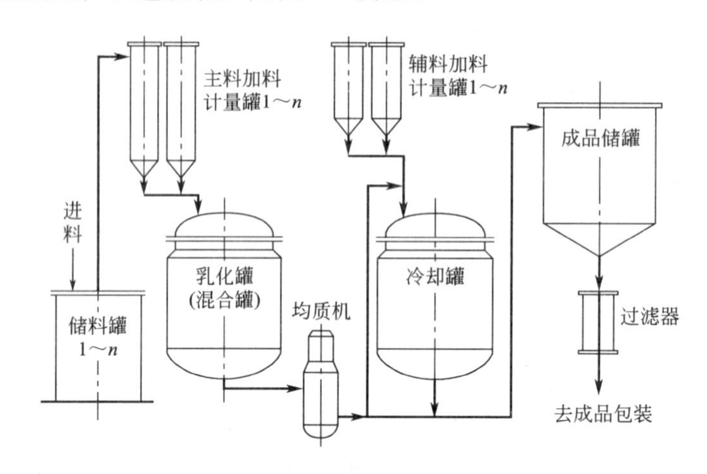

图 8-1 液洗类化妆品生产流程示意

一、原料准备

原料准备包括原料的预处理，如水的去离子处理、灭菌处理，固体原料的粉碎、除杂与预熔（溶），液体原料的提纯、预热等。所有物料的计量及输送都是十分重要的，不同的物料或不同的情况应选用合适的计量及输送方法，如用高位槽计量那些用量较多的液态物料，用定量泵输送并计量水等原料，用天平或称称固体物料，用量筒计量少量的液体物料。另外，为保证每批产品质量一致，所用原料应经化验合格后方可投入使用。

二、混合或乳化

液洗类化妆品的配置过程以混合及乳化为主，但不同类型的液洗类化妆品有其各不相同的特点，应根据产品的特点选用合适的工艺，生产上一般有两种配制方法。

1. 冷混法

首先将去离子水加入混合锅中，然后将表面活性剂溶解于水中，再加入其他助洗剂，待其形成均匀溶液后，就可加入其他成分如香料、色素、防腐剂、螯合剂等。如用到香料而不能完全溶解，可先将它同少量助洗剂混合后，再投入溶液，或者使用香料增溶剂来解决；色素一般配成色浆再加入。最后用柠檬酸或其他酸类调节至所需的 pH 值，用无机盐（氯化钠或氯化铵）来调节至合适的黏度。整个过程不需要加热。

冷混法一般适用于不含蜡状固体或难溶物质的配方。

2. 热混法

当配方中含有蜡状固体或难溶物质时，如珠光或乳浊制品等，一般采用热混法。

首先将表面活性剂溶解于热水或冷水中，在不断搅拌下（注意液面要没过搅拌桨叶，以免过多的空气混入，产生大量的泡沫）加热到70℃，然后加入要溶解的固体原料，继续搅拌，直到所有物料完全溶解或生成乳状液。当温度下降至50℃左右时，加入色素、香料和防腐剂等。热混法中加香的温度控制非常重要。在较高温度下加香不仅会使易挥发香料挥发，造成香精流失，同时也会因高温发生化学变化，使香精变质，香气变差。所以一般在较低温度下（<50℃）加入。pH值和黏度的调节也应在较低温度下进行。由于所用原料中可能有热敏性物质，所以采用热混法，温度不宜过高（一般不超过75℃），以免这些成分受到破坏。

三、产品的后处理

无论产品是透明溶液还是乳状液，在包装前都还要经过一些后处理，以保证产品质量或提高产品稳定性。这些处理可包括以下内容。

1. 过滤

在混合或乳化操作时，要加入各种物料，难免带入或残留一些机械杂质，或产生一些絮状物。这些都直接影响产品的外观，所以一定要在包装前过滤掉。

2. 排气

在混合的过程中，由于搅拌不可避免地将空气带入产品，产生气泡，影响产品质量。一般可采用抽真空排气方法，快速将液体中的气泡排出。

3. 陈化

将物料在陈化罐中静置储存几个小时乃至更长时间，待其性能稳定后再进行包装。

四、包装

正规生产应使用灌装机、包装流水线。小批量生产可用高位槽手工灌装。严格控制灌装量，做好封盖、贴标签、装箱和记载批号、合格证等工作。袋装产品通常应使用灌装机封口。包装是生产过程的最后一道工序，包装质量与产品内在质量同等重要。

第四节 液洗类化妆品的质量控制

一、洗发液（膏）的质量指标

根据轻工行业标准QB/T 1857—2004 [洗发液（膏）]，洗发液（膏）的卫生指标应符合表8-8要求，感官、理化指标应符合表8-9要求。

表8-8 洗发液（膏）的卫生指标

项目		要求
微生物指标	细菌总数/(CFU/g)	≤1000(儿童用产品≤500)
	霉菌和酵母菌总数/(CFU/g)	≤100
	粪大肠菌群	不得检出
	金黄色葡萄球菌	不得检出
	绿脓杆菌	不得检出
有毒物质限量	铅/(mg/kg)	≤40
	汞/(mg/kg)	≤1
	砷/(mg/kg)	≤10

表 8-9 洗发液（膏）的感官、理化指标

项目		要求	
		洗发液	洗发膏
感官指标	外观	无异物	
	色泽	符合规定色泽	
	香气	符合规定香型	
理化指标	耐热	(40±1)℃保持24h,恢复至室温后无分离现象	
	耐寒	−10～−5℃保持24h,恢复至室温后无分离析水现象	
	pH值	4.0～8.0(果酸类产品除外)	4.0～10.0
	泡沫(40℃)/mm	透明型≥100 非透明型≥50 (儿童产品≥40)	≥100
	有效物/%	成人产品≥10.0 儿童产品≥8.0	—
	活性物含量(以100%K_{12}计)/%	—	≥8.0

二、洗发液的主要质量问题

由于洗发液涉及原料众多，而且乳化体系本身是热力学不稳定体系，所以在生产或储存过程中很容易受环境、温度、湿度等的影响而出现一些质量问题。

1. 分层

分层是乳化体系不稳定的体现，表现为油水分离、产品表面渗出油滴、产品变浑浊等。温度变化过大、搅拌不好、乳化不完全、无机盐含量过高或生产过程中物料溶解不好等都有可能造成产品分层。生产过程中，要避免产品分层，首先是选择好乳化剂，所选的乳化剂要能很好地乳化油水两相。在选择好乳化剂的前提下，生产或储存中环境的因素往往也是导致产品分层的原因，生产过程中要具体问题具体分析。

2. 黏度不稳定

黏度是产品主要的质量指标，可按照不同的需要，调节不同的黏度，产品如果出现黏度不稳定，其可能原因有以下几点。

① 原料批次不稳定，表面活性剂有效物含量太低，形成的胶团偏小，达不到黏度所需要的较高区域；或是表面活性剂中的含盐量不稳定，或者有些原料不纯净，含有一些极性物质，也会促进胶束溶解。

② 电解质含量过低或过高，注意生产过程中配料的准确性。

③ 温度升高，黏度下降。

④ 产品pH值过高或过低，导致某些原料（如琥珀酸酯磺酸盐类）水解，影响产品黏度，应加入pH值缓冲剂调节至适宜的pH值。

3. 泡沫不稳定

发泡剂（主要是主/辅表面活性剂）有效含量少；油脂和硅油没有分散或乳化不完全，带来消泡作用；有时候珠光形成控制的不好，不好的珠光相当于是一种被乳化的油脂，同样会有消泡作用。

4. 珠光变粗

珠光剂温度高时被增溶或乳化进去，温度低时以片状晶体析出，由于它的折射率与水溶液差不多，我们看到一些反射的亮点，这就是珠光。珠光变粗一定程度上是正常现象，是珠

光好的表现，但是珠光变粗的极端——珠光剂（如高碳醇类）的析出，必然造成分离。珠光效果的好坏，与珠光剂的用量、加入温度、冷却速度、配料中原料组成等均有关系，在采用珠光块或珠光片时，可先溶解配成珠光浆，然后加入，只要控制好加入量，在较低温度下加入并搅拌，一般珠光效果不会有太大的变化。

5. 变色、变味

洗发液所涉及的原料众多，而且很多原料属于热敏性物质或本身气味较大，处理不好就很容易导致产品变色、变味。其主要原因有以下几点。

① 某些热敏性原料在日光照射下发生变色反应。

② 所用原料中含有氧化剂或还原剂，发生氧化还原反应使产品变色。

③ 防腐剂用量少，防腐效果不好，使产品霉变。

④ 香精与配方中其他原料发生化学反应，使产品变味。

⑤ 所加原料本身气味过浓，香精无法遮盖。

⑥ 产品中铜、铁等金属离子含量高，与配方中某些原料如 ZPT 等发生变色反应。

6. 刺激性大、产生头皮屑

① 表面活性剂（特别是阴离子表面活性剂）用量过多，脱脂力过强，一般以 12%～25%为宜。

② 防腐效果差，产生微生物污染。

③ 产品 pH 值过高，刺激头皮，一般加入 pH 值缓冲剂，将 pH 值调到 5～6。

上述现象往往同时发生，互相影响，因此生产过程中必须严格控制，具体问题具体分析，不能顾此失彼，才能确保产品质量稳定，提高产品的市场竞争力。

实训 5 洗发香波的生产

一、认识香波的生产过程，明确学习任务

1. 学习目的

通过观察香波的生产过程，清楚本学习项目要完成的学习任务（即按照给定配方和生产任务，生产出合格的香波）；学习用正交法来考察香波配方中各组分对产品发泡力的影响，优化香波的泡沫指标。

2. 要解决的问题

（1）配方分析

原　料	添加量/%	原料外观描述(颜色、气味、状态)	在配方中所起作用
TAB-2	0.5		
AES(70%)	16		
K_{12}A(70%)	3.5		
CMEA	1.5		
瓜尔胶	0.3		
珠光片	1		
柠檬酸	0.05		
乳化硅油	2.5		
卡松	0.1		
西柚香	0.2		
盐	1		
去离子水	73.35		

（2）用正交法来安排实验

选用4个考察因素：TAB-2、$K_{12}A$（70%）、瓜尔胶、柠檬酸。

每个因素分别取3个水平。

因此，采用 $L_9 3^4$ 正交表来安排实验，表头设计如下：

试验号＼因素	因素 A	因素 B	因素 C	因素 D
1	水平 A1	水平 B3	水平 C1	水平 D2
2	水平 A2	水平 B1	水平 C1	水平 D1
3	水平 A3	水平 B2	水平 C1	水平 D3
4	水平 A1	水平 B2	水平 C2	水平 D1
5	水平 A2	水平 B3	水平 C2	水平 D3
6	水平 A3	水平 B1	水平 C2	水平 D2
7	水平 A1	水平 B1	水平 C3	水平 D3
8	水平 A2	水平 B2	水平 C3	水平 D2
9	水平 A3	水平 B3	水平 C3	水平 D1

以上需做9次实验，将学生分为9个小组，每个小组做1次实验。

二、确定生产香波的工作方案

1. 学习目的

通过讨论更加明确香波的生产方法，并制定出生产香波的工作方案。

2. 要解决的问题

（1）按20kg（可按本校设备生产能力下限而定）的生产任务，确定各因素的3个考察水平。

水平＼因素	TAB-2	$K_{12}A$(70%)	瓜尔胶	柠檬酸
1				
2				
3				

将各因素及其水平值代入正交表头：

试验号＼因素	TAB-2	$K_{12}A$(70%)	瓜尔胶	柠檬酸
1				
2				
3				
4				
5				
6				
7				
8				
9				

(2) 展示各自的生产方案（可用文字、方框图、多媒体课件表示）。

(3) 按生产 20kg（按本校设备生产能力下限而定）香波的任务，制定出详细的生产操作规程。

(4) 核算产品成本（只计原料成本）：

序 号	原料	单价(元/kg)	用量(kg)	总价
1	TAB-2			
2	AES(70%)			
3	$K_{12}A$(70%)			
4	CMEA			
5	瓜尔胶			
6	珠光片			
7	柠檬酸			
8	乳化硅油			
9	卡松			
10	西柚香			
11	盐			
12	去离子水			
每千克产品的价格是：				

三、按既定方案生产香波

1. 学习目的

掌握香波的生产方法，验证方案的可靠性。

2. 要解决的问题

(1) 按照既定方案，组长做好分工，确定组员的工作任务，要确保组员清楚自己的工作任务（做什么，如何做，其目的和重要性是什么），同时要考虑紧急事故的处理。

操 作 步 骤	操 作 者	协 助 者

(2) 填写操作记录

① 称料记录

产品名称：　　　　　　　　　　　　　　产　　量：

生产日期：　　　　　　　　　　　　　　生产小组：

序　号	原料名称	理论质量/g	实际称料质量/g	领料人
1	TAB-2			
2	AES(70%)			
3	$K_{12}A$(70%)			
4	CMEA			
5	瓜尔胶			
6	珠光片			
7	柠檬酸			
8	乳化硅油			
9	卡松			
10	西柚香			
11	盐			
12	去离子水			
合计				

② 操作记录

产品名称：　　　　产品质量：　　kg　操作者：　　　　　生产日期：

序号	时间(__点__分)	温度/℃	搅拌速度/(r/min)	压力/MPa	操作内容
1					
2					
3					
4					
5					
6					
7					

四、产品质量分析

1. 学习目的

通过对产品质量的对比评价，总结本组及个人完成工作任务的情况，明确收获与不足。

2. 要解决的问题

(1) 泡沫测定　采用ROSS泡沫仪。将香波样品稀释成0.25%，然后用ROSS泡沫仪测定泡沫高度。

将各组测定的泡沫高度值填入正交表：

试验号 \ 因素	TAB-2	$K_{12}A$(70%)	瓜尔胶	柠檬酸	泡沫高度
1					
2					
3					
4					
5					
6					
7					
8					
9					

通过正交分析，得到各因素对产品泡沫性的影响。

(2) 产品质量评价表

指标名称		检验结果描述
感官指标	色泽	
	外观	
	香气	
理化指标	耐热	
	耐寒	
	pH 值	
	泡沫(40℃)/mm	

(3) 生产过程中你所遇到的质量问题以及你的解决方法。

(4) 完成评价表格

序号	项　　目	学习任务的完成情况	签名
1	实训报告的填写情况		
2	独立完成的任务		
3	小组合作完成的任务		
4	教师指导下完成的任务		
5	是否达到了学习目标，特别是正确进行香波生产和检验产品质量		
6	存在的问题及建议		

小　　结

1. 常用的沐浴用品有沐浴露、泡沫浴剂、浴盐、浴油等，目前国内最常用的是沐浴露。

2. 沐浴露主要由有表面活性剂、保湿剂、调理剂、营养添加剂、pH值调节剂、黏度调节剂、珠光剂、防腐剂、香精和色素等配制而成。

3. 现代香波是集洗发、护发、养发于一体的多功能头发化妆品，其主要原料有：表面活性剂、增稠剂、去屑止痒剂、螯合剂、珠光剂、酸度调节剂、防腐剂、护发养发添加剂、香精、色素等。

4. 液洗类化妆品生产主要的设备是带搅拌的混合罐、高效乳化或均质设备。

5. 液洗类化妆品的生产工艺包括：原料准备、混合或乳化、产品的后处理、包装。

6. 目前液洗类化妆品常用的配制方法有：冷混法和热混法。

思考题

1. 常用于液洗类化妆品的表面活性剂有哪些？目前，香波配方中表面活性剂组成是怎样的？

2. 在生产中，一般应将香波的pH值调节到什么范围？香波配方中，哪些物质具有一定的碱度？可用哪些酸来调节产品的pH值？应怎样调？

3. 常用的去屑止痒剂有哪些？分别有什么性能？

4. 常用的珠光剂有哪些？生产中应如何控制才能使香波闪现出美丽的珠光？

5. 沐浴液有哪些类型？配方上有和区别？

6. 请说明液洗类化妆品的生产过程

7. 洗发香波主要存在哪些质量问题？应如何解决？

第九章　粉剂类化妆品

学习目标及要求：

1. 叙述粉剂类化妆品的类型及其基本原料和性能。
2. 能初步对粉剂类化妆品的配方进行分析。
3. 在教师的帮助下，查找各种相关信息资料，能制定出生产粉剂类化妆品的工作计划，并能完成计划。
4. 能叙述影响粉剂类化妆品产品质量的工艺条件，并能在制定实训工作方案时运用这些知识。
5. 会根据配方及操作规程生产粉剂类化妆品。
6. 能初步运用所学知识分析香粉的质量问题及其控制方法。

粉剂类化妆品主要是指以粉类原料为主要原料配制而成的外观呈粉状、粉质块状或霜状的一类制品，主要包括香粉、爽身粉、粉饼、粉底、胭脂以及粉质眼影块等。由于主要采用粉类原料，要制得颗粒细小、滑腻、易于涂覆的制品，必须采取有效的制作方法，所以在生产工艺及设备上与其他类化妆品有很大区别。本章主要介绍香粉类和粉底类，胭脂和眼影的介绍参见本书第十一章。

第一节　香粉类化妆品

香粉类制品是用于面部和身体的美容化妆品，细滑的固体粉末，香气持久悦人，具有一定的遮盖、涂展、附着和吸油性能。这类制品主要包括香粉、粉饼以及爽身粉等。

一、香粉类化妆品的性能和原料

1. 香粉

香粉的作用在于使极细颗粒的粉末涂覆于面部或周身，以掩盖皮肤表面的某些缺陷，要求近乎自然的肤色和良好的质感。好的香粉应该很易涂覆，并能均匀分布；去除脸上油光，遮盖面部某些缺陷；对皮肤无损害刺激，敷用后无不舒适的感觉；色泽应近于自然肤色，不能显现出粉拌的感觉；香气适宜，不要过分强烈。根据香粉的使用特点，香粉应具有如下性能和原料组成。

（1）遮盖力　香粉涂覆在皮肤上，应能遮盖住皮肤的本色、黄褐斑等，而赋予香粉的颜色，这一功能主要是具有良好遮盖力的遮盖剂所赋予的。常用的遮盖剂有钛白粉、氧化锌等。遮盖力是以单位质量物质所能遮盖的黑色表面积来表示的，例如1kg氧化锌约可遮盖黑色表面$8m^2$。钛白粉的遮盖力最强，比氧化锌高2～3倍，但不易和其他粉料混合。如果先将钛白粉和氧化锌混合好，再拌入其他粉料中，可克服上述缺点。钛白粉在香粉中的用量在10%以内。另外钛白粉对某些香料的氧化变质有催化作用，选用时应注意。氧化锌对皮肤有缓和的干燥和杀菌作用，配方中采用15%～25%的氧化锌，可使香粉有足够的遮盖力而又不致使皮肤干燥。如果要求更好的遮盖力，可以钛白粉和氧化锌配合使用。香粉用的钛白粉和氧化锌要求色泽白、颗粒细、质轻、无臭，铅、砷、汞等杂质含量少。工业用的钛白粉不宜用于香粉制作。

(2) 滑爽性　香粉具有滑爽易流动的性能才能涂覆均匀，所以香粉类制品的滑爽性极为重要。香粉的滑爽性主要是依靠滑石粉的作用。滑石粉的主要成分是硅酸镁（$3MgO \cdot 4SiO_2 \cdot H_2O$）。高质量的滑石粉具有薄层结构，它的定向分裂的性质和云母很相似，这种结构使滑石粉具有发光和滑爽的特性。

滑石粉在香粉中的用量往往在50%以上。如此大的用量，且其种类很多，有的柔软滑爽，有的硬而粗糙，所以对滑石粉品质的选择是制造香粉类产品成功的关键。适用于香粉的滑石粉必须色泽白、无臭，对手指的触觉柔软光滑。滑石粉的颗粒应细小均匀，98%以上能通过200目筛网（即粒径小于74μm）。如果颗粒太粗会影响对皮肤的黏附性，太细会使薄层结构破坏而失去某些特性。滑石粉中所含杂质特别是铁的含量不能太大，因铁的存在会使香味和色泽受到损坏。优良的滑石粉能赋予香粉一种特殊的半透明性，能均匀地黏附于皮肤上。

(3) 吸收性　吸收性主要是指对香精的吸收，同时也包括对油脂和水分的吸收。用以吸收香精的原料有沉淀碳酸钙、碳酸镁、胶态高岭土、淀粉和硅藻土等。一般以采用沉淀碳酸钙与碳酸镁为多。碳酸钙所具有的吸收性是因为颗粒有许多气孔的缘故，它是一种白色无光泽的细粉，所以它和胶性陶土一样有消去滑石粉闪光的功效。碳酸钙的缺点是它在水中呈碱性反应，遇酸会分解，如果在香粉中用量过多，热天敷用，吸汗后会在皮肤上形成条纹，因此香粉中碳酸钙的用量不宜过多，一般不超过15%。

碳酸镁的吸收性较碳酸钙大3～4倍，由于吸收性强，用量过多，敷用后会吸收皮脂造成皮肤干燥，一般不宜超过10%。碳酸镁对香精有优良的混合特性，是一种很好的香精吸收剂。在配制粉类产品时，往往先将香精和碳酸镁混合均匀后，再加入其他粉料中。

(4) 黏附性　粉类制品最忌敷用于皮肤后脱落，因此必须具有很好的黏附性，使用时容易黏附在皮肤上。常用的黏附剂有硬脂酸锌、硬脂酸镁和硬脂酸铝等，这些硬脂酸的金属盐类是轻质的白色细粉，加入粉类制品后就包覆在其他粉粒外面，使香粉不易透水，用量一般在5%～15%之间。硬脂酸铝盐比较粗糙、硬脂酸钙盐则缺少滑爽性，普遍采用的是硬脂酸镁盐和锌盐，也可采用硬脂酸、棕榈酸和豆蔻酸的锌盐与镁盐的混合物。

用来制金属盐的硬脂酸的质量是极其重要的，质量差的硬脂酸制成的金属盐会产生令人不愉快的气味，这是因为存在有油酸或其他不饱和脂肪酸等杂质，引起酸败的缘故，这种酸败的气味混入香粉中，即使多加香精也是难以掩盖的。

(5) 颜色　抹粉是为了调和肤色，所以香粉一般都带有颜色，并要求接近皮肤的本色。因此在香粉生产中，颜料的选择也是十分重要的。适用于香粉的颜料必须有良好的质感，能耐光、耐热，使用时遇水或油以及pH值略有变化时不致溶化或变色。因此一般选用无机颜料如赭石、褐土等，为改善色泽，可加入红色或橘黄色的有机色淀，使色彩显得鲜艳和谐。

(6) 香气　香粉的香气应该芳馥醇和而不浓郁，以免掩盖了香水的香味。所用香精在香粉的储存及使用过程中应该保持稳定，不酸败变味，不使香粉变色，不刺激皮肤等。其香韵以花香或百花香型较为理想，使香粉具有甜润、高雅、花香生动而持久的香气感觉。加入香粉类制品以后，每一颗粉粒黏附有香精，因此香精的挥发表面非常大，如果不加定香原料，则一般不到3个月，香味将会全部消失，所以在香精中要加入定香原料，如香膏、檀香油和人造麝香等。

不同类型的皮肤和不同的气候条件对于香粉类制品有不同的要求。多油型皮肤和炎热潮湿的地区或季节，皮脂和汗液较多，宜选用吸收性和干燥性较好的香粉，而干燥型皮肤和寒冷干燥的地区或季节，皮肤容易干燥皲裂，宜选用吸收性和干燥性较差的香粉。关于配制吸收性较差的香粉，一方面可减少碳酸镁（或钙）的用量，或增加硬脂酸盐的用量，使香粉不易透水；另一方面可在制品中加入适量脂肪物，称为加脂香粉。脂肪物的加入使粉料颗粒外表均匀地涂布了脂肪，降低了吸收性能，粉质的碱性不会影响到皮肤的pH值，而且粉质有柔软、滑爽、黏附性好等优点。脂肪物的加入量与使用要求以及香粉中其他原料的吸收性有关，一般不超过5%～6%，否则会导致香粉结块。加脂香粉应该注意酸败问题，当脂肪物均匀分布在粉粒表面时，和空气接触的面积很大，因而氧化酸败的可能性增加，除选用质量好的脂肪物外，必要时应考虑加入抗氧剂。

2. 粉饼

粉饼和香粉的使用目的相同，将香粉制成粉饼的形式，主要是便于携带，使用时不易粉末飞扬。粉饼主要供补妆用，即修补化妆的不均匀部位及脱落部位。

粉饼由于剂型不同，在使用性能、配方组成和制造工艺上都与香粉有差别。除要求具有良好的遮盖力、吸收性、柔滑性、附着性和组成均匀等特性外，还要求粉饼具有适度的机械强度，使用时不会碎裂，并且使用粉扑或海绵等附件从粉饼舔取粉体时，较容易附着在粉扑或海绵上，然后，可均匀地涂抹在皮肤上，不会结团，不感到油腻。通常粉饼中都添加较大量的胶态高岭土、氧化锌和硬脂酸盐，以改善其压制加工性能。如果粉体本身的黏结性不足，添加适量的黏合剂，在压制时可形成较牢固的粉饼。

黏合剂的选择和用量必须按香粉的组成和性质而定，常用的有水溶性、脂肪性、乳化型和粉类等几种黏合剂。

（1）水溶性黏合剂　包括天然的和合成的两类。天然的黏合剂有黄蓍树胶、阿拉伯树胶、刺梧桐树胶等，但天然黏合剂由于受产地及自然条件的影响规格较不稳定，且常含有杂质，并易为细菌所污染，所以多采用合成的黏合剂，如甲基纤维素、羧甲基纤维素、聚乙烯吡咯烷酮等。各种黏合剂的用量一般在0.1%～3.0%之间。但无论天然的还是合成的胶合剂都有一个缺点，就是需要用水作溶剂，这样在压制之前的粉质还需要烘干，且粉块遇水会产生水迹，采用抗水性的黏合剂就消除了这一缺点。

（2）脂肪性黏合剂　有液体石蜡、脂肪酸酯、羊毛脂及其衍生物等，这类抗水性的黏合剂有液体的、半固体的和固体的，它们必须在熔化状态时和胭脂粉料混合，可单独或混合使用。采用这类物质作黏合剂还有润滑作用，但单独采用脂肪性黏合剂有时黏结力不够强，压制前可再加一定的水分或水溶性黏合剂以增加其黏结力。脂肪性黏合剂的用量一般为0.2%～2.0%。

（3）乳化型黏合剂　是脂肪性黏合剂的发展，由于少量脂肪物很难均匀混入胭脂粉料中，采用乳化型黏合剂就能使油脂和水在压制过程中均匀分布于粉料中，并可防止由于胭脂中含有脂肪物而出现小油团的现象。乳化型黏合剂通常是由硬脂酸、三乙醇胺、水和液体石蜡，或单硬脂酸甘油酯、水和液体石蜡配合使用，也可采用失水山梨醇的酯类作乳化剂。

（4）粉类黏合剂　除上述几种黏合剂外，也可采用粉状的金属皂类如硬脂酸锌、硬脂酸镁等作黏合剂，制成的胭脂组织细致光滑，对皮肤的附着力好，但需要较大的压力才能压制成型，且对金属皂的碱性敏感的皮肤有刺激。

除此之外，通常粉饼中还添加少量的保湿剂如甘油、山梨醇、葡萄糖等，能使粉饼保持一定水分不致干裂。另外，为防止氧化酸败现象的发生，最好加些防腐剂和抗氧剂。

3. 爽身粉

爽身粉并不用于化妆，主要用于浴后在全身敷施，能滑爽肌肤，吸收汗液，减少痱子的滋生，给人以舒适芳香之感，是男女老幼都适用的夏令卫生用品。

爽身粉的原料和生产方法与香粉基本相同。爽身粉对滑爽性要求最突出，对遮盖力并无要求。它的主要成分是滑石粉，其他还有碳酸钙、碳酸镁、高岭土、氧化锌、硬脂酸镁（或锌）等。除此之外，爽身粉还有一些香粉所没有的成分，如硼酸、水杨酸等具有轻微的杀菌消毒作用，用后使皮肤有舒适的感觉。

爽身粉所用香精偏重于清凉，常选用一些薄荷脑等有清凉感觉的香料。婴儿用的爽身粉，最好不要加香精，因为婴儿的皮肤较成人娇嫩得多，对外来刺激敏感。如果希望在婴儿爽身粉中加入一些香精的话，最高限量不得超过0.4%，一般是在0.15%～0.25%之间。

二、香粉类化妆品的配方示例

1. 香粉的参考配方

见表9-1所列。

表9-1　香粉的配方

原料成分	质量分数/%			原料成分	质量分数/%		
	配方1	配方2	配方3		配方1	配方2	配方3
滑石粉	42.0	50.0	45.0	高岭土	13.0	16.0	10.0
钛白粉		5.0	10.0	沉淀碳酸钙	15.0	5.0	5.0
氧化锌	15.0	10.0	15.0	碳酸镁	5.0	10.0	10.0
硬脂酸镁		4.0	2.0	颜料	适量	适量	适量
硬脂酸锌	10.0		3.0	香精	适量	适量	适量

配方1属于轻度遮盖力及很好的黏附性和适宜吸收性的产品；配方2属于中等遮盖力及强吸收性的产品；配方3属于重度遮盖力及强吸收性的产品。

2. 粉饼的参考配方

见表9-2所列。

表9-2　粉饼的配方

原 料 成 分	质量分数/%			原 料 成 分	质量分数/%		
	配方1	配方2	配方3		配方1	配方2	配方3
滑石粉	74.0	85.5	60.0	羊毛脂		5.0	
高岭土	10.0		12.0	硬脂酸		1.5	
碳酸镁			5.0	阿拉伯树胶			0.05
氧化锌			15.0	三乙醇胺		1.0	
钛白粉	5.0			甘油			0.25
硬脂酸锌			5.0	丙二醇	2.0		
液体石蜡	3.0			山梨醇	4.0		
角鲨烷		5.0		防腐剂、颜料、香精	适量	适量	适量
失水山梨醇倍半油酸酯	2.0	2.0		去离子水			2.7

制作方法：将各粉质原料按配方混合，投入球磨机中研磨2h。然后加入油脂、胶水、颜料及香精混合物，混合球磨至色泽均匀一致。用20目粗筛过筛后，粉料加入超微粉碎机中磨细，得到的微粉在灭菌器内用环氧乙烷灭菌。再过60目筛后，压制成型即得到粉饼。

3. 爽身粉的参考配方

见表9-3所列。

表 9-3　爽身粉的配方

原料成分	质量分数/%			原料成分	质量分数/%		
	配方 1	配方 2	配方 3		配方 1	配方 2	配方 3
灭菌滑石粉	60.3	75.0	79.6	硬脂酸锌		4.0	
淀粉	28		5.0	水杨酸	0.7		0.8
灭菌高岭土		10.0	5.0	硼酸		5.8	2.5
碳酸钙		5.0		樟脑			1.0
氧化锌	10		3.0	薄荷脑			适量
炉甘石			3.0	香精	1.0	0.2	

配方 1 为化妆爽身粉，将粉质原料混合研磨，然后均匀地喷入香精，混匀即可，具有滑爽、吸汗和赋香作用。配方 2 为婴儿爽身粉，所用原料必须是安全无刺激性的，香精含量不宜多。配方 3 为痱子粉，具有吸汗、止痒和消毒抑菌作用，用后肤感爽快。

三、香粉类化妆品的生产工艺

(一) 香粉的生产工艺

香粉（包括爽身粉和痱子粉）的生产过程主要有粉料灭菌、混合、磨细、过筛、加香和加脂、包装等，其工艺流程如图 9-1 所示。在实际生产中，可以混合、磨细后过筛，也可以磨细、过筛后混合。

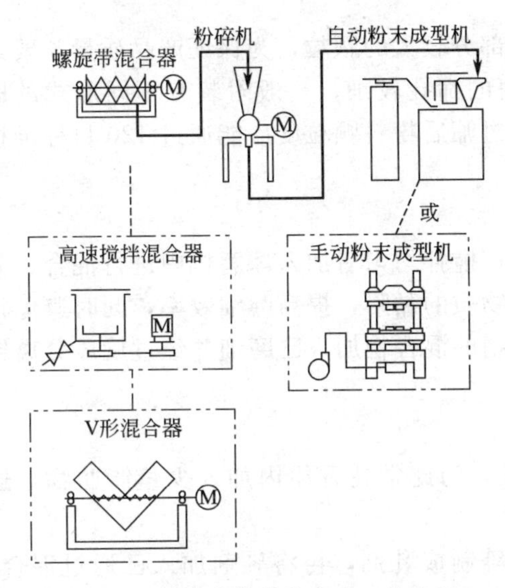

图 9-1　粉类化妆品的生产工艺流程

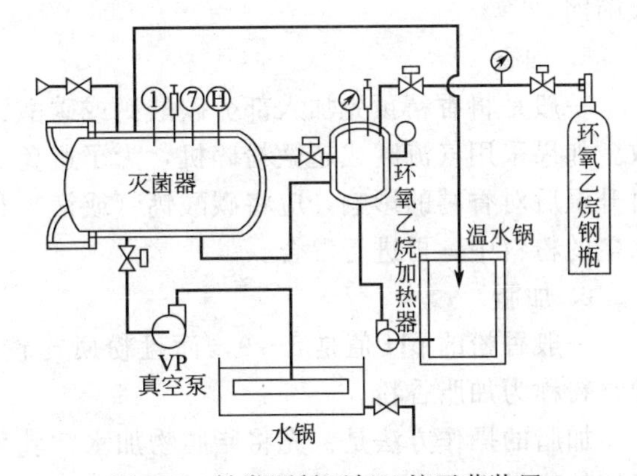

图 9-2　粉类原料环氧乙烷灭菌装置

1. 粉料灭菌

粉类化妆品所用滑石粉、高岭土、钛白粉等粉末原料不可避免会附有细菌，而这类制品是用于美化面部及皮肤表面的，为保证制品的安全性，通常要求香粉、爽身粉、粉饼等制品的细菌总数小于 1000 只/g，而眼部化妆品如眼影粉要求细菌数为零，所以必须对粉料进行灭菌。粉料灭菌的方法有环氧乙烷气体灭菌法、钴 60 放射性源灭菌法等。放射性射线穿透性强、对粉类灭菌有效，但投资费用高，故一般采用的多是环氧乙烷气体灭菌法，其工艺流程如图 9-2 所示。

将粉料加入灭菌器内，密封后用真空泵抽除灭菌器内空气，开启环氧乙烷钢瓶使环氧乙烷通过夹套加热器加热到 50℃汽化后通入灭菌器内，保持压力 9.8×10^{4}Pa，维持 2～7h 灭菌。灭菌器和环氧乙烷加热器的夹套内通 50℃的热水保温。灭菌结束后，打开灭菌器上部排气阀，放出环氧乙烷气体，为使气体不向大气中排放，可排入水池中进行吸收。对于粉末原料等所吸附的环氧乙烷气体，可用真空泵充分抽吸，必要时可反复抽吸 2～3 次以充分除去吸附的气体。然后再向灭菌器内通入经过滤、灭菌的无菌空气，取出粉末原料并储存在无菌的容器内，再送往下一工序。

2. 混合

混合的目的是将各种粉料用机械的方法使其拌和均匀，是香粉生产的主要工序。混合设备的种类很多，如带式混合机、立式螺旋混合机、V 形混合机以及高速混合机等。一般是将粉末原料计量后放入混合机中进行混合，但是颜料之类的添加物由于量少，在混合机中难以完全分散，所以初混合的物料尚需在粉碎机内进一步分散和粉碎，然后再返回混合机，为使色调均匀有时需要反复数次才能达到要求。

3. 磨细

磨细的目的是将颗粒较粗的原料进行粉碎，并使加入的颜料分布得更均匀，显出应有的色泽。不同的磨细程度，香粉的色泽也略有不同。粉碎设备有很多种，一般多用球磨机。经磨细后的粉料色泽应均匀一致，颗粒应均匀细小，颗粒度用 120 目标准检验筛网进行检测，按 QB 966—85 的要求，不同产品的通过率分别为：香粉不小于 95%，爽身粉不小于 98%，痱子粉不小于 98%。否则应反复研磨多次，直至符合要求。

4. 过筛

通过球磨机混合、磨细的粉料或多或少会存在部分较大的颗粒，为保证产品质量，要经过筛粉处理。常用的是卧式筛粉机。由于筛粉机内的筛孔较细，一般附装有不同形式的刷子，过筛时不断在筛孔上刷动，使粉料易于筛过。过筛后粉料颗粒度应能通过 120 目标准检验筛网。

5. 加香

一般是将香精预先加入部分碳酸钙或碳酸镁中，搅拌均匀后加入球磨机中进行混合、分散。如果采用气流磨或超微粉碎机，为了避免油脂物质的黏附，提高磨细效率，同时避免粉料升温后对香精的影响，应将碳酸钙（或镁）和香精的混合物加入已磨细并经过旋风分离器除尘的粉料中，再进行混合。

6. 加脂

一般香粉的 pH 值是 8～9，而且粉质比较干燥，为此常在香粉内加入少量脂肪物，这种香粉称为加脂香粉。

加脂的操作方法是：先将脂肪物加水、乳化剂等制成乳剂，再将乳剂加入已通过混合、磨细的粉料中，充分混合均匀。再在 100 份粉料中加入 80 份乙醇拌和均匀，过滤除去乙醇后，在 60～80℃烘箱内烘干，使粉料颗粒表面均匀地涂布着脂肪物。经过干燥后的粉料含脂肪物 6%～15%，再经过筛即成加脂香粉。如果含脂肪物过多，将使粉料结团，应注意避免。加脂香粉不致影响皮肤的 pH 值，且在皮肤表面的黏附性能好，容易敷施、粉质柔软。

7. 灌装

灌装是香粉生产的最后一道工序，一般采用容积法或称量法。对定量灌装机的要求是应有较高的定量精度和速度，结构简单，并可根据定量要求进行手动调节或自动调节。

（二）粉饼的生产工艺

粉饼与香粉的生产工艺基本类同，即要经过灭菌、混合、磨细与过筛，其不同点主要是粉饼要压制成型。为便于压制成型，除粉料外，还需加入一定的黏合剂。也可用加脂香粉直接压制成粉饼，因加脂香粉中的脂肪物有很好的黏合性能。

粉饼的生产工艺过程包括黏合剂制备、粉料灭菌、混合、磨细、过筛和压制粉饼等，其工艺流程如图 9-3 所示。

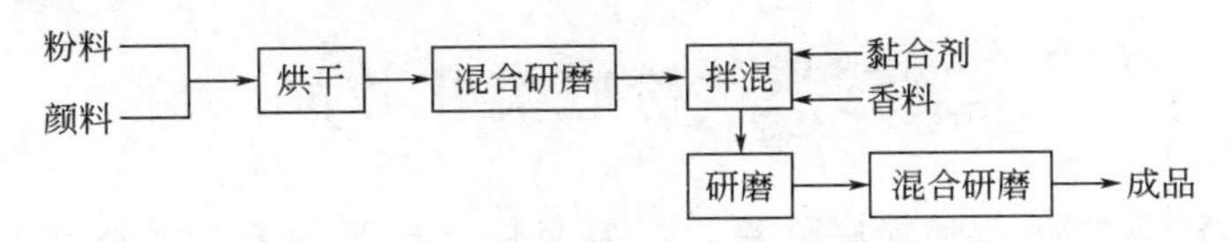

图 9-3　粉饼类化妆品的生产工艺流程

1. 黏合剂制备

在不锈钢容器内加入胶粉（天然的或合成的胶质类物质）和保湿剂，再加入去离子水搅拌均匀，加热至 90℃，加入防腐剂，在 90℃下维持 20min 灭菌，用沸水补充蒸发掉的水分后即制成黏合剂。

如果配方中含有脂肪类物质，可和黏合剂混合在一起同时加入粉料中。如单独加入粉料中，则应事先将脂肪物熔化，加入少量抗氧化剂，用尼龙布过滤后备用。

2. 混合、磨细、灭菌、过筛

按配方将粉料称入球磨机中，混合、磨细 2h，粉料与石球的质量比是 1∶1，球磨机转速 50～55r/min。加脂肪物混合 2h，再加香精混合 2h，最后用喷雾法加入黏合剂，混合 15min。在球磨机混合过程中，要经常取样检验颜料是否混合均匀、色泽是否与标准样相同等。

在球磨机中混合好的粉料，筛去石球后，粉料加入超微粉碎机中进行磨细；超微粉碎后的粉料在灭菌器内用环氧乙烷灭菌；将粉料装入清洁的桶内，用桶盖盖好，防止水分挥发；并检查粉料是否有未粉碎的颜料色点、二氧化钛白色点或灰尘杂质的黑色点。

也可将黏合剂先和适量的粉料混合均匀，经过 10～20 目的粗筛过筛后，再和其他粉料混合，经磨细等处理后，将粉料装入清洁的桶内、盖好，在低温处放置数天使水分保持平衡。粉料不能太干，否则会失去黏合作用。

在压制粉饼前，粉料要先经过 60 目的筛子。

3. 压制粉饼

按规定质量将粉料加入模具内压制，压制时要做到平、稳，不要过快，防止漏粉、压碎，应根据配方适当调整压力。压制粉饼通常采用冲压机，冲压压力大小与冲压机的形式、产品外形、配方组成等有关。压力过大，制成的粉饼太硬，使用时不易涂擦开；压力太小，制成的粉饼就会太松易碎。一般在 $2\times10^6\sim7\times10^6$ Pa 之间。

压粉饼的机器有数种，有手工操作的、油压泵产生压力的手动粉末成型机，每次可压饼 2～4 块；也有自动压制粉饼机，每分钟可压制粉饼 4～30 块，是连续压制粉饼的生产流水线。

压制好的粉饼，必须检查不得有缺角、裂缝、毛糙、松紧不匀等现象。采用加脂香粉基料压制的粉饼，要求压力恒定，不使粉饼过于结实或疏松。

关于包装盒子最重要的一点是不能弯曲，如果当粉饼压入盒中压力去除时，盒子的底板回复原状而弯曲，那么就会使粉饼破裂，因为粉饼没有弹性。同样的原因冲压不能碰着盒子的边缘，至于盒子的直径和粉饼厚度之间的关系，必须经过试验确定，如果比例不适当，在移动及运输过程中容易导致粉饼破碎。

另外，据资料报道，广州雅芳化妆品公司采用了粉浆注射法，这是一种全新的粉饼生产工艺，它将粉相与溶剂相混合成泥浆状，再将其注射到塑料粉盒，然后通过抽真空吸出其中的溶剂相，粉盒中只留所需粉相。相对传统生产工艺，此法极大地改善了生产环境，提高了产品质量。

第二节 粉底类化妆品

粉底类化妆品包含粉底霜和粉底乳液，主要是用于敷粉及其他美容化妆品前涂抹在皮肤上，预先打下光滑而有润肤作用的基底。现代粉底类化妆品有优良外观和稳定性，不仅含润肤剂，而且还可能含有防晒剂。它有助于粉剂粘着于皮肤，也作为皮肤保护剂，可防止因环境因素（如日光或风）所引起的伤害作用。

一、粉底类化妆品的性能和原料

好的粉底霜应具备膏体细腻均匀，在皮肤上涂展性良好，涂抹后对香粉有强的附着能力，并能遮盖面部原有的瑕疵，改善皮肤的质感和肤色等性能。粉底类化妆品应控制其 pH 值在 4～6.5，即和皮肤的 pH 值接近。

粉底霜有两种：一种不含粉质，配方结构和雪花膏相似，遮盖力较差；另一种加入钛白粉及二氧化锌等粉质原料，将粉料均匀分散、悬浮于乳化体（膏霜或乳液）中而得到的粉底制品，有较好的遮盖力，能掩盖面部皮肤表面的某些缺陷，还有一定的抗水和抗汗能力。这里重点介绍含粉质的粉底霜。另外还有粉底乳液，它是添加了粉料的乳液状粉底，其稳定性低于普通乳液，遮盖力次于粉底霜，其大体成分与粉底霜相同，水分加大而脂类减少。相对粉底霜而言，粉底乳液涂覆方便，使用后清爽舒适、自然清新、少油腻感，尤其适合于油性皮肤和快速化妆之用。

和其他膏霜相似，粉底霜也应具有膏体细腻均匀，在皮肤上涂展性良好，不阻曳或起面条；留下的膜应略具黏性使香粉容易黏附；不能有光泽并对皮脂略有吸附性而不流动；有较好的透气性以防止汗液突破覆盖层的可能；不能引起皮肤过分的干燥，如同在清洁、干燥的皮肤敷上香粉时的感觉；香粉涂覆以后应保持原始的色彩和无光泽，可以再次敷粉。这些都是理想的特性要求，一种产品当然不可能适应各种皮肤的要求。

粉底霜是由粉料、油脂、水三相经乳化剂乳化而成，其稳定性较只有油相和水相制得的乳化膏霜差，因此，乳化型粉底的制备技术要求较高。若乳化不良会出现凝胶、分离、析油等现象。粉底制品一般都是油/水型乳化体系，为了适应干性皮肤的需要，也可制成水/油型制品。

一般粉底膏霜根据遮盖力的需要，粉料含量占 10%～15%，颜料和粉大都分散在水相中。所用的基质粉体和颜料包括二氧化钛、滑石粉、高岭土、氧化铁类颜料。

氧化锌因能与乳化体系中硬脂酸及其酯类反应生成疏水性硬脂酸锌，导致粉底的乳化体不稳定。一些电解质，如硫酸盐、氯化物、硝酸盐等也会影响粉底的稳定性。粉底霜的稳定性与粉料含量、粉料的表面处理和颗粒度、乳化体系的性质有关，粉料含量越高，其稳定性越差。粉料的细度一般要求在 10μm 以下。

为使粉体均匀地分散和悬浮在乳化体系中，并使膏体具有较好的触变性，常在配方中添加少量的悬浮剂，如纤维素衍生物、角叉菜胶、聚丙烯酸类聚合物、硅酸镁钠和硅酸铝镁等，这些悬浮剂也起着增稠和分散的作用。

以水为连续相的粉底霜，油相的含量约为 20%～35%。油相的熔点与甘油等保湿剂的含量以及粉的含量有关，含有 20%甘油的雪花型膏霜，油相的熔点可以高达 55℃；在少甘油或无甘油的膏霜内，油相的熔点以接近皮肤的温度为宜。

乳化剂一般采用阴离子型和非离子型乳化剂，非离子型乳化剂特别适宜于含有颜料的配方及粉底乳液。

在粉底霜中还可以适当地加入一些色素或颜料，使其色泽更接近于皮肤的自然色彩。

其他辅料的选择参见护肤霜。

二、粉底类化妆品的配方示例

1. 粉底霜的参考配方

见表 9-4 所列。

表 9-4 粉底霜的配方

原料成分	质量分数/%			原料成分	质量分数/%		
	配方 1	配方 2	配方 3		配方 1	配方 2	配方 3
白矿油	25.0	5.0	4.0	1,3-丁二醇		5.0	
凡士林				聚乙二醇			3.5
硬脂酸	4.0			三乙醇胺	1.5		0.2
鲸蜡醇	2.0			透明质酸(2%)			4.0
单硬脂酸甘油酯	2.5			卡波树脂			0.1
烷基酚聚氧乙烯(10)醚			3.0	硬脂酸锌			0.7
脂肪醇聚氧乙烯(10)醚			3.0	干燥白粉料	10.0		
丝素			2.0	钛白粉		9.0	
丝肽			3.0	高岭土		4.0	
苯基甲基硅氧烷		4.0		膨润土		5.0	
环甲基硅氧烷基二甲基硅氧烷聚醚共聚物		12.0		颜料、防腐剂、香精	适量	适量	适量
				去离子水	加至 100.0		

配方制法：将粉料与油相成分（必要时加热熔化）捏合、分散后再与水相物料混合乳化得乳剂型；或将油相物料与水相物料混合乳化后再在乳剂型膏霜中掺和粉料。均质后，加入香精，搅拌冷却，包装。配方 2 中以硅油作为外相，易于涂展，可均匀而平滑地涂覆在皮肤上，并可使妆容持久。配方 3 中加入丝素、丝肽，有利于加强化妆品与皮肤的附着力，预防因流汗、皮肤牵动而破坏妆容，减弱彩妆对面部及眼部皮肤的刺激作用。

2. 粉底乳液的参考配方

见表 9-5 所列。

表 9-5 粉底乳液的配方

组分	质量分数/%			组分	质量分数/%		
	配方 1	配方 2	配方 3		配方 1	配方 2	配方 3
硬脂酸	2.0	2.0	0.5	丙二醇	3.0	5.0	
白矿油	10.0	12.0	3.0	甘油			8.0
羊毛脂	1.0		0.5	Carbopol 940			0.05
十六醇		0.3	1.0	矿物凝胶			0.2
聚氧乙烯(10)油酸酯		1.0		硅酸铝镁		0.5	
单硬脂酸甘油酯	2.0		0.8	羧甲基纤维素钠	0.25		
肉豆蔻酸异丙酯			4.0	钛白粉	7.0	6.0	3.0
斯盘-80		1.0		滑石粉	7.0	6.0	2.0
吐温-80			1.5	高岭土		3.0	
聚乙二醇(400)		5.0		颜料、防腐剂、香精	适量	适量	适量
三乙醇胺	1.0	1.0		去离子水	加至 100.0		

配制方法：将粉类原料和颜料混合，粉碎成粉末；将粉末及水溶性成分加入去离子水

中，进乳化器使粉末均匀分散，保持70℃，此为水相；将其余成分混合，加热溶解，保持70℃，此为油相；将水相加于油相，进行乳化反应，当乳化分散均匀，冷却至40℃时加入香精，充分混合后冷却即可。

第三节 粉剂类化妆品的主要生产设备

这里主要介绍以粉质原料为主要原料配制而成的粉剂类化妆品，粉底类化妆品的生产可参见第五章乳液及膏霜类护肤化妆品。

粉类化妆品由于主要选用粉质原料，要制得颗粒细小、滑腻、易于涂抹的产品，所以在生产工艺及设备上与其他类化妆品有很大差别。生产这类产品的设备主要包括：混合设备、粉碎设备、筛分设备等。

一、混合设备

混合设备主要使固体粉料之间彻底混合均匀。混合设备的品种很多，如带式混合机、V形混合机、双螺旋锥形混合机、螺带式锥形混合机及高速混合机等。

1. V形混合机

V形混合机是由两个圆筒焊接而成，外形呈V字形，圆筒两侧装有两个支轴，支轴安放在轴承上，靠其支持。双圆锥形混合机也属于V形混合机，如图9-4所示，它们都用于干粉的混合。

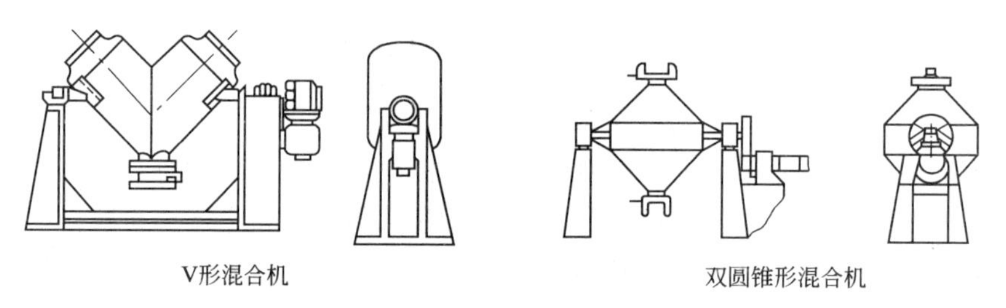

图9-4 V形混合机

V形混合机运转时，在机内固体粉料开始时由于离心力和筒壁的阻力作用，先做圆周运动，达到一定点后，在重力作用下脱离了圆周运动，粉料表面的粉粒产生移动，然后在两圆筒交锥部分进行激烈的冲击，使粉料分离开来。在混合机的连续运转下，机内的粉料反复交替地在交锥部分做激烈冲击，于是粉料在很短时间内达到良好的混合。

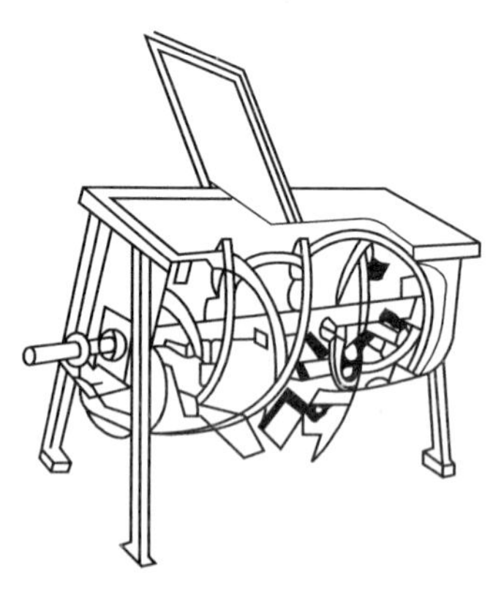

图9-5 带式混合机

2. 带式混合机

带式混合机结构如图9-5所示，其主体是一个金属制成的U形水平容器，中心装置是回转轴，在轴上固定两条带状螺旋形的搅拌装置，两螺旋带的螺旋方向相反。当中心轴旋转时，由于反向螺旋的作用，粉料向左右移动、上下翻动进行充分混合，在U形容器的底部开有出料口，粉料可以在搅拌后放出。在某些特殊需要的场合，U形容器可以做成夹套，进行加热或冷却。容器也可抽真空，进行真空拌粉等操作。通常混合器的装载量为U形容器体积的40%～70%，拌粉轴的转速为20～300r/min。

3. 双螺旋锥形混合机

双螺旋锥形混合机结构如图 9-6 所示，其外形为一圆锥筒，筒内装有两支不等长的螺旋搅拌器，搅拌器依锥体做公转和自转运动。公转速度为 2～3r/min，自转速度为 60～70r/min。粉料在搅拌器的公转和自转作用下，做上下循环运动和涡流运动。因此，物料可以在较短的时间内得到高度混合，其功效为滚筒式混合机的 10 倍左右，是目前混合功效较好的一种混合设备。装载容量为 50%～70%。

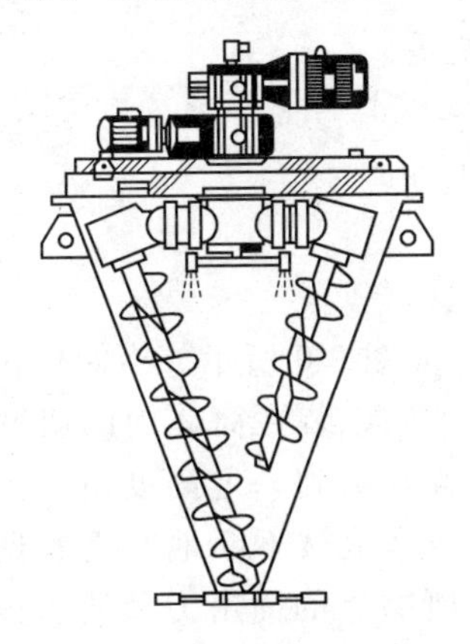

图 9-6　双螺旋锥形混合机

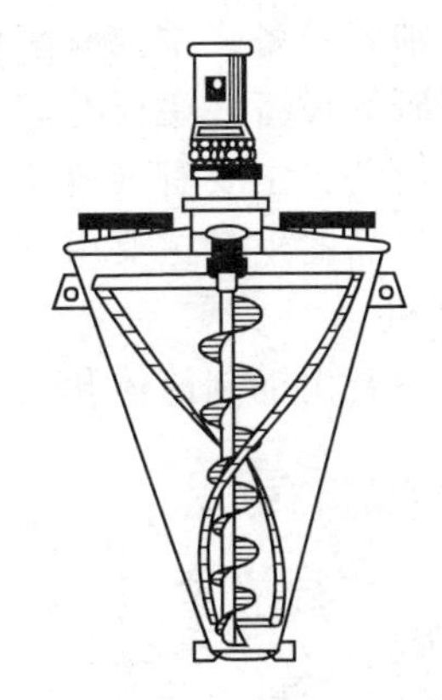

图 9-7　螺带式锥形混合机

4. 螺带式锥形混合机

螺带式锥形混合机的结构如图 9-7 所示，其搅拌器采用螺旋搅拌器和外部螺带式锥形搅拌器相组合的形式。搅拌时，可以造成粉料的剪切、错位、扩散、对流等全方位的运动，从而获得均匀的混合物。它也是目前混合效果较好的混合机之一。

5. 高速混合机

高速混合机是近年来使用比较广泛的一种高效混合设备，其结构如图 9-8 所示。它具有一个圆筒形夹壁容器，在容器底部装置一转轴，轴上装有搅拌桨叶，转轴可与电动机用皮带连接，也可直接与电动机连接。在容器底部开有一出料孔，在容器上端有平板盖，盖上有一挡板插入容器内，并有一测温孔用以测量容器内粉料在高速搅拌下的温度。当启动电动机后，粉料在高速叶轮的离心力作用下互相撞击粉碎，进行充分的混合。由于粉料在高速搅拌下运动，因此粉料温度在极短的时间内显著升高，极易使粉料变质、变色，故在使用前必须先在混合机夹层内通入冷却水进行冷却，同时在运动时也需经常观察温度的变化。该混合机

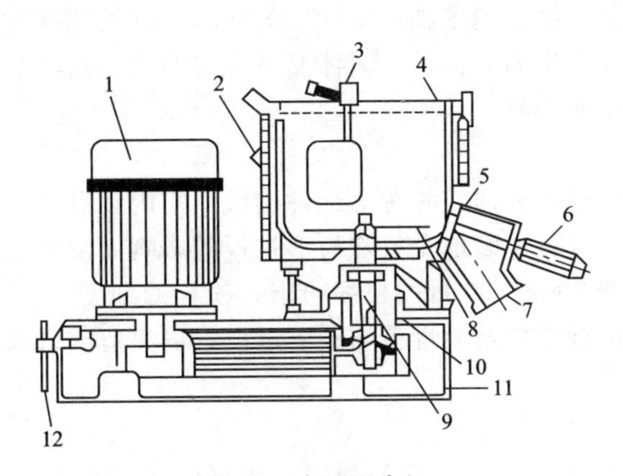

图 9-8　高速混合机

1—电动机；2—料筒；3—温度计；4—盖；5—门盖；6—汽缸；7—出料口；
8—搅拌叶轮；9—轴；10—轴壳；11—机座；12—调节螺丝

可在真空下操作，也可在小于245.5kPa的压力下操作。一般其适宜的装载量为容器容积的60%～70%，叶轮的转速控制在500～1500r/min之间。

二、粉碎设备

粉碎设备有很多种，一般可按被粉碎物料在粉碎前后的大小分为4类。

粗碎设备：典型的有颚式破碎机和锥形破碎机等。

中碎与细碎设备：主要有滚筒破碎机和锤击式粉碎机等。

磨碎和研磨设备：主要有球磨机、棒磨机等。

超细碎设备：主要有气流粉碎机、冲击式超细粉碎机等。

粉类化妆品的生产主要用到研磨和超细粉碎设备。

1. 球磨机

球磨机主要由钢制筒体和装在筒体内的研磨体组成，如图9-9所示。当筒体由电动机通过减速器带动做回转运动时，装在筒体内的研磨体由于和筒体的摩擦作用而被带着升高到一定高度后下落。筒体不断地做回转运动，则研磨体就被不断地升高和回落，结果使物料不断地在下落的研磨体的撞击力及研磨体与筒体内壁的研磨作用下被粉碎。

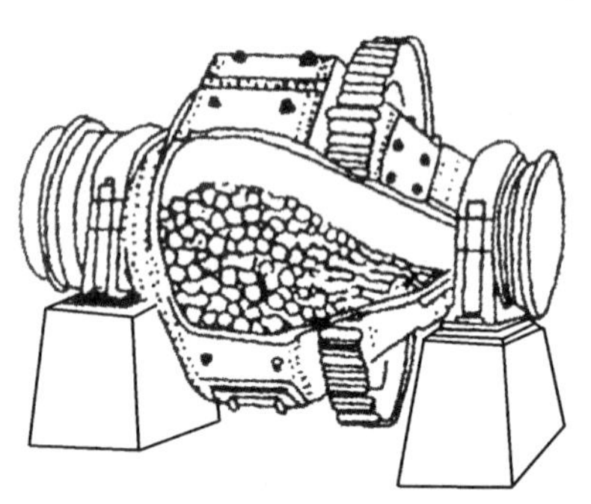

图9-9　锥形球磨机

球磨机的筒体有圆筒形、长筒形和圆锥形3种，均为卧式，分别称为圆筒球磨机、管形球磨机和锥形球磨机。而研磨体可以是球形，也可以是棒形或其他形状，前者称为球磨机，后者称为棒磨机。

球磨机的优点是可以进行干磨，也可以进行湿磨，其粉碎程度较高，可得到较细的粉粒，特别是粉碎或研磨易爆物品时，筒体内可以充惰性气体以防爆。由于是密闭研磨，故粉尘飞扬现象较轻微。

球磨机的缺点在于体积庞大、笨重，运转时有强烈的震动和较大的噪声，因此必须有牢固的基础。此外，粉料内易混入研磨体的磨损物，会污染产品。

2. 振动磨

振动磨是利用研磨体在磨机筒体内做高频振动，将物料磨细的一种超细磨设备。其结构为一卧式圆筒形磨机，筒体里面装有研磨球和物料，在筒体中心装有一回转主轴，轴上装有不平衡重物，筒体有弹簧支撑。当主轴以1500～3000r/min的速度旋转时，由于不平衡物所产生的惯性离心力使筒体产生高频振动。筒体支持在弹簧上，这样借筒体的高频振动，物料就可不断地被研磨体撞击而粉碎。

3. 微细粉碎机

微细粉碎机主要由粉碎室和回转叶轮等部件构成，室内装有特殊齿形衬板，粉料在高速回转的大小叶轮带动下，就可不断地受特殊齿形衬板的影响而发生相互撞击，产生微细的粉末。此设备主要用来生产200～300目的超细粉末，粉粒的细度一般可达到5～10μm。由于该机在高速运动撞击中进行粉碎，故进料切不可过量，以免造成机温升高、粉料变质、机件磨损。

4. 气流粉碎机

气流粉碎机结构如图9-10所示，它是利用高压气体从喷嘴射出，形成高速流，从斜的方向向粉碎室内壁喷射，使粉碎室内的物料做高速旋转，造成物料粒子互相撞击，而达到粉碎的目的。粉碎后的粉料通过旋风分离器，将粗粉送入粉碎室继续粉碎，细粉则进入收集器。通常气流粉碎机可以使物料粉碎到几个微米。

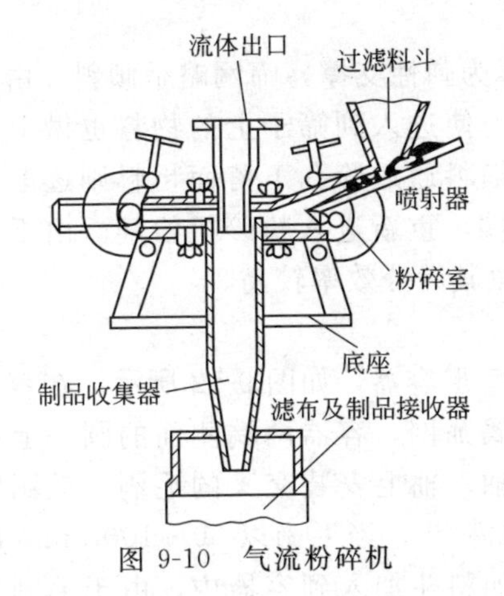

图 9-10　气流粉碎机

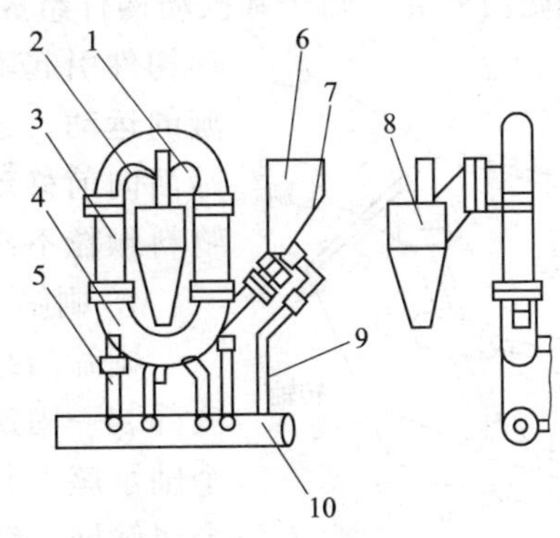

图 9-11　立式气流磨

1—粉粒出口；2—上弯管；3—直管；4—下弯管；5—喷嘴；6—料斗；7—加料喷嘴；8—旋风分离器；9—喷嘴气管；10—压力气体总管

5. 立式气流磨

立式气流磨也是利用高速气流，使固体物料自行相互击碎的超细粉碎设备，如图 9-11 所示。物料自料斗 6 经过喷嘴喷射后进入粉碎管 2、3、4，高压气体从管道 10 进入喷嘴 5 射入粉碎管，由于高压气体在粉碎管内带动物料做高速旋转，因此物料可在粉碎管内通过撞击、剪切而被粉碎。已粉碎的细粉从上弯管 2 排出进入旋风分离器 8 进行收集。立式气流磨可以制得粒度微细而均匀的成品，成品的纯度较高，且可以在无菌条件下操作，适于热敏性及易燃、易爆物料的粉碎。

三、筛分设备

固体原料经粉碎后颗粒并非完全均匀，故需要将颗粒按大小分开才能满足不同的需要。这种将物料颗粒按大小分开的操作称为筛分。筛分设备的主要部件是由金属丝、蚕丝和尼龙丝等材料编织成的网。筛孔的大小通常用目来表示，即每英寸长度内含有经线或纬线的数目。目数越高，筛孔越小。

筛分可用机械离析法，也可用空气离析法。前者的设备称为机械筛，比如栅筛、圆盘筛、滚筒筛、摇动筛、簸动筛、刷筛及叶片筛；后者的设备称为风筛，比如离心风筛机、微粉分离器。

1. 滚筒筛

滚筒筛又称回转筛，主体为稍微倾斜的滚筒，筒面上为筛网。当物料经加料斗加入到旋转着的滚筒后，其中的细料即可穿过筛孔排出作为成品落入料仓，而粗料则沿滚筒前移，在滚筒的另一端排出，重新进粉碎机粉碎。

2. 摇动筛

摇动筛的筛子水平或倾斜放置，通过连杆和偏心轮相连接。当电动机带动偏心轮转动时，偏心轮即通过连杆摇动筛子，使筛子做往复运动。筛上的物料中，细料经筛孔落到下方，而粗料则顺筛移动，落到粉碎机中。

摇动筛可以做成多层，在这种筛中，物料先加入具有最大筛孔的上层筛板上，未筛过的大块物料由此筛层分出，筛过物料则落到下层筛板上。下层筛板上的筛孔较小，这层的筛过物又落到下层更细筛孔的筛板上。依此类推，即可同时筛分出颗粒大小不同的若干种产品。

因此摇动筛是一种效率很高的筛分设备，广泛应用于细物料的筛分。

3. 簸动筛

簸动筛由外壳、筛子和振动构件组成。外壳的支撑为弹性支撑，筛网略呈倾斜。由于振动构件引起筛子上下簸动，使进入到筛子上的物料也做上下颠簸的运动，这样就可以使细料通过筛孔下落而粗料则逐渐沿着筛面向前移动到筛的另一端，重新进入粉碎机粉碎。由于振动物料颗粒不易堵塞筛孔，故其筛分效率较高。

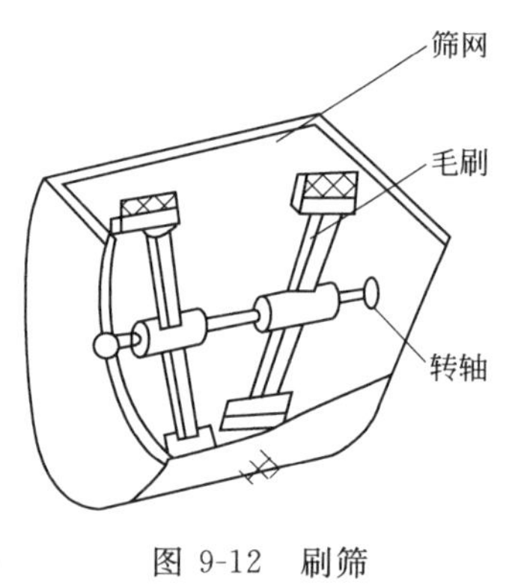

图 9-12 刷筛

4. 刷筛

刷筛的结构如一个 U 字形容器，如图 9-12 所示。在容器的底部装一固定的半圆形金属筛网，容器两端侧面的圆心上有两个轴承座，其上安装一转轴，轴上安装交叉的毛刷，毛刷紧贴金属筛网，容器盖上有一加料斗。当毛刷以 30～100r/min 的速度旋转时，逐渐将粉料从加料斗加入到容器内，由于毛刷紧贴着筛网做回转运动，因此，筛网上的物料就可按粗细不同被筛分，筛过物即为产品，未筛过物重新去粉碎。

5. 叶片筛

刷筛的生产效率较低，为提高效率，可将安装在轴上的毛刷改为叶片，而轴的转速提高到 500～1500r/min，即为叶片筛。操作时粉料在叶片离心力的作用下通过金属筛网，故生产效率较高。但由于叶片筛有大量的风排出，故易造成环境污染。

6. 离心风筛机

离心风筛机主要由两个同心的锥体组成，内锥体中心轴上装有圆盘、离心翼片及风扇，如图 9-13 所示。被粉碎物料从上部加料口进入，落到迅速旋转的圆盘上，借离心力将粉状物料甩向四周。盘四周有上升气流，将粉状物料吹起来，使细粉浮动；粗颗粒因离心力大而碰到内锥筒壁落下；中等颗粒的物料浮起不高，遇到旋转着的离心翼片，被带着向内锥筒壁

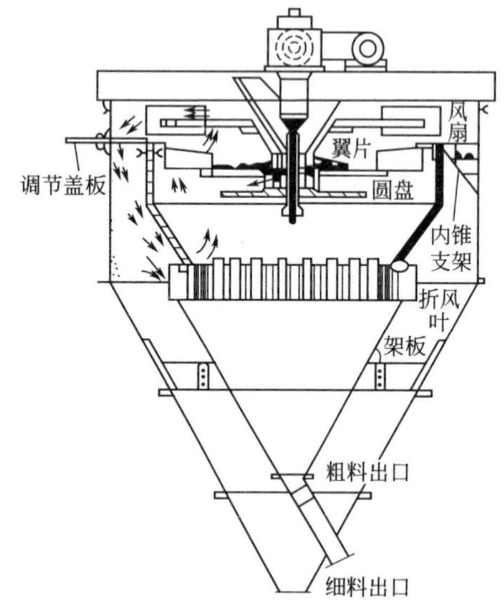

图 9-13 离心风筛机

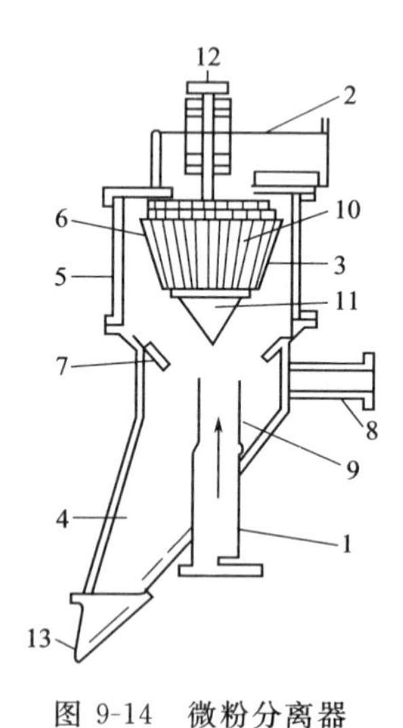

图 9-14 微粉分离器

1—进料管；2—排风管；3—转子；4—集粉管；5—分离室；6—转子上的空气通道；7—节流环；8—进风管；9—喂料位置调节环；10—扇片；11—转子锥底；12—转轴；13—排粉口

运动，撞到内锥筒壁而下落，与粗颗粒一同从粗料出口管流回粉碎机或其他容器内；能够浮动到离心翼片以上的细料，则随气流被风扇吹送到内外锥筒的夹层中，在这里空气速度骤减，使其从下端的细料出口处排出。与细料分离的空气经倾斜装置的折风叶重新进入内锥筒内。

通常在内锥筒的上端四周装调节盖板，通过伸缩盖板、增减离心翼片数目及倾斜度、变更主轴的转速等调节物料被分离的粗细程度。一般分离细料时，离心翼片可多至48个，最少为6个；而分离粗料时，有时可以不用离心翼片。

7. 微粉分离器

微粉分离器也是利用空气流的作用，使物料的颗粒能够粗细分离的设备，其结构如图9-14所示。含有粉尘的气流从底部进料管1送入分离室5，室内装有一具有电动机驱动的转子，转子支撑于转轴12上，并以高速旋转。当含粉气流穿过转子时，悬浮的粉料受到转子的离心力作用而改变运动方向，沿分离室5的筒壁下降至节流环7的锥面上，被进风管8的旋转气流再次提升夹带下细粉，从而提高了分离效果，不符合细度的粉末则通过集粉管4从排粉口13排出。

微粉分离器是一种高速转动的设备，每次使用完毕后必须将转子上黏附的粉料清除干净。当转子上黏附的粉料产生单面不平衡后，转子将产生剧烈振动，易致机器损坏。

第四节 粉剂类化妆品的质量控制

一、香粉、爽身粉、痱子粉的质量控制

1. 香粉、爽身粉、痱子粉的质量指标

香粉、爽身粉、痱子粉类产品质量应符合QB/T 1859—2004和QB/T 2660—2004要求，卫生指标见表9-6，感官、理化指标见表9-7。

表9-6 香粉、爽身粉、痱子粉的卫生指标（QB/T 1859—2004）

指标名称	指标要求	指标名称	指标要求
细菌总数/(CFU/g)	≤1000,儿童用产品≤500	粪大肠菌群	不得检出
霉菌和酵母菌总数/(CFU/g)	≤100	铅/(mg/kg)	≤40
金黄色葡萄球菌	不得检出	砷/(mg/kg)	≤10
绿脓杆菌	不得检出	汞/(mg/kg)	≤1

表9-7 香粉、爽身粉、痱子粉的感官、理化指标（QB/T 2660—2004）

指标名称		指标要求	指标名称		指标要求
感官指标	粉体	洁净,无明显杂质及黑点	理化指标	细度(120目)/%	≥95
	色泽	符合规定色泽		pH值	4.5～10.5 (儿童用产品4.5～9.5)
	香气	符合规定香型			

2. 香粉的质量问题及控制

(1) 香粉的黏附性差　主要是硬脂酸镁（或锌）用量不够或质量差，含有其他杂质，另外粉料颗粒粗也会使黏附性差。应选用色泽洁白、质量较纯的硬脂酸镁（或锌）并适当调整其用量；如果采用微黄色的硬脂酸镁（或锌），容易酸败，而且有油脂气味；另外，将粉料尽可能磨得细一些，以改善香粉的黏附性能。

(2) 香粉吸收性差　香粉吸收性差，主要是碳酸镁或碳酸钙等具有吸收性能的原料用量不足所致，应适当增加其用量。但用量过多，会使香粉 pH 值上升，可采用陶土粉或天然丝粉代替碳酸镁（或钙），以降低香粉的 pH 值。

(3) 加脂香粉成团结块　主要是由于香粉中加入的乳剂油脂量过多，或烘干程度不够而使香粉内残留少量水分。应适当降低乳剂中油脂量，并将粉中水分尽量烘干，以免加脂香粉成团结块。

(4) 香粉色泽不均匀　主要是由于在混合、磨细过程中，采用设备的效能不好，或混合、磨细时间不够，致使有色香粉色泽不均匀。应采用较先进的设备，如高速混合机、超微粉碎机等，或适当延长混合、磨细时间，使之混合均匀。

(5) 杂菌数超过规定范围　原料含菌多，灭菌不彻底，生产过程中不注意清洁卫生和环境卫生等，都会导致杂菌数超过规定范围，应加以注意。

二、粉饼的质量控制

1. 粉饼的质量指标

粉饼等化妆粉块类产品质量应符合 QB/T 1976－2004 要求，卫生指标见表 9-8 所列，感官、理化指标见表 9-9 所列。

表 9-8　化妆粉块的卫生指标（QB/T 1976—2004）

指标名称	指标要求	指标名称	指标要求
细菌总数/(CFU/g)	≤1000,眼部及儿童用产品≤500	粪大肠菌群	不得检出
霉菌和酵母菌总数/(CFU/g)	≤100	铅/(mg/kg)	≤40
金黄色葡萄球菌	不得检出	砷/(mg/kg)	≤10
绿脓杆菌	不得检出	汞/(mg/kg)	≤1

2. 粉饼的质量问题及控制

(1) 粉饼过于坚实、涂抹不开　黏合剂品种选择不当，黏合剂用量过多或压制粉饼时压力过高等，都会造成粉饼过于坚实而难以涂抹开。应在选用适宜黏合剂的前提下，调整黏合剂用量，并降低压制粉饼的压力。

表 9-9　化妆粉块的感官、理化指标（QB/T 1976—2004）

指标名称		指标要求	指标名称		指标要求
理化指标	涂擦性能	油块面积≤1/4 粉块面积	感官指标	外观	颜料及粉质分布均匀,无明显斑点
	跌落试验/份	破损≤1		香气	符合规定香型
	pH 值	6.0～9.0		块型	表面应完整,无缺角、裂缝等缺陷
	疏水性	粉质浮在水面保持 30min 不下沉(注:疏水性仅适用于干湿两用粉饼)			

(2) 粉饼过于疏松、易碎裂　黏合剂用量过少，滑石粉用量过多以及压制粉饼时压力过低等，都会使粉饼过于疏松、易碎。应调整粉饼配方，减少滑石粉用量，增加黏合剂用量，并适当增加压制粉饼时的压力。

(3) 压制加脂香粉时黏模子和涂擦时起油块　其主要原因是乳剂中油脂成分过多，或因烘干程度不够而使香粉内残留少量水分。应适当减少乳剂中的油脂含量，并尽量烘干。

三、粉底霜的质量控制

这里主要介绍油/水型粉底霜的质量控制。

1. 粉底霜的质量标准

膏体细腻，色泽均一。耐热、耐冷稳定性好，无油水分离或色粉分散不匀的现象。易于涂搽，皮肤感觉滋润舒适，对皮肤安全无刺激。用后粉体附着牢固。

2. 粉底霜的质量问题及控制

(1) 粉底霜耐热48℃/24h或数天后油水分离　原因之一是试制时某种主要原料与生产用原料规格不同，制成乳剂后的耐热性能也各异。应取生产用的各种原料试制乳剂，耐热48℃符合要求后再投入生产。

其二是试制样品时耐热48℃符合要求，但生产时因为设备和操作条件不同，影响耐热稳定性。解决方法是：如果生产批量是每锅500～2000kg，则要备有20～100L中型乳化搅拌锅，同时在操作中型乳化搅拌锅时，应调试至最佳操作条件，例如加料方法、乳化温度、均质搅拌时间、冷却速度、整个搅拌时间、停止搅拌时的温度等，尽可能使设备和操作条件与生产投料量（500～2000kg）时的相同。

没有严格遵守操作规程也是造成油/水分离的原因之一。例如粉底霜搅拌冷却速度的控制，因为各种产品要求不同，主要有3种方法：要求逐步降温；要求冷却至一定温度维持一段时间再降温；要求自动调节10℃冷却水强制回流。应严格按操作规程的要求进行。

(2) 储存若干时间后，粉底霜色泽泛黄　粉底霜配方中若选用了容易变色的原料，就会使其储存后泛黄。因此，如选用容易变色的原料时，其用量应减少至粉底霜仅出现轻微变色为度，否则将影响外观。

香精中某些单体香料变色，是粉底霜泛黄的另一原因。可将容易变色的单体香料分别加入粉底霜中，置于密封的广口瓶中，放在阳光下直射暴晒，热天暴晒3～6天，冬天适当延长，同时做一个空白对照试验。应尽可能少用变色严重的单体香料。

另外，油脂加热温度过高（超过110℃），易造成油脂颜色泛黄。应控制不使油脂加热温度过高，缩短加热时间。

(3) 粉底霜乳剂内混有细小气泡　乳剂在剧烈的均质搅拌时，会产生气泡；在冷却乳剂时搅拌桨旋转速度过快也容易产生气泡；刮板搅拌桨的上部桨叶半露半埋于乳剂液面，在搅拌时容易混入空气。应控制乳剂的制造数量，使刮板搅拌桨叶恰好埋入乳剂液面内，同时调节搅拌桨适宜的转速，不使产生气泡为宜。

在停止均质搅拌后、气泡尚未消失时就用回流水冷却，乳剂很快结膏，易将尚未消失的液面气泡搅入乳剂中。因此，停止均质搅拌后，应适当放慢刮板搅拌桨的转速，使乳剂液面的气泡基本消失后，再引入回流冷却水。

(4) 粉底霜霉变和发胀　粉底霜中含有各种润肤剂和营养性原料，尤其是采用非离子型乳化剂，往往减弱了防腐剂的性能，致使易繁殖微生物。应防止空玻璃瓶保管不善而造成玷污，空玻璃瓶退火后立即装入密封的纸板箱内吸塑包装，灌装前不必洗瓶；妥善保管原料，避免灰尘和水分玷污；制造时油温保持90℃/0.5h灭菌；使用去离子水，紫外灯灭菌；接触粉底霜的容器和工具清洗后用水蒸气冲洗或沸水灭菌20min；注意环境卫生。

实训项目6　香粉的生产

一、认识香粉的实验室制备过程，明确学习任务

1. 学习目的

通过观察香粉的生产过程或多媒体资料，清楚本实训项目要完成的学习任务（即按照给定原料设计香粉配方、制定香粉制备的详细方案、制备出合格的香粉产品）。

2. 要解决的问题

认识原料，完成下表。

原料名称	原料外观描述（颜色、气味、状态）
滑石粉	
钛白粉	
氧化锌	
碳酸钙	
碳酸镁	
高岭土	
淀粉	
硬脂酸锌	
硬脂酸镁	
樟脑	
硼酸	
颜料	
香精	
去离子水	

二、分析学习任务，收集信息，解决疑问

1. 学习目的

通过查找文献信息，认识香粉的配方组成、常用原料、生产方法、步骤、工艺条件等。

2. 要解决的问题

(1) 香粉中常用哪些物质作遮盖剂？它们在配方中的常用量是多少？性能有何区别？

(2) 香粉的滑爽性靠什么物质起作用？简述其性质和质量要求。

(3) 什么是香粉的吸收性？常用哪些物质？各有什么特点？用量多少？

(4) 香粉配方中为什么要加黏附剂？常用哪些物质？各有什么特点？用量多少？

（5）应如何选用香粉类制品？

（6）说明香粉的感官指标、理化指标和卫生指标。

（7）说明香粉常见的质量问题和控制方法。

（8）根据现有原料各自设计香粉的实验配方，填入下表（需说明各组配方的香粉类型和性能，并详细了解配方所选原料的性质和特点）。

原料名称	质量分数/%	作　用

（9）制定实验操作方案（可用文字、方框图、多媒体课件表示）。

（10）核算每千克产品的原料成本：

序号	原料组分	单价/(元/kg)	用量/kg	总价
1				
2				
3				
4				
5				
6				
7				
8				
9				
10				
每千克产品的原料成本是： 元				

三、确定生产香粉的工作方案

1. 学习目的

通过实验结果调整香粉的配方及制备步骤、工艺条件等，并制定出生产香粉的工作方案。

2. 要解决的问题

(1) 认识实验设备及其操作注意事项。

(2) 按设计的实验配方进行实验，并做好实验记录（步骤、工艺条件等）。

(3) 评价实验产品：感官指标、理化指标。

(4) 在老师的指导下，根据实验结果调整配方及制备步骤、工艺条件，做好记录（建议把各小组的实验结果列表参考对比，必要时可重复实验和调整）。

(5) 在老师指导下，根据实验结果优化配方及操作方法，确定香粉的生产配方并核算成本。

组 分	质量/%	成本/(元/kg)	组 分	质量/%	成本/(元/kg)
每千克产品的原料成本是： 元					

(6) 在老师的指导下，按生产10kg（按本校设备生产能力下限而定）香粉的任务，制定出详细的生产方案。

四、按既定方案生产香粉

1. 学习目的

掌握香粉的生产方法，验证方案的可行性。

2. 要解决的问题

(1) 按照既定方案，组长做好分工，要确保各组员清楚自己的工作任务（做什么，如何做，其目的和重要性是什么），同时要考虑紧急事故的处理。

操 作 步 骤	操 作 者	协 助 者

(2) 填写生产记录

① 生产任务书

产品名称		生产计划	kg
生产日期		实际产量	kg
质量状况		操作人员	

② 称料记录

序号	原料名称	理论质量/g	实际称料质量/g	领料人
1				
2				
3				
4				
5				
6				
7				
8				
9				
10				
合计				

③ 操作记录

序号	操 作 条 件	操 作 内 容
1		
2		
3		
4		
5		
6		

五、产品质量评价及实训完成情况总结

1. 学习目的

通过对产品质量的对比评价，总结本组及个人完成工作任务的情况，明确收获与不足。

2. 要解决的问题

(1) 产品质量评价

指 标 名 称		评 价 结 果 描 述
理化指标	细度(120 目)/%	
	pH 值	
感官指标	粉体	
	色泽	
	香气	

(2) 实训工作完成情况评价

序号	评价项目	评价结果(或完成情况)
1	实训报告的填写情况	
2	独立完成的工作任务	
3	小组合作完成的任务	
4	教师指导下完成的任务	
5	是否达到了学习目标(特别是正确进行香粉生产和检验产品质量的掌握情况)	
6	存在的问题及建议	
7	实训收获与不足之处	

小　结

1. 香粉类化妆品主要包括香粉、粉饼和爽身粉等。香粉应具有良好的遮盖力、滑爽性、吸收性、黏附性、柔和的颜色及醇和的香气，根据其性能要求，香粉的主要组分包括遮盖剂、滑爽剂、吸收剂、黏附剂、色素和香精等。粉饼由于剂型不同，除要求具有香粉的性能和组成外，还需添加适量的黏合剂以便压制成型，此外还有少量的保湿剂、防腐剂和抗氧剂等。爽身粉对滑爽性要求最突出，对遮盖力并无要求，此外，爽身粉（包括痱子粉）还有一些如硼酸、水杨酸等香粉所没有的成分，具有轻微的消毒抑菌作用，用后肤感爽快。

2. 香粉（包括爽身粉和痱子粉）的生产过程主要有粉料灭菌、混合、磨细、过筛、加香和加脂、包装等；粉饼的生产工艺过程包括黏合剂制备、粉料灭菌、混合、磨细、过筛和压制粉饼等。

3. 粉底类化妆品包含粉底霜和粉底乳液，是将粉料均匀分散、悬浮于乳化体（膏霜或乳液）中而得到的粉底制品。这类产品是由粉料、油脂、水三相经乳化剂乳化而成，其稳定性较只有油相和水相制得的乳化膏霜差，因此，乳化型粉底的制备技术要求较高。

4. 粉剂类化妆品的生产设备主要包括混合设备、粉碎设备、筛分设备等。

5. 香粉的质量问题主要有黏附性差、吸收性差、加脂香粉成团结块、色泽不均匀、杂菌数超过规定范围等；粉饼的质量问题主要有粉饼过于坚实、涂抹不开，粉饼过于疏松、易碎裂，压制加脂香粉时黏模子和涂擦时起油块等；粉底霜的质量问题主要有耐热48℃/24h或数天后油水分离，储存若干时间后色泽泛黄，乳剂内混有细小气泡，霉变和发胀等。应注意加以控制。

思考题

1. 香粉的主要原料有哪几种？常用哪些物质？
2. 黏合剂有几类？常用哪些物质？
3. 香粉、粉饼在其使用性能和配方组成方面各有何区别？
4. 试比较香粉与粉饼的生产工艺。
5. 简述粉底类化妆品的性能和原料。
6. 香粉常见的质量问题有哪些？如何控制？
7. 粉饼常见哪些质量问题？该如何控制？
8. 粉底霜的质量问题主要有哪些？有何控制方法？

拓展部分

第十章　护发及美发用品

学习目标及要求：

1. 叙述护发、美发及整发用品的种类及其应用。
2. 叙述常用护发类化妆品的配方组成及其生产工艺。
3. 叙述烫发、染发类产品的配方组成。
4. 叙述定发类产品的种类及其配发组成。
5. 在教师的帮助下，查找各种相关信息资料，能制定出生产啫喱水的工作计划，并能完成计划。
6. 能叙述影响啫喱水产品质量的工艺条件，并能在制定实训工作方案时运用这些知识。
7. 会根据配方及操作规程生产啫喱水。
8. 能初步运用所学知识分析啫喱水的质量问题。

第一节　护发类化妆品

头发的生长状况和外观，除与每个人的身体条件、年龄有关外，还与日常生活中是否经常护理有关。健康的头发表层有一层由毛鳞片和自然分泌的油脂构成的保护膜，可防止水分蒸发损失，正常头皮的油性也超过其他部位的皮肤，如果这些油太少就容易生头屑，使头发干枯、发脆甚至断裂。目前，很多香波虽然都使用了较温和的调理成分，但也不免会造成过度脱脂。另外，随着头发漂白、烫发、染发、定型发胶和摩丝等美发化妆品的使用，洗头频率的增加，日晒和环境的污染等，也会使头发受到不同程度的损伤。当人们发现自己的头发失去光泽、脱落、头屑过多等现象时，除积极就医外，还可借助于护发用品的作用来减轻或消除头发和头皮的某些不正常现象。

目前市场上主要的护发产品有护发素、焗油、发油、发蜡、发乳等。

一、护发素

护发素亦称润丝，一般与香波配套使用，洗发后将适量护发素均匀涂抹在头发上，轻柔1min左右，再用清水漂洗干净，故也有人称漂洗护发剂，属于护发用化妆品。

洗发香波是以阴离子、非离子表面活性剂为主要原料提供去污和泡沫作用，而护发素的主要原料是阳离子表面活性剂。香波洗净头发后，再使用护发素，它可以中和残留在头发表面带阴离子的分子，形成单分子膜，而使缠结的头发顺服，柔软有光泽，易于梳理，并具有抗静电作用，有的护发素还具有定型、修复受损头发、润湿头发和抑制头屑、皮脂分泌等作用。

1. 护发素的分类

市场上护发用品的名称及种类繁多，按不同的分类有不同的名称。

护发素按它的外观有两种：透明型和乳液型。目前市场上乳液型是主体，不过，随着时间的推移，透明型的也逐渐为人们所青睐。

按不同的功能效果分为：正常头发用护发素、干性头发用护发素、受损头发用护发素、头屑性头发用护发素、防晒护发素、烫发用护发素及染发护发素等。

从主要原料的使用来看可分为：普通型护发素、天然型护发素和功能性护发素。

按使用方法可分为：用后需冲洗干净的护发素、用后不需冲洗干净的护发素和焗油型护发素。一般的护发素用后需冲洗干净，不需冲洗干净的护发素多数为喷剂或凝胶型；焗油型护发素使用后，需焗 20～30min，对头发进行特别护理，常在发廊进行。但是，随着原料技术的发展，很多强渗透性、高效的护发原料可以在短时间内达到很好的护理效果，于是市场上就出现了“一分钟焗油”等家庭使用焗油护发素。

2. 护发素的组成

护发素主要是由表面活性剂、辅助表面活性剂、阳离子调理剂、增脂剂、防腐剂、色素、香精及其他活性成分组成。其中，表面活性剂主要起乳化、抗静电、抑菌作用；辅助表面活性剂可以辅助乳化；阳离子调理剂可对头发起到柔软、抗静电、保湿和调理作用；增脂剂如羊毛脂、橄榄油、硅油等在护发素中可改善头发营养状况，使头发光亮，易梳理；其他活性成分如去头屑剂、润湿剂、防晒剂、维生素、水解蛋白、植物提取液等赋予护发素各种特殊功效。其配方组成见表 10-1 所列。

表 10-1 护发素配方组成及代表性物质

组 成	主 要 功 能	代表性物质
表面活性剂	乳化作用、抗静电、抑菌	季铵盐类阳离子表面活性剂、非离子表面活性剂
阳离子聚合物	调理、抗静电、黏度调节、头发定型	季铵化羟乙基纤维素、水解蛋白、二甲基硅氧烷、壳聚糖等
基质制剂	形成稠厚基质、赋脂剂	脂肪醇、蜡类、硬脂酸脂类
油分	调理剂、赋脂剂	动植物油脂
增稠剂	调节黏度、改变流变性能	盐类、羟乙基纤维素、聚丙烯酸酯
其他成分	视具体成分而异	螯合剂、抗氧化剂、香精、防腐剂、着色剂、珠光剂、酸度调节剂、稀释剂、去头屑剂、定型剂、保湿剂等

3. 护发素参考配方

乳液型护发素配方示例见表 10-2 所列 。

表 10-2 乳液型护发素

组成(油相)	质量分数/%	组成(水相)	质量分数/%
乳化蜡	6.0	PVP	0.25
桃仁油	7.0	硬脂酸二甲基苄基氯化铵	1.0
甘油基硬脂酸酯	0.8	骨胶原蛋白的酶水解物	4.0
羊毛脂	4.0	EDTA 二钠	0.03
香精	适量	对羟基苯甲酸甲酯	0.2
羟基苯甲酸丙酯	0.01	色素	适量
		氢氧化钠(10%)溶液	适量
		去离子水	加至 100.0

配制要点：加热油相和水相至 80℃。随着搅拌将水相加至油相中。冷至 40℃，加香精，随着慢速搅拌冷至室温，用 10%氢氧化钠液溶将 pH 调至 5.5。

透明型护发素配方示例见表 10-3 所列。

配制要点：将 1831、HEC、阳离子瓜尔胶、EDTA 二钠加入去离子水中，搅拌溶解，

表 10-3 透明型护发素配方示例

组成	质量分数/%	组成	质量分数/%
1831	1.3	DC8194	1.5
HEC	0.8	卡松	0.08
阳离子瓜尔胶	0.1	香精	0.1
EDTA 二钠	0.1	丙二醇	0.1
水溶性橄榄油	0.5	去离子水	加至 100.0

再加入水溶性橄榄油与 DC8194，升温至 80℃，加入丙二醇、卡松，溶解，降温至 50℃左右调香即可。

二、焗油

焗油是一种通过蒸汽将油分和各种营养成分渗入到发根，起到养发、护发作用的护发用品。焗油具有抗静电，增加头发自然光泽，使头发滋润柔软、乌黑光亮、易于梳理，并兼有整发、固发作用，对于干、枯、脆等损伤头发，特别是对经常烫发、染发和风吹日晒造成的干枯、无光、变脆等有特殊的修复发质的功能。现在出现的免蒸焗油，可在家中进行，使用时，一般先用香波将头发洗净、冲净擦干，将焗油擦遍全部头部，用热毛巾热敷 10～15min，然后用水漂洗一下即可。现今市售的焗油大多是 O/W 乳液，除含有油和酯类外，一般还添加季铵盐或阳离子聚合物做调理剂，其参考配方见表 10-4 所列。

表 10-4 焗油参考配方

组成	质量分数/%	组成	质量分数/%
聚氧乙烯(50)羊毛脂	1.5	羟乙基纤维素	0.5
聚氧乙烯(75)羊毛脂	0.5	单乙醇胺	3.0
聚氧乙烯(20)油醇醚	0.5	防腐剂(Germaben Ⅱ)	1.0
椰油基二甲基季铵化羟乙基纤维素	0.5	去离子水	加至 100.0
氧化油酸酯基·三甲基铵	3.0		

三、发油

发油又称头油，其效用在于修饰头发使其有光泽。一般是用动、植物油和香精配制而成。由于油脂容易酸败，需加抗氧剂（如维生素 E，对羟基苯甲酸丙酯，2,6-二叔丁基茴香醚），一般用量为 0.01%～0.1%。发油中加一些羊毛脂衍生物、乙酰化羊毛醇、棕榈酸异丙酯等物质，可提高发油的质量，因为这些物质能与植物油脂、矿物油互溶，还可防止油脂变质。此外，它们还能渗进头皮，增加头发的光泽。

发油的配方示例见表 10-5 所列。

表 10-5 发油的配方示列

组成	质量分数/%	组成	质量分数/%
蓖麻油	73.0	维生素 E	0.1
聚丙二醇(10)甲基葡萄糖醚	10.0	羟乙基羊毛脂	2.0
日本蜡	6.0	香精	0.9
聚乙二醇(2)羊毛脂醚	3.0	十六醇	2.0
小烛树蜡	3.0	色素	适量

配制要点：将蓖麻油、日本蜡、小烛树蜡置于混合器中搅拌加热至 80℃，搅拌下加入羟乙基羊毛脂、十六醇、聚丙二醇(10)甲基葡萄糖醚、聚乙二醇(2)羊毛脂醚，当温度降至 50℃加维生素 E，最后调香，调色。

四、发蜡

发蜡用于修整硬而不顺的头发，使头发保持一定的形状，并使头发油亮。发蜡的外观呈透明的胶冻状或半凝固油状，发蜡的原料主要是矿物油、石蜡、地蜡、鲸蜡以及凡士林和植物油等。为改善其性能，常加入合成蜡和聚氧乙烯类非离子表面活性剂。

发蜡是一个既老又新的头发用定型产品。说它老，是因为很早就有发蜡上市了，但由于那种油腻感，导致了发蜡市场停滞不前，几乎退出历史舞台；说它新，是由于在新技术的投入下，更适合使用的全新的产品开始问世，在护发用品中的地位，明显朝着一个趋好的方向发展。现在在中国香港、中国台湾和日本，已经可以买到大量各种各样的发蜡，目前，我国内地也已经有不少厂家推出了发蜡产品。

发蜡的配方示例见表 10-6 所列。

表 10-6　发蜡的配方示例

组　成	质量分数/%	组　成	质量分数/%
1328(GE)	10.0	山梨醇	20.0
DC345(DC)	5.0	丙二醇	0.8
DC200(350)	2.0	防腐剂	0.3
26# 白油	4.0	香精	0.2
甘油	29.7	去离子水	加至 100.0

本产品为透明清澈的霜状膏体，外观不错，使用很滑，亮泽非常好。如果水相加上聚合物的话，会更加闪亮。适用于受损、干性发质作护理用。

五、发乳

发乳是一种乳化型膏乳状的护发用品，由于发乳采用了乳剂型，特别是水包油型发乳，外相是水分，容易被头发吸收，内相油分就在头发上形成一层油脂薄膜，起到保护头发的作用，特别是在洗发后立即敷用水包油型发乳，还有固定发型的效果，使头发柔软、润滑，光泽比较自然。为了提高发乳的使用效果，可在发乳的基质中添加不同的药物或营养成分，因添加的药物不同，其功效亦不同。

发乳的配方示例见表 10-7 所列。

表 10-7　发乳的配方示例

组　成	质量分数/%	组　成	质量分数/%
羊毛酸异丙酯	2.0	硼砂	0.6
蜂蜡	5.0	香精、防腐剂和抗氧剂	适量
白油	56.4	去离子水	加至 100.0
地蜡	2.0		

配制要点：将水相原料去离子水、硼砂和防腐剂加热至 80℃，将油相原料油脂和抗氧剂加热至 80℃，水相加入油相中，搅拌乳化，冷却至 45℃时加入香精，至 40℃时停止搅拌，化验乳化稳定度合格后，隔天即可包装。发乳的稠度可用加减地蜡加以调节。

第二节　烫发、染发类产品

一、烫发类化妆品

烫发化妆品是改变头发弯曲度、美化发型的一类化妆品。广义上讲，烫发包括卷发和直发。卷发和直发是改变和美化头发的一种重要化妆艺术。现代烫发技术已经有100多年的历史了。1872年一位法国人发明了一种药剂，涂在头发上用电热夹子加热后头发就能够变卷曲了，这就是电烫。1934年Mr. Goddard及Mr. Michaelis于毛发实验中证明硫代乙醇酸的碱性溶液可还原头发的二硫化键。而二硫化键本身是头发链键组织中最结实的键，二硫化键切断以后，毛发失去弹力，而变成柔软。利用这种原理便发明了冷烫，在此基础上，近几年又出现了许多新的烫发技术，如陶瓷烫、离子烫、热塑烫、SPA水疗烫等，但目前普遍使用的还是冷烫。

用化学药剂而不需要外加热的烫发方法称为“冷烫”，所用的化学药剂称为“冷烫液”或“冷烫精”，市售的冷烫液一般为二液剂，第一剂为头发软化剂（卷发剂/还原剂），第二剂为中和剂（定型剂），这两剂是配套使用的。烫发时，物理性地将头发卷在不同直径与形状的卷芯上，然后涂上第一剂，在头发软化剂的作用下，大约有45%的二硫化键被切断，而变成单硫键。这些单硫键在卷芯直径与形状的影响下，产生挤压、变形、移动，并留下许多空隙。第二剂的氧化剂进入发体后，在这些空隙中膨胀变大，使原来的单硫键无法回到原位，而与其他一个与之相邻的单硫键重新组成一组新的二硫化键，使头发中原来的二硫化键的角度产生变化，使头发永久地变卷。

可以卷曲头发的化学品有很多，例如硫化钾（钠）、亚硫酸铵（钠）、亚硫酸氢钠、硫代硫酸盐、偏重亚硫酸盐、丙硫醇、乙硫醇、硫代碳酸乙醇酯、硫代乙酰胺、单硫代乙醇酸、甘油酯、半胱氨酸盐酸盐、巯基乙酸盐等。近年来还发现卷曲效果好、对头发损害程度小、也无刺鼻气味的卷发剂2-亚氨基噻吩烷。现在应用最广的是巯基乙酸（盐）或称硫代乙醇酸（盐）。

含巯基乙酸的头发软化剂配方示例见表10-8所列。

表10-8 含巯基乙酸的头发软化剂配方示例

组分	质量分数/%			组分	质量分数/%		
	1	2	3		1	2	3
75%巯基乙酸			7.0	尿素		1.5	1.0
巯基乙酸胺	5.5	5.5		甘油		3.0	4.0
亚硫酸钠			1.5	油醇醚-30		0.5	
28%氨水	3.0	2.0	5.0	EDTA	0.1	0.1	0.1
碳酸氢铵	6.5			去离子水	加至100.0		

配制方法：将巯基乙酸先以适当的碱中和然后加水冲淡，或者用它的铵盐直接溶解于蒸馏水中，加入其他辅料，搅拌使其溶解均匀，然后进一步加碱调整冷烫液的pH值达到需要的值。每批产品都应测定其巯基乙酸的含量、游离碱和pH值。

含硫代硫酸钠的头发软化剂配方示例见表10-9所列。

表10-9 含硫代硫酸钠的头发软化剂配方示例

组分	质量分数/%			组分	质量分数/%		
	1	2	3		1	2	3
水溶性羊毛脂		1.5		M550	1.0	5.0	
吐温-60	1.0			DC-193			1.0
硫代硫酸钠	6.5	7.0	9.0	CAB-35			2.0
单乙醇胺	9.2	8.0	10.5	羟乙基纤维素		1.8	1.2
碳酸氢铵			6.0	香精、防腐剂	适量	适量	适量
甘油	8.0	2.0		去离子水	加至100.0		

这几个配方都为液状，只需按配方将所有物质混合溶解即可。

中和剂配方示例见表 10-10 所列。

表 10-10　中和剂配方示例

组分	质量分数/%			组分	质量分数/%		
	1	2	3		1	2	3
过氧化氢	6.0			CAB-35			1.0
锡酸钠	0.005			纤维素			0.8
溴酸钠		8.5	8.5	M550		1.5	2.0
瓜尔胶	0.2	0.1		DC-193			1.0
柠檬酸	0.05	0.025		水溶性羊毛脂			1.0
甘油	6.0	5.0		香精、防腐剂	适量	适量	适量
丙二醇		3.0		去离子水		加至 100.0	
吐温-60	1.0	1.0					

以上均为液体产品，只要按配方将所有物质混合溶解即可。

二、染发类化妆品

染发制品的类别可根据染发的牢固程度和产品形式进行分类。按染色的牢固程度可分为半永久性、永久性和暂时性 3 类；而按产品的形式，又可分为液状、乳状、膏状、粉状、香波型等几种，而一般都是以染发后色泽留滞在头发上时间的持久性来进行分类并确定其用途的。

1. 永久性染发剂

永久性染发剂又称为氧化型染发剂，是市场上最为流行的染发用品，其染发机理为：小分子的染料中间体和偶合剂渗透进入头发的皮质后，发生氧化反应、偶合和缩合反应形成较大的染料分子，被封闭在头发纤维内。由于染料中间体和偶合剂的种类不同、含量比例的差别，故产生色调不同的反应产物，各种色调产物组合成不同的色调，使头发染上不同的颜色。由于染料大分子是在头发纤维内通过染料中间体和偶合剂小分子反应生成。因此，在洗涤时，形成的染料大分子是不容易通过毛发纤维的孔径被冲洗。

对苯二胺是目前最广泛使用的染料，但对苯二胺是国际公认的一种致癌物质，染发时很容易通过头皮进入毛细血管，然后随血液循环到达骨髓，长期反复作用于造血干细胞，导致造血干细胞的恶变，导致白血病的发生。所以，专家建议一年染发次数不要超过两次。患有高血压、心脏病、哮喘病等疾病的患者不宜染发，此外，准备生育的夫妻以及孕妇和哺乳期的妇女同样也不适合染发。

市售的氧化型染发剂有多种形式：粉状、液状、膏状及染发香波等。虽然形态不同，但它们的主要原料类似。几乎所有的氧化型染发剂都是采用两剂包装，一剂是含有染料的基质或载体，另一剂是氧化剂基质。使用时，将两剂等量混合，然后均匀地涂覆于头发上，过 30～40min 后用水冲洗干净，便能将原来的白色头发或灰白头发染成黑色或其他颜色。

染料基质由染料中间体、表面活性剂、增稠剂、溶剂和保湿剂、抗氧化剂、氧化减缓剂、螯合剂、调理剂、碱类、香精等组成，其参考配方见表 10-11 所列。

配制方法：将油酸、油醇、表面活性剂等一起混合均匀；另将 EDTA、亚硫酸钠溶解于丙二醇、水、氨水混合液中。分别加热至 65～70℃，混合搅拌均匀，冷却至 50℃时加入染料中间体，搅拌至室温时，用适量的氨水调节 pH 值至 9～10.5，即为染料基质。

氧化剂基质使用的氧化剂通常为过氧化氢，使用浓度 6%；其他氧化剂有过硫酸钾、过硼酸钠、重铬酸盐等，其参考配方见表 10-12 所列。

表 10-11　染料基质的参考配方

A:染料中间体	质量分数/%			B:基质	质量分数/%		
	1	2	3		1	2	3
对苯二胺	4	0.11	0.15	油酸	20	14	20
间苯二胺		1.2	1	油醇	15	17	15
2,4-二氨基苯甲醚	1.25		0.01	聚氧乙烯烷基酚醚		2.5	
邻氨基苯酚		0.1	0.2	聚氧乙烯(5)羊毛醇醚	3		3
对氨基苯酚		0.2	0.2	丙二醇	12		12
1,5-二羟基萘	0.1			二乙醇二乙醚		2.5	
对氨基二苯基胺	0.07			异丙醇	10	14	10
4-硝基邻苯二胺	0.1			EDTA	0.5	0.4	0.5
				氨水(28%)	适量	适量	适量
				亚硫酸钠	0.5	0.4	0.5
				去离子水	加至 100.0		

注：配方 1 为黑色，配方 2 为棕色，配方 3 为金色。

表 10-12　氧化剂基质的参考配方

组　　分	质量分数/%			组　　分	质量分数/%		
	1	2	3		1	2	3
十六十八醇聚氧乙烯醚-7	6.5	3.25		过氧化氢(35%)	17	17	17
壬基酚聚氧乙烯醚-7			5	去离子水	加至 100.0	加至 100.0	加至 100.0
8-羟基喹啉硫酸盐	0.1	0.1	0.1				

配制方法：将配方中用量一半的去离子水加热至 89～90℃，在不断搅拌下将十六十八醇醚-7 和壬基酚聚氧乙烯醚-7 加入，保温 10～15min，然后冷却到 40℃，为 A 组分。在另一容器中，将剩余的去离子水加热至 40℃，将 8-羟基喹啉硫酸盐加入，搅拌至完全溶解，为 B 组分。将 B 组分加入 A 组分中，继续搅拌，冷却至 30～35℃，慢慢加入过氧化氢，继续搅拌 20min，用磷酸将 pH 值调节至 3.6±0.1，即可灌装。

上述 3 个配方为不同黏度的配方，配方 1 为高黏度，配方 2 为中等黏度，配方 3 为低黏度乳液。

2. 半永久性染发剂

半永久性染发剂一般是指能耐 6～12 次香波洗涤才退色，半永久性染发剂涂于头发上，停留 20～30min 后，用水冲洗，即可使头发上色。这类染发剂的染料能透入至毛发皮质中而直接染发，并不需要用氧化剂，不会损伤头发，所以近年来较为流行。

半永久性染发剂一般使用对毛发角质亲和性的低分子量染料，主要有硝基苯二胺、硝基氨基苯酚、氨基蒽醌以及它们的衍生物。

半永久性染发剂配方示例见表 10-13 所列。

表 10-13　半永久性染发剂配方示例

组　　分	质量分数/%			组　　分	质量分数/%		
	染发液	染发霜	染发凝霜		染发液	染发霜	染发凝霜
蜂蜡		22		甘油		10	15
硬脂酸		13		三乙醇胺		7	
单甘脂		5		甲酸	0.7		
阿拉伯树胶		3	27.5	柠檬酸	1		
硬脂酸钠			15	染料	0.3	15	16
异丙醇	35			去离子水	加至 100.0		

3. 暂时性染发剂

暂时性染发剂是一种只需要用香波洗涤一次就可除去在头发上着色的染发剂，一般只是暂时黏附在头发表面作为临时性修饰，经一次洗涤就全部除去，常用于染发后修补鬓发或供演员化妆用。由于这些染发剂的颗粒较大不能通过表皮进入发干，只是沉积在头发表面上，形成着色覆盖层。这样染剂与头发的相互作用不强，故易被香波洗去。

这种染发剂常采用能有效地沉积在头发表面且不会渗入到头发内部的染料，可以用碱性染料、酸性染料、分散性染料或金属染料，例如：偶氮类、蒽醌、三苯甲烷、吩嗪或苯醌亚胺。

暂时性染发剂配方示例见表 10-14 所列。

表 10-14　暂时性染发剂配方示例

暂时性染液组分	质量分数/%	暂时性染发膏组分	质量分数/%
对氮蒽蓝(C. I. Acid Blue 20)	1.81	硬脂酸	15
辛基十二烷基吡啶溴化物	1.18	三乙醇胺	7.5
乙氧基化环烷烃表面活性剂	4.30	单甘脂	4
乳酸	2.50	蜂蜡	46
去离子水	余量	白蜡	10
		微晶蜡	10
		椰油基二乙醇酰胺	7.5
		颜料	适量

第三节　定发制品

定发制品主要用于梳理头发，保持发型。前面介绍的发油、发蜡、发乳等虽有一定的定发作用，但由于其油性大，用后给人以油腻的感觉，且易粘灰尘，清洗困难，有时很不方便。而无油头发定型剂具有良好的固定发型作用，且无油腻感觉，已逐步取代发油、发蜡、发乳等含油定发制品，成为目前市场上流行的主要定发制品。主要品种有喷发胶、摩丝、啫喱水等。

一种好的定发制品应具备如下性能：

① 用后能保持好的发型，且不受温度、湿度等变化的影响；

② 良好的使用性能，在头发上铺展性好，没有黏滞感；

③ 用后头发具有光泽，易于梳理，且没有油腻感，对头发的修饰应自然；

④ 具有一定的护发、养发效果；

⑤ 具有令人愉快舒适的香气；

⑥ 对皮肤和眼睛的刺激性低，使用安全；

⑦ 使用后应易于被水或香波洗掉。

现代的定发制品中，不管是溶液型、喷雾型、泡沫型、还是凝胶型，最主要的要求是固发和定型性好，使用聚合物树脂作固发的组分可达此目的。它能够在头发的表面形成一层树脂状薄膜，并具有一定的强度，以保持头发良好的发型。而且这些高聚物可溶于水或稀乙醇，无毒，没有异味，用后可用水或香波洗去。常用的高聚物有：聚乙烯吡咯烷酮（PVP)、*N*-乙烯吡咯烷酮/醋酸乙烯酯共聚物（PVP/VA 共聚物)、乙烯基己内酰胺/PVP/二甲基胺乙基甲基丙烯酸酯共聚物、*N*-叔丁基丙烯酰胺/丙烯酸乙酯/丙烯酸共聚物、丙烯酸酯/丙烯酰胺共聚物、乙烯吡咯烷酮/丙烯酸叔丁酯/甲基丙烯酸共聚物等。

一、喷发胶

喷发胶是一种以固发作用为主的液状发用化妆品，用时以喷雾形式将内容物附着在头发上，当溶剂蒸发以后，便在头发表面形成一层具有一定柔软性、坚韧性、平滑性及耐湿性的黏附性薄膜，从而起到良好的固定发型作用。

喷发胶主要是由于推进剂、聚合物、溶剂、增塑剂、调理剂等组成。

市场上喷发胶主要有气溶胶型及手揿喷雾型两种包装形式。气溶胶型都要添加推进剂，常用的推进剂有两大类：一类是压缩液化的气体，能在室温下迅速的汽化，这类推进剂除了供给动力之外，往往和有效成分混合在一起，成为溶剂或稀释剂，和有效成分一起喷射出来后，由于迅速气化膨胀而使产品具有各种不同的性质和形状，如氟利昂、二甲醚（DME）、正丁烷等；另一类是单纯的压缩气体，这一类推进剂仅仅供给动力，它几乎不溶或微溶于有效成分中，因此对产品的性状没什么影响，如二氧化碳、氮气、氧化亚氮、氧气等。而手揿喷雾型可不用任何推进剂，不会对大气产生影响，因此这种喷雾方式已日趋重要。手揿喷雾型喷发胶由于没有推进剂，雾化效果较差，如果要获得与气溶胶型相同的定发效果，则需要提高聚合物的量。

气溶胶型喷发胶配方示例见表 10-15 所列。

表 10-15　气溶胶型喷发胶配方示例

组　成	质量分数/%	组　成	质量分数/%
PVP/VA 共聚物	3.5	三乙醇胺,99%	适量
聚季铵盐	1.0	香精、防腐剂	适量
异丙醇	1.0	去离子水	加至 100.0
聚丙烯酸 940	0.5		

配制要点：将共聚物加入去离子水中，混合至均匀，添加聚季铵盐、异丙醇、香精、防腐剂，高速搅拌下加入聚丙烯酸，当聚丙烯酸完全水合后，加入三乙醇胺把 pH 值调到 6.0 制得原液，将原液充入气雾容器内，安装阀门后充入推进剂即可。所用的抛射剂为二氯二氟甲烷与三氯一氟甲烷，其比例为 3∶1。

手揿喷雾型喷发胶配方示例见表 10-16 所列。

表 10-16　手揿喷雾型喷发胶配方示例

组　成	质量分数/%	组　成	质量分数/%
PVP	1.0	乙醇	10.0
聚丙烯酸树脂	0.5	三乙醇胺	0.1
聚氧乙烯(20)羊毛醇醚	2.0	香精、防腐剂	适量
甘油	2.0	去离子水	加至 100.0

配制要点：将乙醇加入搅拌锅中，然后将各种辅料加入搅拌锅中，搅拌溶解后，加入高聚物等胶性物质，搅拌使其溶解均匀后，再加去离子水，然后加入色素混合均匀即可。

二、摩丝

摩丝（Mousse）指由液体和推进剂共存，在外界施用压力下，推进剂携带液体冲出气雾罐，在常温常压下形成泡沫的一种定发制品。其特点是具有丰富、细腻、量少而体积大的乳白色泡沫，很容易在头发上分布均匀并能迅速破泡，使头发润滑、易梳理、便于造型和定型。

摩丝是由水、表面活性剂、高聚物、推进剂、香精及其他添加剂组成。一般情况下，产品静置后，添加剂浮在上层，所以产品使用前要摇动一下，使推进剂均匀分散于水、表面活性剂和聚合物所组成的基质中。当打开容器阀门，内容物在压力的推动下从阀门压出，推进剂气化并膨胀，形成一团泡沫。

摩丝的品种很多，有以定型为主的，有定发和调理双重功能的，也有不加任何成膜剂而制成以梳理性、调理性为目的的调理性摩丝。摩丝配方示例见表 10-17 所列。

表 10-17　摩丝配方示例

组　分	质量分数/%			组　分	质量分数/%		
	1	2	3		1	2	3
PVP/乙基甲基丙烯酸二甲胺共聚物	14.0			氟氯烃	15.0	10.0	15
N-叔丁基丙烯酰胺/丙烯酸乙酯/丙烯酸共聚物		3.0		防腐剂		适量	
无水乙醇	15.0	25.0	25.8	羊毛醇			2.5
聚氧乙烯(20)油醇醚	0.5			水解蛋白		0.2	
OP-10		0.5		硅油		0.2	
聚氧乙烯羊毛脂			1.0	甘油		0.3	
甘油脂肪酸酯			0.5	氨基甲基丙醇		0.3	
香精	0.1	0.2	0.2	去离子水		加至 100.0	

注：配方 1 为定型摩丝；配方 2 为定发和调理双重功能摩丝；配方 3 为调理性摩丝。

配制要点：将乙醇放入搅拌锅中，加氨基甲基丙醇，搅拌溶解后，一边搅拌一边慢慢加入高聚物，至完全溶解后，再加去离子水和其他原料，当溶液完全均匀后，经过滤，按配方加入气雾容器内，装上阀门后，按配方压入推进剂。

三、定型啫喱

定型啫喱是发用凝胶的一种，但不含凝胶剂，呈黏稠液状或无黏度透明液体，市场上常见的有啫喱膏和啫喱水。

啫喱膏也叫定型凝胶，外观为透明非流动性或半流动性凝胶体。使用时，直接涂抹在湿发或干发上，在头发上形成一层透明胶膜，直接梳理成型或用电吹风辅助梳理成型，具有一定的定型固发作用，使头发湿润，有光泽。

啫喱膏的主要成分是：成膜剂、中和剂、稀释剂、调理剂、光稳定剂、防腐剂、香精及其他添加剂等。成膜剂和中和剂在稀释剂（通常是去离子水）作用下，可使产品形成透明水合凝胶基质，同时还可有定型作用；调理剂可使头发有梳理性、抗静电性作用；光稳定剂在产品基质中加入适量的紫外线吸收剂（一般浓度在 0.5%以下）有光保护作用，防止产品变色；其他添加剂可赋予产品特定功能，如使用光亮剂、保湿成分、维生素、植物提取液、防晒剂等还可以加入适量不同的颜色给予产品色彩鲜艳的外观，加入少量的香精，使产品具有清香的气味。

啫喱水的成分主要有成膜剂、调理剂、稀释剂及其他添加剂等，根据产品黏度的需要，在使用量上有所不同。啫喱水的稀释剂中可以有适量的乙醇，来降低产品本身的黏稠感。啫喱水的外观是透明流动的液体，使用气压泵将瓶中液体泵压喷雾到头发上，或挤压于手上，涂在头发所需部位，成膜，起到定型、保湿、调理并赋予头发光泽的作用，如果使用电吹风还可以加快定型。

一般的啫喱水都含有酒精，长期用伤害发质，在配方中使用水溶性聚合物，可降低酒精含量或不含酒精，但干燥时间较长，一般使用热吹风筒可加速干燥和定型。

定型啫喱水配方示例见表 10-18 所列。

表 10-18　定型啫喱水配方示例

组　分	质量分数/%			组　分	质量分数/%		
	1	2	3		1	2	3
PVP/VA 共聚物	2			水溶性硅油	0.5	0.5	0.5
cafquat 734		1.8		香精	0.1	0.1	0.1
PVP(K-30)			3	蓖麻油聚氧乙烯醚	0.3	0.5	0.3
泛醇	0.2			防腐剂 DMDM	0.1	0.1	0.1
二苯甲酮-4		0.5		95%乙醇	5	5	5
甘油	2	3	1	去离子水	加至 100.0		

第四节　护发及美发化妆品质量控制

一、发用啫喱（水）的质量指标（QB/T 2873—2007）

见表 10-19 所列。

表 10-19　发用啫喱（水）的质量指标

项　目		要　求	
		发用啫喱	发用啫喱水
感官指标	外观	凝胶状或黏稠状	水状均匀液体
	香气	符合规定香气	
理化指标	耐热	(40±1)℃保持 24h,恢复至室温后与试验前外观无明显差异	
	耐寒	−10～−5℃保持 24h,恢复至室温后与试验前外观无明显差异	
	pH 值(25℃)	3.5～9.0	
	起喷次数(泵式)/次	≤10	≤5
卫生指标	细菌总数/(CFU/g)	≤1000,儿童用品≤500	
	霉菌和酵母菌总数/(CFU/g)	≤100	
	粪大肠菌群/g	不应检出	
	金黄色葡萄球菌/g	不应检出	
	绿脓杆菌/g	不应检出	
	铅/(mg/kg)	≤40	
	汞/(mg/kg)	≤1	
	砷/(mg/kg)	≤10	
	甲醇/(mg/kg)	≤2000(乙醇、异丙醇含量之和≥10%时需测甲醇)	

二、护发、美发化妆品的主要质量问题

1. 发油的主要质量问题

发油的主要质量问题是透明度差和经过数月后有香精析出。原因是白油或包装玻璃瓶中含有微量水分，白油的运动黏度高，含有少量蜡分，或因香精的溶解度差等都可能导致产品透明度差；而储存数月后有香精析出，很可能是香精用量过多或香精在白油中溶解度差。

2. 发蜡的主要质量问题

植物发蜡所用的油脂没有经过脱臭精制，使产品有油脂气味；另外产品储存时间过长，发蜡中含有微量水分，或储藏在室温较高处，都会促使发蜡产生酸败，酸败后也会产生难闻的气味。

矿脂发蜡很容易出现在冷天“脱壳”、在热天“发汗”等问题。“脱壳”的原因可能是发蜡浇瓶后，室温过低或保温条件不好，发蜡冷却速度过快，发蜡收缩。另一原因是玻璃瓶不够干燥或内含有微量水分；还有白凡士林的蜡分含量过多、过硬也会导致“脱壳”。而“发汗”是白凡士林中含有石蜡成分或白凡士林熔点过低，在热天室温较高时会导致发蜡表面有汗珠状油滴渗出的现象。

3. 染发剂的主要质量问题

染发剂是一个易变化的产品，怎样控制其质量是至关重要的。在染发剂制备和储存过程中一般要考虑以下几个因素。

(1) 染料的组成　对染发剂来说，染料的组成是一个关键。染料中间体选择的优劣，直接关系到染色的效果好坏。染料中间体的质量要得到保证，即做到越纯越好，应尽量做到产品原料符合质量要求。

(2) 氧化剂中活性物的含量　氧化剂是染发剂的另一主要组成，氧化剂中活性物的浓度，直接影响到染料中间体在染发过程中氧化反应的完全程度。如果氧化剂中的活性物含量偏低，则氧化反应进行得不完全；反之，如果氧化剂中的活性物含量偏高，氧化反应可能是进行完全了，但是氧化剂本身对头发既有氧化作用又有漂白作用，就有可能发生漂白作用与氧化作用同时进行的情况，而且氧化剂中活性物的含量偏高，将大大地增强对头发角质蛋白的破坏力，加剧了头发的损伤程度。同样达不到理想效果。

(3) 游离碱的含量　染发剂的游离碱含量也是影响质量的关键。如果 pH 值偏高，在碱性条件下头皮易膨胀，有利于染料中间体对头发的渗透，同时染料在碱性下易氧化变色，加速染色速度；然而在染发过程中，碱性较强的染发剂容易引起皮肤的刺激，同时储存时也会加速染料中间体的自身氧化速度，缩短保质期。如果 pH 值偏低，氧化反应进行得不完全，则同样引起染色效果减弱。一般将染料的组成部分的 pH 值控制在 9～11 左右。

(4) 染浴的黏度　染发剂染浴的黏度，在制备操作时也应控制到一定的指标，因为染浴的黏度同样牵涉到染发的效果。如果黏度偏低，在染发过程中，易造成沾染头皮、衣服，染发剂的膏体也不易黏附在头发表面，容易造成染发不均匀，影响染色的效果。应适当提高染发剂的黏度，使得染发剂的膏体既能黏附在头发表面，又不滴落在衣服上，还能在包装时易于装灌。

(5) 染发剂的储存稳定性　染发剂的架试寿命一般为 1 年，在 0℃、40℃分别架试 2 个月不变质，即可认为相当于室温架试 1 年；在架试过程中，要定期检测染发剂的各个质量指标是否符合要求。

实训项目 7　美发啫喱水的制备

一、认识啫喱水的生产过程，明确学习任务

1. 学习目的

通过观察啫喱水的生产过程，清楚本学习项目要完成的学习任务（即按照给定配方和生产任务，生产出合格的啫喱水）。

2. 要解决的问题

配方分析如下：

原料	添加量/%	原料外观描述(颜色、气味、状态)	在配方中所起作用
EDTA-2Na	0.1		
胶浆	13.0		
甘油	2.0		
卡松	0.1		
香精	0.2		
NP-14	0.4		
去离子水	84.2		

二、确定生产啫喱水的工作方案

1. 学习目的

通过讨论更加明确啫喱水的生产方法，并制定出生产啫喱水的工作方案。

2. 要解决的问题

(1) 按 20kg (可根据本校实际情况确定) 的生产任务，确定称料量。

生产任务：　　　kg

原料	添加量/%	称料量/kg	称料人
EDTA-2Na	0.1		
胶浆	13.0		
甘油	2.0		
卡松	0.1		
香精	0.2		
NP-14	0.4		
去离子水	84.2		

(2) 展示各自的生产方案 (可用文字、方框图、多媒体课件表示)。

(3) 按生产 20kg (按本校设备生产能力下限而定) 啫喱水的任务，制定出详细的生产操作规程。

(4) 核算产品成本（只计原料成本）

序号	原料	单价/(元/kg)	质量/kg	总价/元
1	EDTA-2Na			
2	胶浆			
3	甘油			
4	卡松			
5	香精			
6	NP-14			
7	去离子水			
每千克产品的价格是：				

三、按既定方案生产啫喱水

1. 学习目的

掌握啫喱水的生产方法，验证方案的可靠性。

2. 要解决的问题

(1) 按照既定方案，组长做好分工，确定组员的工作任务，要确保组员清楚自己的工作任务（做什么，如何做，其目的和重要性是什么），同时要考虑紧急事故的处理。

操作步骤	操作者	协助者

(2) 填写操作记录

① 称料记录

产品名称：　　　　　　　　　　　　产　　量：

生产日期：　　　　　　　　　　　　生产小组

序号	原料名称	理论质量/g	实际称料质量/g	领料人
1	EDTA-2Na			
2	胶浆			
3	甘油			
4	卡松			
5	香精			
6	NP-14			
7	去离子水			
合计				

② 操作记录

产品名称：　　　　　　　　　　产品质量：　　kg　操作者：　　　　　　　　　生产日期：

序号	时间(__点__分)	温度/℃	搅拌速度/(r/min)	压力/MPa	操作内容
1					
2					
3					
4					
5					
6					
7					

四、产品质量分析

1. 学习目的

通过对产品质量的对比评价，总结本组及个人完成工作任务的情况，明确收获与不足。

2. 要解决的问题

（1）产品质量评价表

指标名称		检验结果描述
感官指标	色泽	
	香气	
	凝胶外观	
	定型效果	
理化指标	pH 值	
	耐热	
	耐寒	

（2）完成评价表格

序号	项目	学习任务的完成情况	签名
1	实训报告的填写情况		
2	独立完成的任务		
3	小组合作完成的任务		
4	教师指导下完成的任务		
5	是否达到了学习目标，特别是正确进行啫喱水生产和检验产品质量		
6	存在的问题及建议		

小　结

1. 常见的护发产品有护发素、焗油、发油、发蜡、发乳等。

2. 护发素的主要功能有：能改善干梳和湿梳性能，使头发不缠绕；具有抗静电作用，使头发不会飘拂；能赋予头发光泽；能保护头发表面，增加头发体感。有的护发素还具有定型、修复受损头发、润湿头发和抑制头屑、皮脂分泌等作用。

3. 护发素主要是由表面活性剂、辅助表面活性剂、阳离子调理剂、增脂剂、防腐剂、色素、香精及其他活性成分组成。其中，表面活性剂主要起乳化、抗静电、抑菌作用；辅助表面活性剂可以辅助乳化；阳离子调理剂可对头发起到柔软、抗静电、保湿和调理作用；增脂剂如羊毛脂、橄榄油、硅油等在护发素中可改善头发营养状况，使头发光亮，易梳理；其他活性成分如去头皮屑剂、润湿剂、防晒剂、维生素、水解蛋白、植物提取液等赋予护发素各种特殊功效。

4. 目前普遍使用的烫发技术是冷烫，所用的化学药剂称为“冷烫液”或“冷烫精”，市售的冷烫液一般为二液剂，第一剂为头发软化剂（卷发剂/还原剂），第二剂为中和剂（定型剂）。

5. 染发制品按染色的牢固程度可分为暂时性染发剂、半永久性染发剂和永久性染发剂3类。

6. 常见的定型发用品有喷发胶、摩丝、定型啫喱等。它们的定型效果主要是由配方中的聚合物树脂赋予的，它能够在头发的表面形成一层树脂状薄膜，并具有一定的强度，以保持头发良好的发型。

7. 喷发胶和摩丝属于气压类化妆品，需要配有推进剂，常用的推进剂有两大类：一类是压缩液化的气体，能在室温下迅速的汽化；另一类是单纯的压缩气体。

思考题

1. 冷烫液主要包括几部分的组成？其配方如何？

2. 护发素的主要成分是什么？其组成如何？有哪些类型？

3. 喷发胶常用的聚合物有哪些？

4. 气雾型喷发胶和非气雾型喷发胶在配方上有何区别？常用的推进剂有哪些？

5. 讨论护发类产品常见的质量问题及其解决方法。

第十一章　美容化妆品

学习目标及要求：

1. 能描述美容化妆品的作用、分类。
2. 复述香粉的配方组成及生产工艺，并与胭脂对比，进而叙述胭脂的配方组成及生产工艺。
3. 能叙述唇膏、眼影、指甲油的配方组成及生产工艺。
4. 能分析给定的胭脂、眼影、唇膏、指甲油配方。

美容类化妆品主要指用于脸面、眼部、唇及指甲等部位，以达到掩盖缺陷、赋予色彩或增加立体感、美化容貌目的的一类化妆品。美容化妆品的品种繁多，涉及面很广，不同的使用部位有专用的产品。可分为粉末类美容化妆品、唇膏、胭脂、指（趾）甲类化妆品、眼用化妆品等。粉末类美容化妆品已在第九章介绍过，本章主要介绍其他几种产品。

第一节　胭　　脂

一、概述

胭脂是涂敷在面部，使面颊具有立体感，呈现红润、艳丽、明快、健康的化妆品。优质的胭脂应该柔软细腻，不易破碎；色泽鲜明，颜色均匀一致，表面无白点或黑点；容易涂覆，使用粉底霜后敷用胭脂，易混合协调，且颜色不会因出汗和皮脂分泌而变化；具有适度的覆盖力，略带光泽，易黏附于皮肤；对皮肤无刺激性，香味纯正、清淡；容易下妆，在皮肤上不留斑痕等。

胭脂可制成各种形态，一般使用固态制品，是与粉饼相似的粉质块状，习惯上称为胭脂，另外，还有胭脂膏、胭脂水、胭脂霜、胭脂凝胶、胭脂喷剂等。块状胭脂是目前胭脂中最流行的一种，同时也是最难做的一种，因为它既要色泽鲜艳，质地细致润滑，涂擦容易，又要能经受一定的压力而不碎。

二、配方组成

下面以粉块状胭脂为例来说明胭脂的配方组成。胭脂是由香精、粉料、黏合剂、色素等原料混合制成。

1. 粉料

即粉质原料，在胭脂配方里占据70％～80％的份量，主要有滑石粉、高岭土、碳酸钙、氧化锌、二氧化钛、硬脂酸锌和硬脂酸镁、淀粉等。

2. 黏合剂

适量黏合剂的加入是便于将胭脂压制成块。黏合剂的用量和种类选择对胭脂的压制成型有很大关系，适当的用量能增强粉块的强度和使用时的润滑性，但用量过多，粉块黏模子，而且制成的粉块不易涂覆，因此要慎重选择。黏合剂的种类大体上有水溶性、脂肪性、乳化型和粉类等几种。常用的黏合剂见表11-1所列。

3. 色素

胭脂所用的色素有胭脂虫红、胭脂红、食用胭脂红等。胭脂虫红简称虫红，是由寄生于

表 11-1　胭脂中常用黏合剂

种　类	原　　料	备　　注
水溶性黏合剂	天然黏合剂:黄蓍树胶、阿拉伯树胶、刺梧桐树胶 合成黏合剂:甲基纤维素、羧甲基纤维素、聚乙烯吡咯烷酮	用量一般为0.1%～3.0%,需先溶于水,在压制前需要干燥除去水分,粉块遇水会产生水迹
脂肪性黏合剂	白油、矿脂、脂肪酸酯类、羊毛脂及其衍生物	用量一般为0.2%～2.0%,抗水,有润滑作用,但单独使用时黏结力不够强
乳化型黏合剂	1. 由硬脂酸、三乙醇胺、水、白油组成 2. 由单硬脂酸甘油酯、水、白油组成	可乳化原料中的脂肪物及水,使油脂和水在压制过程中能均匀分布于粉料中
粉类黏合剂	硬脂酸锌、硬脂酸镁	制成的胭脂细致光滑、附着力好,但压制时需要较大的压力,呈碱性,可能刺激皮肤

仙人掌上的雌性胭脂虫干体磨细后用水提取而得到的红色染料。它不溶于冷水，稍溶于热水和乙醇。胭脂红俗称丽春红 4R，是有机合成色素，是无臭红色粉末，易溶于水、甘油，微溶于乙醇，不溶于油脂。它耐光性、耐酸性较好，遇碱变褐色。

此外，胭脂配方中还需加入适量的防腐剂和抗氧剂。

由上可知，胭脂的配方原料大致和香粉相同，只是色料用量比香粉多，香精用量比香粉少。

三、典型配方与生产工艺

(1) 胭脂块配方　见表 11-2 所列。

表 11-2　胭脂块配方

原料成分	质量分数/%	原料成分	质量分数/%
滑石粉	60.0	白油	2.0
高岭土	10.0	硅油	1.0
硅处理氧化锌	10.0	无水羊毛脂	1.0
硬脂酸锌	5.0	色淀颜料	3.0
碳酸镁	6.0	防腐剂	适量
凡士林	2.0	香精	适量

(2) 生产工艺　将颜料和粉料烘干、混合、磨细、过筛；将凡士林、硅油、白油等黏合剂混熔，喷加香精，将黏合剂和颜料、粉料混合物拌和均匀，经压制成型即得。生产工艺流程如图 11-1 所示。

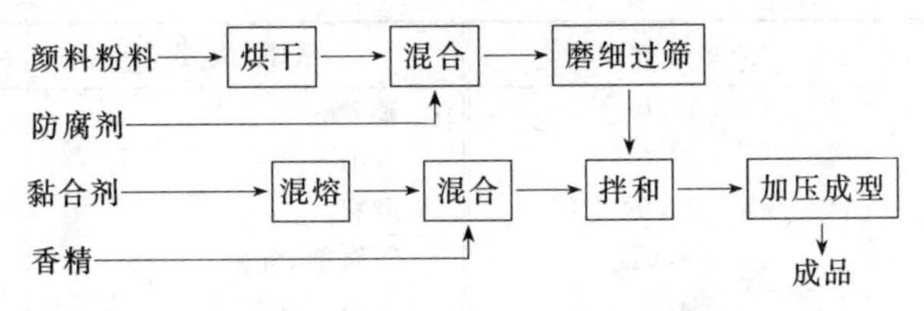

图 11-1　胭脂的生产工艺流程

四、其他形态胭脂

1. 胭脂膏

胭脂膏是用油脂和颜料为主要原料调制而成，具有组织柔软、外表美观、敷用方便的优点，且具有滋润性，也可兼作唇膏使用，因此很受消费者欢迎。胭脂膏有两种类型：一类是用油脂、蜡和颜料所制成的油质膏状称之为油膏型；另一类是用油、脂、蜡、颜料、乳化剂和水制成的乳化体，称为膏霜型。

（1）油膏型胭脂膏　以油、脂、蜡类为基料，加上适量颜料和香精配制而成。以脂肪酸的低碳酸酯类如棕榈酸异丙酸酯等为主，在滑石粉、碳酸钙、高岭土和颜料的存在下，用巴西棕榈蜡提高稠度。适量加入蜂蜡、地蜡、羊毛脂以及植物油等可抑制渗油现象。同时，为防止油脂酸败，还需加入抗氧剂，加入香精以赋予制品良好的香味。

油膏型胭脂膏配方示例见表11-3所列。

表11-3　油膏型胭脂膏配方示例

原料成分	质量分数/%	原料成分	质量分数/%
高岭土	24.0	肉豆蔻酸异丙酯	8.0
钛白粉	4.5	凡士林	20.0
地蜡	15.0	抗氧剂	适量
羊毛脂酸异丙酯	5.0	防腐剂	适量
白油	23.5	香精	适量

配制要点：在一部分白油中加入高岭土、钛白粉、色素，在辊筒中处理，得颜料部。其余成分混合后加热熔解，将颜料部加入其中，用乳化器分散均匀，搅拌冷却至50℃。

（2）膏霜型胭脂膏　以乳化体为基础的膏霜型胭脂膏具有少油腻感、涂敷容易等优点。膏霜型胭脂膏根据其乳化剂类型可分为雪花膏型、冷霜型两种，即在雪花膏或冷霜配方结构的基础上加入颜料配制而成的。

① 雪花膏型胭脂膏配方示例　见表11-4所列。

表11-4　雪花膏型胭脂膏配方示例

原料成分	质量分数/%	原料成分	质量分数/%
硬脂酸	16.0	颜料	8.0
三乙醇胺	0.5	防腐剂	0.2
羊毛脂	1.0	香精	0.5
甘油	8.0	去离子水	加至100.0

配制要点：先将颜料与甘油混合研磨均匀，然后将油相和水相分别加热到75℃和80℃，搅拌下将水相倒入油相中，继续搅拌，当温度降到60℃时，加入颜料和甘油的混合物，继续搅拌冷却至45℃时加入香精。搅拌均匀即可灌装。

② 冷霜型胭脂膏配方示例　见表11-5所列。

表11-5　冷霜型胭脂膏配方示例

原料成分	质量分数/%	原料成分	质量分数/%
蜂蜡	16.0	硼砂	1.0
凡士林	20.0	甘油	5.0
白油	20.0	颜料	6.0
微晶蜡	4.0	防腐剂、香精	适量
地蜡	4.0	去离子水	加至100.0

配制要点：将颜料和适量的液体油脂先混合成浆状物，将其余的油溶性物料混合熔化至70℃，再将水溶性物料溶于水中加热至约70℃。将水相慢慢加入油相中，不断搅拌，使之乳化均匀，放置一段时间后，加入预先调制好的颜料浆，当温度降至45℃时加入香精，搅拌冷却至室温后，经研磨机研磨后灌装即可。

2. 胭脂水

胭脂水是一种流动性液体，它可分为悬浮体和乳化体两种。

悬浮体胭脂水是将颜料悬浮于水、甘油和其他液体中，它的优点是价格低廉；缺点是缺乏化妆品的美观，易发生沉淀，使用前常需先摇匀。为降低沉淀的速度，提高分散体的稳定性，通常需加入各种悬浮剂，如羧甲基纤维素、聚乙烯吡咯烷酮和聚乙烯醇等。也可在液相中加入适量易悬浮的物质，如单硬脂酸甘油酯或丙二醇酯，这样也能阻滞颜料等的沉淀。

乳化体胭脂水是将颜料悬浮于流动的乳化体中，使用方便，由于混合较好，装在瓶中有美观的外表，但由于乳化体黏度低，易出现分离的现象。一般可采用无机颜料，以色淀调节色彩，溶液稠度可以通过调节肥皂的含量及增加羧甲基纤维素、胶性黏土或其他增稠剂来调整。

① 悬浮胭脂水配方示例　见表 11-6 所列。

表 11-6　悬浮胭脂水配方示例

原料成分	质量分数/%	原料成分	质量分数/%
甘油	2.0	硬脂酸锌	18.0
氧化锌	4.0	防腐剂	适量
颜料	3.2	香精	适量
山梨醇	4.0	去离子水	加至 100.0

配制要点：将粉料、甘油、山梨醇及一部分水混合成浆状基体，经研磨后加入水中，搅拌使之分散均匀即可。

② 乳化胭脂水配方示例　见表 11-7 所列。

表 11-7　乳化胭脂水配方示例

原料成分	质量分数/%	原料成分	质量分数/%
氧化锌	0.5	颜料	0.5
白油	40.0	钛白粉	0.5
硬脂酸锌	0.5	防腐剂	适量
三乙醇胺	4.0	香精	适量
油酸	7.5	去离子水	加至 100.0

配制要点：将白油和油酸在一起加热至 60℃；将干粉（包括颜料）用适量的白油混合研磨后加入上述油相内混合；将三乙醇胺和水混合加热至 62℃；将水相倒入油相并不断搅拌冷却至 45℃时加入香精。

五、胭脂的主要质量问题和控制方法

1. 胭脂表面有不易擦开的油块

压制时压力过大，使胭脂过于结实，或黏合剂用量过多。

控制方法：严格按照配方，小心掌握黏合剂的加入量。在压制时，加压强度控制适当，过松过紧都不好。

2. 表面碎裂

黏合剂使用不当，或者运输时因包装不当震碎，或震动过于强烈。

控制方法：调节配方，得到最佳黏合剂配伍及用量，改进包装，尽量减轻运输过程中的震动。

3. 不易涂擦

缺少亲油性黏合剂，不够润滑。

控制方法：调节配方，也可通过加入乳化剂，改变胭脂形式来增加润滑性。

第二节 唇部用化妆品

唇部用化妆品是指涂敷于唇部的唇膏、唇线笔等，其作用是赋予唇部色彩、具有光泽、使整个唇部有明显的变化，同时还具有防止干裂、增加魅力的作用。因它直接涂于唇部易进入口中，所以它的安全性要求很高，要求无毒、对黏膜无刺激性等。

一、唇膏

1. 概述

唇膏又称口红、唇棒，是使唇部红润有光泽，达到滋润、保护嘴唇、增加面部美感及修正嘴唇轮廓有衬托作用的产品，是女性必备的美容化妆品之一。

唇膏是将色素溶解或分散悬浮在蜡状基质内制成的，根据其形态可分为棒状唇膏、液态唇膏等。其中应用最普遍的是棒状唇膏。

唇膏作为唇部用品，应具有以下必要的特征：绝对无毒和无刺激性；具有自然、清新愉快的味道和气味；外观诱人，颜色鲜艳均匀，表面平滑，无气孔和结粒；品质稳定，不会因油脂和蜡类原料氧化产生异味或“发汗”等，也不会在制品表面产生粉膜而失去光泽；无微生物污染。

2. 唇膏的配方组成

唇膏是由油、脂和蜡类原料溶解和分散色素后制成的，故唇膏的主要原料是色素和油、脂、蜡两大类。

(1) 色素　色素是唇膏中极其重要的成分，是功能性材料，赋予唇膏各种各样的颜色，没有它唇膏就失去了美容作用。常用的色素有3类，第一类是溶解性染料，如溴酸红，它不溶于水，能溶于油脂，能染红嘴唇并使色泽持久牢附，单独使用为橙色，它会随外界pH值的变化而变色，涂于唇部后就会变成鲜红色。第二类是不溶性颜料，主要是色淀，其遮盖力好但附着力差，必须与溴酸红染料同时使用。第三类是珠光颜料，多用合成珠光颜料氧氯化铋，用于增加唇膏的珠光效果。

(2) 唇膏的基质原料　是唇膏的基质组分。是由油、脂、蜡类原料组成的，亦称脂蜡基，含量一般占90%左右，它既是唇膏的载体，赋予唇膏圆柱形的外观，同时又是润唇材料，对嘴唇起滋润保护作用，防止嘴唇干燥开裂，作用无法替代。要求可溶解染料，能轻易涂于唇部并形成均匀的薄膜，使嘴唇润滑而有光泽，无过分油腻的感觉，无干燥不适的感觉，不会向外化开。经得起温度的变化，夏天不软不溶，不出油，冬天不干不硬、不脱裂。常用原料有：精制蓖麻油、高碳脂肪醇、聚乙二醇1000、单硬脂酸甘油酯、高级脂肪酸酯类、巴西棕榈蜡、地蜡、可可脂、羊毛脂及其衍生物、鲸蜡和鲸蜡醇、矿脂、凡士林、卵磷脂等。

(3) 香精　唇膏中香精用量较高，质量分数为2%～4%。选择香精主要应考虑到安全性和消费者的接受程度。一般应选用食品级香精。常用淡花香和流行混合香型，如玫瑰、茉莉、紫罗兰、橙花以及水果香型等。

此外，为防止唇膏中大量油脂成分受氧化而腐败变质，配方中还需加入抗氧剂和防腐剂，BHT和尼泊金酯仍然是首选。

3. 唇膏的种类

一般来说，唇膏大致分为3种类型：即原色唇膏、变色唇膏和无色唇膏。

(1) 原色唇膏　原色唇膏是最普遍的一种，有各种不同的颜色，常见的有大红、桃红、橙红、玫红、朱红等，由色淀等颜料制成，为增加色彩的牢附性，常和溴酸红染料合用。另外，原色唇膏中经常添加具有异常光泽的珠光颜料，称为珠光唇膏。

（2）变色唇膏　变色唇膏内仅用溴酸红染料而不加其他不溶性颜料，将这种唇膏涂擦在唇部时，其色泽立刻由原来的淡橙色变成玫瑰红色。

（3）无色唇膏　无色唇膏则不加任何色素，其主要作用是滋润柔软唇部、防裂、增加光泽。

4. 典型配方与生产工艺

① 唇膏配方示例　见表 11-8 所列。

表 11-8　唇膏配方示例

原料成分	质量分数/%	原料成分	质量分数/%
蓖麻油	40.0	单硬酸甘油酯	8.0
羊毛脂	15.0	溴酸红	2.0
巴西蜡	7.0	颜料	8.0
蜂蜡	8.0	抗氧剂	适量
地蜡	12.0	香精	适量

生产工艺：将溴酸红溶于 70℃ 的单硬脂酸甘油酯中，必要时加蓖麻油充分溶解，制得染料部。将烘干磨细的不溶性颜料与液体油脂原料（蓖麻油）混合均匀，保温。

将上述两部分原料混合到真空乳化罐，均质搅拌抽真空，将油脂和色淀混合物中的空气除去，将羊毛脂和蜡类在另一容器中加热经过滤后，加入乳化罐，慢速搅拌，不使色淀颜料下沉，并加入香精，然后注入模型，急剧冷却、脱模，最后过火烘面抛光，获得产品，生产工艺流程如图 11-2 所示。

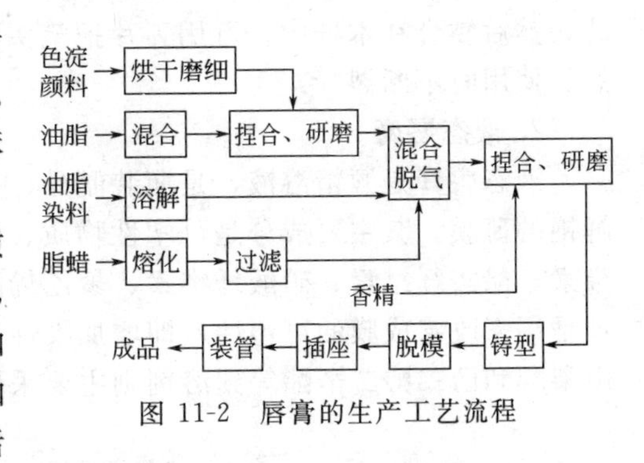

图 11-2　唇膏的生产工艺流程

5. 唇膏主要质量问题和控制方法

（1）唇膏发汗　由于唇膏贮存于较高温度和潮湿环境中，致使唇膏表面失去光泽或冒出小油滴的现象，称为发汗。此种质量问题是与制造唇膏过程中唇膏的结晶与多晶型现象有关。晶体是在制造过程中而不是在储存过程中形成的。恒定的浇模温度，恒定的快速冷却速度，能保持正常的结晶，反之则结晶形态有变化。如浇模后使唇膏缓慢冷却，得到大而粗的结晶，则表面失去光泽，储存若干时间后会出现发汗现象。如果颜料色淀颗粒和油蜡之间存有空气，或色淀颜料的絮结现象，保存空气间隙，就可能因毛细管现象渗出油脂。配方中某些蜡在油脂中溶解度差，不能完全互溶，都可能造成出汗。

控制方法：将唇膏放置 500mL 密闭的玻璃容器中，放入 43～52℃ 的恒温烘箱中，至少放置 24h，从烘箱取出（唇膏仍在密闭容器中），冷却至室温，观察唇膏表面是否有小油滴出汗现象或有粉质状的白霜现象，如有，就需改进配方或工艺操作，使油、脂、蜡更好地互溶，且真空脱气要彻底，浇模时搅拌一定要慢，保持温度恒定，浇模后快速冷却。

（2）唇膏表面粗糙

① 唇膏在三辊机中研磨次数不够，颜料在唇膏中分散度不够，使表面外形粗糙。

控制方法：选用精密的三辊机，使颜料均匀地分散在唇膏中。

② 浇铸唇膏、冷却脱模后，在文火上煨得不够均匀，使一部分唇膏表面粗糙。

(3) 耐热 40℃ 24h 唇膏变形　配方中的各种硬蜡用量比例不够协调或加洛巴蜡、地蜡用量不够。

控制方法：选用配伍协调的硬蜡，或适当增加加洛巴蜡、地蜡用量，或改包装，做成细长型笔状唇膏。其直径约 8mm，这样可对唇膏熔点要求降低，且使用这种形态的唇膏涂敷唇部时，线条清晰。

(4) 耐寒 0℃ 24h 恢复室温后不易涂擦　配方中硬蜡用量过多，使唇膏质量带有硬性，不易涂擦。

控制方法：适当增加棕榈酸异丙酯用量和降低硬蜡用量。

(5) 唇膏有油哈喇气味（酸败气味）　选用蓖麻油等油脂不够纯，使用的原料质量差，或唇膏日久后变质。

控制方法：选用精制蓖麻油，制造时避免水分，加入抗氧剂，可延缓唇膏酸败变味。

二、其他唇部用化妆品

1. 唇线笔

唇线笔是为使唇形轮廓更清晰饱满，勾画唇部轮廓，给人以美观细致的感觉而使用的唇部美容化妆品。它是将油、蜡、脂和颜料混合好后，经研磨后在压条机内压注出来制成笔芯，然后黏合在木杆中，可用刀片把笔头削尖使用。笔芯要求软硬适度、画敷容易、色彩自然、使用时不断裂。

2. 液态唇膏

液态唇膏是酒精溶液，是瓶装制品，一般用小刷子刷涂，当酒精挥发后，留下一层光亮鲜艳的薄膜。其主要成分是可塑性物质、溶剂、增塑剂、色素及香精。可塑性物质如乙基纤维素、醋酸纤维素、硝酸纤维素、聚乙烯醇和聚乙酸乙烯酯等能够在嘴唇上形成薄膜；增塑剂是用来改善成膜的可塑性，即增加柔性和减少收缩，常用的有甘油、邻苯二甲酸二丁酯、山梨醇和己二酸二辛酯等到溶剂则主要采用酒精、异丙醇、石油醚等。

第三节　眼部用化妆品

眼部用化妆品是修饰和美化眼部及其周围部分的重要美容化妆品，包括眼影、睫毛膏、眼线笔、眉笔等。眼部的化妆是以眼睛为主，眉毛和睫毛为衬托，造成眼部阴影，使眼部立体感强，增加眼睛的魅力。

一、眼影

眼影是涂敷于上眼睑及外眼角，产生阴影褐色调反差，形成阴影而美化眼睛的化妆品。有粉质眼影块、眼影膏和眼影液，目前较流行的是粉质眼影块。

1. 粉质眼影块

(1) 粉质眼影块的原料　其原料和胭脂基本相同，主要有滑石粉、硬脂酸锌、高岭土、碳酸钙、无机颜料、珠光颜料、防腐剂、黏合剂等。

滑石粉不能含有石棉和重金属，应选择滑爽及半透明状的。滑石粉的颗粒不能过细，否则会减少粉质的透明度，影响珠光效果，如果采用透明片状滑石粉，则珠光效果更佳。由于碳酸钙的不透明性，适用于无珠光的眼影粉块。

珠光颜料采用氧氯化铋珠光剂，无机颜料采用氧化铁棕、氧化铁红、群青、炭黑等。黏合剂用棕榈酸异丙酯、高碳脂肪醇、羊毛脂、白油等。加入颜料配比较高时，也要适当提高黏合剂的用量。

（2）典型配方与配制要点

粉质眼影块的参考配方见表 11-9 所列。

表 11-9 粉质眼影块的参考配方

原料成分	质量分数/%		原料成分	质量分数/%	
	珠光配方	无珠光配方		珠光配方	无珠光配方
滑石粉	36.0	70.0	无机颜料	10.0	
硬脂酸锌	2.5	7.0	硅油	2.0	
高岭土	5.0		棕榈酸异丙酯	5.5	8.0
氧氯化铋	21.0		氧化铁黑		0.1
云母/二氧化钛	15.0		氢氧化铬绿		2.5
碳酸钙		7.0	抗氧剂	适量	适量
群青蓝		5.4	香精、防腐剂	适量	适量

配制要点：粉质眼影块的制作同胭脂粉饼，将粉料磨细，将蜡、脂、油及其他原料混合，加热熔化，然后均匀加入粉料中，混合均匀，磨细、过筛，最后压制成饼。

2. 眼影膏

眼影膏是颜料均匀分散于油脂和蜡基的混合物形成的油性眼影，或分散于乳化体系的乳化型制品，前者适合于干性皮肤使用；后者适用于油性皮肤。眼影膏虽不及粉质眼影块流行，但其化妆的持久性好于粉质眼影块。

制备眼影膏的主要原料有白油、凡士林、白蜡、地蜡、巴西棕榈蜡、羊毛脂衍生物和颜料等，也可用乳化体为基体，制作工艺与胭脂膏基本相同。

油蜡基眼影膏配方示例见表 11-10 所列。

表 11-10 油蜡基眼影膏配方示例

原料成分	质量分数/%	原料成分	质量分数/%
白油	10.0	凡士林	45.0
硬脂酸	3.0	地蜡(75℃)	9.0
硬脂酸钠	1.0	羊毛脂	4.0
白蜡(60℃)	4.0	无机颜料	8.0
棕榈酸异丙酯	8.0	抗氧剂、防腐剂	适量
二氧化钛	10.0	香精	适量

配制要点：将二氧化钛和无机颜料烘干，在球磨机中混合磨细，过筛去除杂质。将油、脂、蜡在混合罐中混合、加热至全部溶解。将粉料和颜料加入混合罐，加热至 85℃，同时保温搅拌 0.5h，使之充分混合。50～60℃时浇入模子，快速冷却成型。

乳化型眼影膏配方示例见表 11-11 所列。

表 11-11 乳化型眼影膏配方示例

原料成分	质量分数/%	原料成分	质量分数/%
油相		水相	
硬脂酸	12.0	甘油	4.5
白凡士林	21.0	三乙醇胺	3.8
羊毛脂	4.5	去离子水	40.0
蜂蜡	3.6	其他	
抗氧剂	适量	色素	10.0
		防腐剂、香精	适量

配制要点：该配方的基体是普通的膏霜，使用硬脂酸三乙醇胺做乳化剂，制造工艺与膏

霜类同。将油相原料与水相原料分别加热至 75℃左右。将磨细、过筛后的色素粉分散于熔化后的油相中。在搅拌下将水相加入油相中，使之乳化、均质等工序制成眼影。

3. 眼影液

眼影液是以水为介质，将颜料分散于水中制成的液状产品，具有价格低廉、涂覆方便等特点。制作该产品的关键是使颜料均匀稳定地悬浮于水中，更需要有表面活性剂的帮助分散，还需加入硅酸铝镁、聚乙烯吡咯烷酮等增稠剂，以免固体颜料沉淀，同时聚乙烯吡咯烷酮能在皮肤表面形成薄膜，对颜料有黏附作用，使其不易脱落。

眼影液配方示例见表 11-12 所列。

表 11-12 眼影液配方示例

原料成分	质量分数/%	原料成分	质量分数/%
硅酸铝镁	2.5	吐温-20	1.0
聚乙烯吡咯烷酮	2.0	防腐剂	适量
颜料	10.0	去离子水	加至 100.0

配制要点：将吐温-20 溶解在 70 份水中，加入硅酸铝镁，不断搅拌至均匀。另将聚乙烯吡咯烷酮溶于 14.5 份水中，然后将两者混合搅拌均匀，最后加颜料和防腐剂，搅拌混合均匀即可。

二、睫毛膏

睫毛膏也称眼毛膏，用来涂染睫毛，而使睫毛增强色泽，显得又浓、又粗、又长，有增加立体感、烘托眼神的作用。对睫毛膏的质量要求是：容易涂覆，不会立刻干燥，也不易流下，没有结块和干裂的感觉，对眼睛无刺激，容易洗掉；稳定性好，有较长的货架寿命。

睫毛膏有三种形态：睫毛块、睫毛膏、睫毛液。睫毛块涂覆时要使用用水浸湿的小刷子，而睫毛膏和睫毛液用小刷直接涂覆，使用比较方便。

1. 睫毛块

睫毛块是以硬脂酸三乙醇胺和蜡为主要成分，加上颜料，做成块状。

睫毛块配方示例见表 11-13 所列。

表 11-13 睫毛块配方示例

原料成分	质量分数/%	原料成分	质量分数/%
硬脂酸三乙醇胺	34.0	羊毛脂	11.0
石蜡(60℃)	28.0	小烛树蜡	4.0
蜂蜡	5.0	炭黑	15.0
单硬脂酸甘油酯	3.0	防腐剂、抗氧剂、香精	适量

配制要点：将颜料加入蜡中加热至 85℃混合均匀后研磨，最后加入硬脂酸三乙醇胺，加热搅拌均匀后，冷却切成小块，在混轧机中研轧两次，然后放在压条机上加压注出枝条，切条后，用打印机在条块上打印成型。如果采用油酸三乙醇胺代替硬脂酸三乙醇胺，可使产品更柔软。

2. 睫毛膏

睫毛膏是以三乙醇胺、硬脂酸、蜡和油脂为主，实际上是以普通雪花膏为基体，乳化成膏霜，加上颜料，装入软管。

睫毛膏配方示例见表 11-14 所列。

表 11-14　睫毛膏配方示例

原料成分	质量分数/%	原料成分	质量分数/%
油相		山梨糖醇酐倍半油酸酯	4.0
白油	30.0	颜料(氧化铁黑和群青混合物)	10.0
固体石蜡	8.0	聚丙烯酸酯乳液	30.0
防腐剂、抗氧剂	适量	香精	适量
羊毛脂	7.5	去离子水	加至 100.0

配制要点：先将颜料分散于水和聚丙烯酸酯乳液中，并加热至 75℃，制得水相。将油相原料在 75℃熔化混合，并将水相加入油相中，进行乳化分散，降温加香精即可。

3. 睫毛液

睫毛液通常具有抗水性，目前流行的有两类，一类是将极细的颜料通过表面活性剂分散于蓖麻油中；另一类是利用胶体的黏性使颜料悬浮在液体当中，所用胶体材料包括虫胶、聚乙烯醇等。表面活性剂主要是非离子型的，如吐温、司盘系列和单硬脂酸甘油酯等。

睫毛液配方示例 1 见表 11-15 所列。

表 11-15　睫毛液配方示例 1

原料成分	质量分数/%	原料成分	质量分数/%
蓖麻油	86.0	单硬脂酸缩水山梨酸酯	3.8
尼泊金丙酯	0.2	炭黑	10.0

配方要点：将所有成分混合后，经胶体磨研磨使炭黑分散于液体中。

睫毛液配方示例 2 见表 11-16 所列。

表 11-16　睫毛液配方示例 2

原料成分	质量分数/%	原料成分	质量分数/%
聚丙烯酸	0.5	聚乙烯醇	5.0
三乙醇胺	0.5	甘油	4.0
炭黑染色的尼龙纤维	0.2	防腐剂	0.1
去离子水	加至 100.0		

配制要点：将聚乙烯醇、甘油和水混合溶解，加入颜料搅拌均匀，用胶体磨研磨，加入聚丙烯酸混合均匀，用三乙醇胺中和，搅拌混合均匀即可。

三、眼线制品

眼线制品是一种眼睑用美容化妆品，用作在眼皮上下睫毛根部用沾有化妆品的细笔由眼角向眼尾描画出细线。描涂眼线后，使眼睛轮廓扩大，清晰、层次分明，能加深眼睛给人的印象，显得有神，加强眼影效果。眼线制品主要有以下两种。

1. 眼线笔

是由各种油、脂、蜡加上颜料配制而成，经研磨压条制成笔芯，黏合在木杆中，使用时用刀片将笔头削尖。由于它使用于眼睛的周围，因此要求有一定的柔软性，且不受汗液和泪水影响而化开，使眼圈发黑。其硬度由加入蜡的量和熔点来调节。

眼线笔配方示例见表 11-17 所列。

表 11-17　眼线笔配方示例

原料成分	质量分数/%	原料成分	质量分数/%
地蜡	15.0	三山嵛酸甘油酯	10.5
氢化蓖麻油	10.0	聚乙二醇二硬脂酸酯	5.0
三异辛酸甘油酯	10.0	色素	49.5

配制要点：将油脂、蜡等混合熔化，加入色素，混合均匀，注入模型，制成笔芯。

2. 眼线液

眼线液一般灌装于玻璃瓶内，瓶盖附有笔型小毛刷，取出瓶盖，笔毛即沾上了眼线液，即可描画。眼线液除黑色外，也有灰色、棕色、紫色等。常用的眼线液主要有薄膜型和乳剂型。薄膜型眼线液的成膜剂，多采用纤维素衍生物如甲基纤维素、羟乙基纤维素等天然高分子化合物，以及水溶性的聚乙烯醇（PVA）等合成高分子化合物，还常以乙醇为溶剂，使成膜快速干燥。

眼线液配方示例见表 11-18 所列。

表 11-18 眼线液配方示例

原料成分	质量分数/%	原料成分	质量分数/%
PVA	6.0	丙二醇	5.0
肉豆蔻酸异丙酯	1.0	着色剂	7.0
吐温-60	0.4	防腐剂、香精	适量
羊毛脂	0.6	去离子水	加至 100.0

配制要点：先用热水将 PVA 溶开至完全呈透明的黏液；另将着色剂、丙二醇、吐温-60 及肉豆蔻酸异丙酯混合研磨、捏合呈均匀软膏体，加热至 50℃，加入羊毛脂搅拌，加入防腐剂及 PVA 液，混合均匀呈黏稠液体，在 30℃时加入香精即可。

四、眉笔

眉笔是用来描眉用的化妆品，可使眉毛颜色增浓，与脸型、眼睛协调一致，以便改善容貌。眉笔是由油脂和蜡加上炭黑制成细长的圆条，有铅笔式和推管式两种。其色彩除黑色外，还有棕褐色、茶色、暗灰色等。对眉笔的质量要求：软硬适度，描画容易，色泽自然、均匀，稳定性好，不出汗、不碎裂，对皮肤无刺激，安全性好。

1. 铅笔式眉笔

外观与铅笔完全相同，将笔尖削尖，露出笔芯即可使用。其主要原料有石蜡、蜂蜡、地蜡、矿脂、巴西棕榈蜡、羊毛脂、颜料等。配方示例见表 11-19 所列。

表 11-19 铅笔式眉笔配方示例

原料成分	质量分数/%	原料成分	质量分数/%
石蜡	30.0	羊毛脂	8.0
蜂蜡	20.0	鲸蜡醇	6.0
巴西棕榈蜡	5.0	颜料(炭黑)	10.0
矿脂	21.0		

配制要点：将全部油脂和蜡类混合熔化后，加入颜料，搅拌数小时，倒入盘内冷凝，切成薄片，经研磨机研压两次，最后将均匀混合颜料的蜡块在压条机内压注出来。开始压出时笔芯较软，放置一段时间后逐渐变硬，笔芯制成后黏合在两块半圆形木条中间即可。

2. 推管式眉笔

其笔芯是裸露的，直径约为 3mm，装在可任意推动的容器中，将笔芯推出即可使用。其主要原料有石蜡、蜂蜡、虫蜡、白油、凡士林、羊毛脂和颜料等。配方示例见表 11-20 所列。

配制要点：将颜料和适量的矿脂及白油等研磨成均匀的颜料浆，再将剩余的油脂、蜡加

表 11-20　推管式眉笔配方示例

原料成分	质量分数/%	原料成分	质量分数/%
石蜡	30.0	矿脂	12.0
蜂蜡	16.0	羊毛脂	10.0
虫蜡	13.0	颜料	12.0
白油	7.0		

热熔化，并将颜料浆混入已熔化好的油脂和蜡类料液中，充分搅拌均匀，浇入模子中，制成笔芯即可。

第四节　指甲用化妆品

指甲用化妆品是通过对指甲的修饰、涂布来美化、保护指甲，包括指甲油、指甲白、指甲抛光剂、指甲油去除剂和指甲保养剂等，其中使用最多的是指甲油和指甲油去除剂。

一、指甲油

指甲油是涂于指甲上增加其美观的化妆品。指甲油涂于指甲表面上能形成一层牢固、耐摩擦的薄膜，起到保护、美化指甲的作用。指甲油的质量要求是：易涂，干燥成膜快，形成的膜均匀、无气泡；颜色均匀一致，色调正，光亮度高；薄膜牢固、耐磨，不易破裂和剥落；易于用指甲油去除剂去除；对指甲无损害、无毒性。

1. 指甲油的配方组成

构成指甲油配方的原料主要有：成膜剂、树脂、增塑剂、溶剂是、着色剂、悬浮剂等。

(1) 成膜剂　成膜剂是指甲油的基本原料，在涂布后形成薄膜。常用硝酸纤维素，俗称硝化棉，是软毛状白色纤维物质。不同规格的硝酸纤维素对指甲油的性能会产生不同的影响，适合于指甲油的是含氮量为11.2%～12.8%的硝酸纤维素。硝酸纤维素在成膜的硬度、附着力、耐摩擦等方面都显得较为优良，缺点是易收缩变脆，光泽较差，附着力还不够强，因此需加入树脂以改善光泽和附着力，加入增塑剂增加韧性和减少收缩。另外，硝酸纤维素属易燃危险品，储运时常以酒精润湿（用量为30%），在储存、运输和使用时应严格按要求操作，远离火源。

(2) 树脂　是为加强指甲油所形成的膜与指甲表面的附着力而添加的成分，也称为胶黏剂，是指甲油不可缺少的组分。同时，树脂的加入有时还可增强膜的光泽性。一般使用合成树脂，如醇酸树脂、氨基树脂、丙烯酸树脂、聚乙酸乙烯酯、对甲苯磺酰胺甲醛树脂等。其中对甲苯磺酰胺甲醛树脂对膜的厚度、光亮度、流动性、附着力和抗水性等均有较好的效果。

(3) 增塑剂　是为了增加硝化棉薄膜的柔韧性和减少收缩而加入的物质，可使涂膜柔软、持久、减少膜层的收缩和开裂现象。增塑剂不仅可以改变膜的性质，还可增加成膜的光泽，但含量过高会影响成膜附着力。选择增塑剂时要考虑其与成膜物、树脂等的互溶性以及挥发性和毒性等。用于指甲油中的增塑剂有磷酸三甲苯酯、苯甲酸苄酯、磷酸三丁酯、柠檬酸三乙酯、邻苯二甲酸二辛酯、樟脑和蓖麻油等，常用的是邻苯二甲酸酯类。

(4) 溶剂　是指甲油的主要成分，在配方中约占70%～80%。其作用主要是溶解成膜物、树脂和增塑剂，并调整体系的黏度使之适合使用。溶剂为挥发性物质，其挥发速度会影响干燥速度、制品的流动性以及膜的光泽、平滑性等。常用混合溶剂，其中又分为真溶剂、助溶剂和稀释剂。

① 真溶剂　是真正具有溶解能力的物质，利用它可溶解成膜物等，并赋予体系一定的黏度、快干性和流动性。常用丙酮、丁酮、乙酸乙酯、乙酸丁酯、乳酸乙酯等。

② 助溶剂　主要是醇类，它本身不具有溶解成膜物的能力但可协助真溶剂溶解成膜物，并改善制品的黏度和流动性。常用乙醇、丁醇等。

③ 稀释剂　与真溶剂配合使用会增大树脂的溶解能力，并能调节产品的使用性能，可适当降低产品成本。常用甲苯、二甲苯等。

（5）着色剂　着色剂即色素，能赋予指甲油以鲜艳的色彩，且起不透明的作用。指甲油所用的着色剂主要为一些不溶性的颜料和有机色淀（可溶性染料会使指甲和皮肤染色），以赋予不透明的色调。还常添加二氧化钛增加乳白感，添加珠光颜料增强光泽。

（6）悬浮剂　为避免着色剂沉淀，常加入少量的悬浮剂。常用高分子胶质物质。

2. 指甲油的典型配方与生产工艺

指甲油配方示例见表 11-21 所列。

表 11-21　指甲油配方示例

原料成分	质量分数/%	原料成分	质量分数/%
硝化纤维素	15.0	己酸丁酯	14.0
丙烯酸树脂	9.0	丁醇	6.0
柠檬酸乙酰三丁酯	5.0	甲苯	31.0
乙酸乙酯	20.0	色素	适量

配制要点：将硝化纤维素用丁醇、甲苯润湿。将丙烯酸树脂、柠檬酸乙酰三丁酯、乙酸乙酯、己酸丁酯，混合溶解，加入硝化纤维素混合物，搅拌使其完全溶解，加入色素继续搅拌使之溶解，混合均匀。将硝化纤维素混合物抽入板框式压滤机中，进行过滤，去除杂物后，静置储存灌装。生产工艺流程如图 11-3 所示。

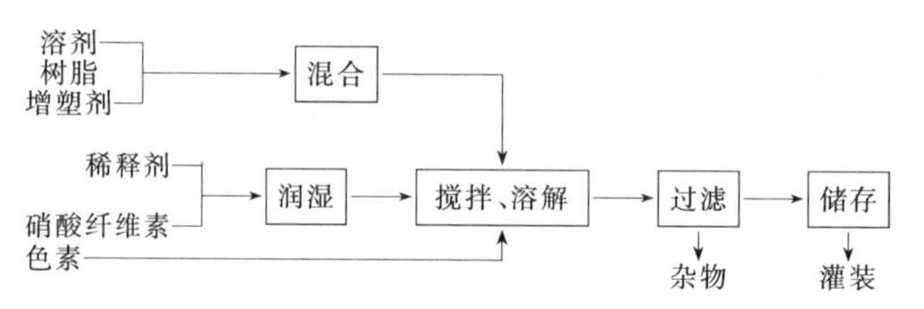

图 11-3　指甲油生产工艺流程

3. 指甲油质量问题和控制方法

（1）黏度不适当，过厚或太薄　各类溶剂配比失当，引起硝酸纤维素黏度变化；此外，硝酸纤维素含氧量增加，黏度也增加，但放置时间长久后，黏度会减小，这就引起指甲油黏度的变化。

控制方法：改变配方中各类溶剂的比例，使保持适当的平衡，使混合溶剂在挥发过程中也保持一定的平衡。每批硝酸纤维素均须根据不同质量调节配方。

（2）黏着力差　涂指甲油时，事先未清洗指甲，上面留有油污或配方不够合理。

控制方法：产品说明写清每次涂用指甲油前应清洗指甲。调节配方，使硝化纤维与适当的树脂配合，成膜后可增加黏着力。

（3）光亮度差　指甲油黏度太大，流动性差，涂抹的不均匀，表面不平，光泽就差了；黏度太低，造成颜料沉淀，色泽不均匀，涂膜太薄，光泽也差。树脂与硝酸纤维素配合不当，也影响亮度。颜料不细也可使光亮度差。

控制方法：前两个问题解决了，光亮度也就提高了。仔细研磨，粉碎珠光剂和颜料，以增加光泽。

二、指甲油去除剂

是用来去除涂在指甲上的指甲油膜的专用剂，即指甲油的卸妆品，与指甲油配套使用。其主要成分是溶解硝酸纤维素和树脂的混合溶剂，为了减少溶剂对指甲的脱脂而引起的干燥感觉，常添加少量的油、脂、蜡及保湿成分等。

指甲油去除剂配方示例见表 11-22 所列。

表 11-22　指甲油去除剂配方示例

原料成分	质量分数/%	原料成分	质量分数/%
羊毛脂油	0.5	乙醇	10.0
乙酸丁酯	43.0	香精	适量
丙酮	43.0	去离子水	3.5

配制要点：将羊毛脂油加入到乙酸乙酯或丙酮中，在搅拌下添加乙醇和去离子水，搅拌均匀即可。

小　　结

1. 美容化妆品指用来美化、修饰面部、眼部、唇部及指甲等部位的化妆品。美容化妆品的作用是掩盖缺陷、赋予色彩或增加立体感，美化容貌。

2. 胭脂是由颜料、粉料、黏合剂、香精、防腐剂、抗氧剂等原料混合制成的。胭脂的配方原料大致和香粉相同，只是色料用量比香粉多，香精用量比香粉少。

3. 唇膏的主要原料是色素和油、脂、蜡，再加入香精、防腐剂和抗氧剂混合而成的。唇膏有3种类型：即原色唇膏、变色唇膏和无色唇膏。原色唇膏中的色素是色淀和溴酸红染料的混合物；变色唇膏内只用溴酸红染料；无色唇膏则不加色素。

4. 粉质眼影块的原料和胭脂基本相同，主要有滑石粉、硬脂酸锌、高岭土、碳酸钙、无机颜料、珠光颜料、防腐剂、黏合剂等。制备方法也与胭脂类似。

5. 指甲油主要是由成膜剂、树脂、增塑剂、溶剂是、着色剂、悬浮剂等构成的。

思考题

1. 构成胭脂的原料是哪些成分？与香粉配方有何不同？试找一配方举例分析。
2. 唇膏是由哪些成分构成的？简述原色唇膏的生产过程。
3. 用于唇膏中的色素有哪些种类？各有何特点？
4. 指甲油是由哪些原料构成的，各原料的作用如何？
5. 试简述指甲油的生产过程。

第十二章　口腔卫生用品

学习目标及要求：

1. 能叙述口腔卫生用品的种类及常见牙膏的种类。
2. 能准确叙述牙膏的配方组成，并能分析给定的牙膏配方。
3. 能区分普通牙膏配方和透明牙膏配方。
4. 在牙膏的各类原料中，每类能熟记至少一种原料，并能叙述其特点。
5. 理解牙膏的两种常用生产工艺过程，并能利用它写出制备牙膏的方案。
6. 通过完成实训项目，在教师的指导下，能初步设计牙膏配方，制订工作方案。
7. 在教师的指导下，按给定生产任务，能严格按操作规程制备合格产品。
8. 初步会辨别牙膏的质量问题。

口腔卫生用品主要包括牙膏、牙粉、牙片、漱口水和爽口液。借助于它们的作用能除掉牙齿表面的食物碎屑，清洁口腔和牙齿，防龋消炎，祛除口臭，并且使口腔留有清爽舒适的感觉。其中以洁齿为主要目的的牙膏，已成为必不可少的日常卫生用品。许多高档次、多功能的牙膏不断推出，使牙膏的品种日益增多，成为深受广大消费者喜爱的产品。

第一节　牙　　膏

牙膏属于洁齿制品中的一种，它的主要作用是借助牙刷的机械摩擦作用清洁牙齿表面，功能有：清除或控制牙菌斑，保持口腔健康状态；清除牙齿表面获得性牙菌膜；口腔保健（如预防龋病、牙周疾病、坚固牙釉等），使口腔气味清新宜人。

一、牙膏概述

1. 牙膏的发展

人类很早就认识到了洁齿的重要性，并逐步发明和采用牙粉、漱口水等牙齿清洁剂，但作为目前产量最大、使用最为普遍的软管牙膏，是1893年才由维也纳人塞格发明的。由于牙膏使用方便、清洁卫生，自问世以来就深受人们喜爱，因此发展极为迅速。

牙膏起初是采用肥皂作为洗涤发泡剂，它除了具有洗涤和发泡作用外，还通过加入黏合剂使牙膏具有润滑作用，同时赋予牙膏可塑性，可挤出光滑细致的细条。但由于肥皂溶液的形态受温度变化较大；同时肥皂碱性较高（pH值需控制在9～10之间），会刺激口腔黏膜；肥皂本身的不舒适气味和口味也难以改善。

20世纪40年代，开始发展洗涤型牙膏，配方中使用摩擦剂、保湿剂、增稠剂和表面活性剂等。具代表性的是以十二醇硫酸钠为表面活性剂，以磷酸氢钙为摩擦剂的配方。

我国1926年在上海首先开始生产牙膏（三星牌），1978年全国已淘汰了肥皂型牙膏，20世纪80年代后不但发展了洗涤型牙膏，还开发了药物牙膏。

2. 牙膏的定义及性能

根据我国有关牙膏的国家标准（GB 8372—2008），牙膏是由摩擦剂、保湿剂、增稠剂、发泡剂、芳香剂、水和其他添加剂（含用于改善口腔健康状况的功效成分）混合组成的膏状物质。

根据牙膏的定义，牙膏应该符合以下各项要求：

① 能够去除牙齿表面的薄膜和菌斑而不损伤牙釉质和牙本质；

② 具有良好的清洁口腔作用；

③ 无毒性，对口腔黏膜无刺激；

④ 有舒适的香味和口味，使用后有凉爽清新的感觉；

⑤ 易于使用，挤出时成均匀、光亮、柔软的条状物；

⑥ 易于从口腔中和牙齿、牙刷上清洗；

⑦ 具有良好的化学和物理稳定性，仓储期内保证各项指标符合标准要求；

⑧ 具有合理的性价比。

3. 牙膏的分类

牙膏的分类方法很多。

按中国牙膏国家标准，可分为普通牙膏和含氟牙膏两种。

按功能与成分划分，中国市场的牙膏一般被分为清洁型牙膏、药物型牙膏、含氟牙膏、生物牙膏 4 种；国际市场的牙膏一般被分为新感觉牙膏、美白牙膏、天然牙膏、多合一牙膏 4 类。

按使用对象牙膏可划分为成人牙膏、儿童牙膏、老年牙膏、吸烟者牙膏。

按使用时间牙膏可划分为早用牙膏、晚用牙膏。

按包装容器牙膏可划分铝管牙膏、塑料管牙膏、复合管牙膏、泵式牙膏、挂壁式牙膏、牙刷式牙膏等。

按形态牙膏可划分为白色牙膏、透明牙膏、彩条牙膏、半透明牙膏、颗粒牙膏。

按市场价格牙膏可划分为大众牙膏、中档牙膏、高档牙膏。

按规格牙膏可划分为旅游牙膏（16g 以下）、小规格牙膏（20～90g）、中规格牙膏（100～150g）、大规格牙膏（160g 以上）。

二、牙膏的组成

牙膏膏体是一种具有复杂成分且均匀分布的高分子悬浮体，一般由摩擦剂、发泡剂、增稠剂、保湿剂、香精、甜味剂、防腐剂、活性添加剂、缓蚀剂、色素等成分构成。

1. 摩擦剂

摩擦剂是牙膏的主体原料，在配方中占 20%～50%。作用是协助牙刷去除污屑和粘附物，以防止形成牙垢。要求其硬度、颗粒大小和形状要适宜，如果粉质太软或颗粒太小，则摩擦力太弱，起不到净牙作用；如果粉质太硬或颗粒太大，则摩擦力强，对牙齿有磨损。一般要求颗粒直径在 5～20μm 之间；莫氏硬度在 2～3 之间；粒子的结晶需避开容易损伤牙齿的针状及棒状等不规则晶形，而选用规则晶形及表面较平的颗粒。一般是粉状固体，颗粒和质地适中，不损伤牙釉质和牙本质。可作为牙膏磨擦剂的原料包括：碳酸钙、二水合磷酸氢钙、无水磷酸氢钙、磷酸三钙、焦磷酸钙、不溶性偏磷酸钠、氢氧化铝、二氧化硅、铝硅酸钠、热塑性树脂（如聚甲基丙烯酸甲酯、聚乙烯等）。

2. 发泡剂

发泡剂为表面活性剂，是膏体的必备成分之一，一般用量为 2%～3%。其作用是增加泡沫力和去污作用，同时使牙膏在口中迅速扩散，可渗透、疏松牙齿表面的污垢和食物残渣，使之被丰富的泡沫乳化而悬浮，在漱口时被冲洗除去，从而达到清洁牙齿和口腔的目的。可作为牙膏发泡剂的原料有：十二醇硫酸钠、*N*-十二酰甲胺乙酸钠、椰子酸单甘油酯磺酸钠、2-醋酸基十二烷基磺酸钠、1,2-醋酸基十四烷基磺酸钠、1-鲸蜡基三甲基氯化铵、二异丁苯氧乙基二甲基溴化铵等。其中最常用的是十二醇硫酸钠。

十二醇硫酸钠又称月桂醇硫酸钠、十二烷基硫酸钠、K_{12}或发泡剂 AS。其泡沫丰富且稳定，去污力强，碱性较低，对口腔黏膜刺激性小。

3. 增稠剂

在牙膏中所占比例不大，一般在 1%～2%之间，它能使牙膏具有一定的稠度，构成牙膏骨架，使牙膏易从牙膏管中挤出成型，并赋予膏体细致光泽，在储存和使用期间不分离出水。在配方中用量一般为 1%～2%。常用的增稠剂有海藻酸钠、羧甲基纤维素钠、羟乙基纤维素、鹿角菜胶、硅酸铝镁、胶性二氧化硅。最常用的是羧甲基纤维素钠。

羧甲基纤维素钠（CMC）是一种纤维素醚，由碱性纤维素和一氯乙酸钠反应而成。是白色纤维状或颗粒状粉末，无臭、无味、有吸湿性，其吸湿性随羟基取代度而异。易溶于水及碱性溶液形成透明黏胶体。其水溶液的黏度随 pH 值、取代度、温度的不同而异，用于牙膏的 CMC，通常取代度在 0.8～1.2 之间，2%水溶液的黏度在 0.6～1.2Pa・s 之间。CMC 在水中实际上不是溶解而是解聚，即聚合分子的解聚。CMC 遇水后首先以粉末状态悬浮于水中，然后在水中膨胀达到最高黏度，最后完成解聚而黏度稍有下降。低取代度的 CMC，由于羧甲基分子不均匀而不能完成解聚，黏度虽然较高，但黏液粗糙有时显出游离纤维素，制成的膏体不够细腻、光亮。CMC 的解聚是一个比较缓慢的过程，由 CMC 制成的牙膏，其黏度在储存期间由于 CMC 进一步解聚而继续增高。一般在 20～25℃条件下，储存 2～4 个星期才达到最高黏度。

4. 保湿剂

保湿剂的主要作用是当牙膏暴露在空气时，能保持水分使牙膏不会干燥发硬和防止牙膏管口开启时受到阻塞。另一重要作用是降低牙膏的冰点，防止牙膏在低温时冰冻。保湿剂在不透明牙膏中的用量为 20%～30%，在透明牙膏中用量可高达 75%。常用的保湿剂有甘油、山梨醇、丙二醇、聚乙二醇。

5. 香精

在牙膏中加入香精可掩盖膏体中的不良气味，并使人感到清凉爽口，气味芳香，同时具有一定的防腐杀菌作用。用量为 1%～2%。常用香型有留兰香型、薄荷香型、果香型、茴香型以及冬青香型。

6. 甜味剂

在牙膏中加入甜味剂可使膏体具有甜味，以掩盖香精、摩擦剂等的不良口味。一般用量为 0.05%～0.25%。常用的甜味剂有蔗糖、糖精、甜蜜素、缩二氨酸钠等。也有的牙膏配方中加入咸味剂，作用是一样的，常用的牙膏咸味剂为普通食盐、海盐、湖盐。

7. 防腐剂

为防止膏体发酵或腐败，常在牙膏配方中加入防腐剂。用量为 0.05%～0.5%。常用尼泊金酯类、苯甲酸钠、山梨酸等。

8. 缓蚀剂

缓蚀剂起着抑制和减少软管内壁的腐蚀作用。目前国内牙膏中的缓蚀剂是水玻璃。利用水玻璃作缓蚀剂的道理是：它能在铅锡管和铝管内壁表面形成硅酸盐或二氧化硅凝胶薄膜，使膏体与软管隔离。达到保护软管不受侵蚀的作用。但由于硅酸盐和二氧化硅凝胶分布不均匀，铝管的穿孔问题仍不能很好解决。国内有的工厂采用软管内壁喷涂一层酚醛树脂薄膜也是为了使软管与膏体分离，达到缓蚀作用。

9. 活性添加剂

活性添加剂是疗效性牙膏的必备成分，使牙膏在具有基本的清洁、卫生功能以外，还具有辅助治疗、美白、营养作用。其基本要求为：对人体安全；有科学的作用机理；通过有效的临床验证。随着科学技术的发展，可作为牙膏活性添加剂的原料不断被发现或发明出来，可谓品种繁多、层出不穷。目前常用的有：氟化物、中草药、化学抗菌剂、化学脱敏剂、化学美白剂、有机聚合物、维生素、氨基酸、多肽、生物酶等。

(1) 氟化物 氟化物用于防龋牙膏中，它可降低釉质在酸中的溶解度、促进受损釉质再矿化，同时氟化物还有抑菌作用，故可预防龋齿。常用氟化物有氟化钠、氟化亚锡、单氟磷酸钠、氟化锶等。其中氟化亚锡、单氟磷酸钠用得最多。

(2) 氯化锶 氯化锶具有抗酸、脱敏、防龋作用。故氯化锶加到牙膏中可降低牙膏硬组织的渗透性，提高牙齿组织的缓冲作用，增强牙龈、牙周组织对毒性、冷、热、酸、甜等刺激的抵抗能力，达到脱敏的效果。

其他常用的脱敏剂还有柠檬酸、尿素、氯化钠、甲醛、硝酸钾等。

10. 色素

色素主要用于有色牙膏和彩条牙膏之中，使膏体具有鲜亮的色彩，要求符合食品卫生标准并不影响牙膏的稳定性，彩条牙膏中所使用的色素还必须具有优良的抗扩散性能，作为牙膏色素的原料也有很多，大致分为天然色素（如叶绿素）和化学合成色素（如食品红、食品绿、食品黄），使用时可以是一种，也可以是多种调合。

另外，水是牙膏的主要原料之一，要求使用去离子水或蒸馏水。

三、牙膏的配方

1. 不透明牙膏

(1) 普通牙膏 普通牙膏是指不加任何药效成分的产品，其主要作用是清洁口腔和牙齿，预防牙结石的沉积和龋齿的发生，保持牙齿的洁白和健康，并赋予口腔清爽之感。但由于其防治牙病的能力较差，正逐渐被越来越多的药物牙膏所替代。

普通牙膏配方示例见表 12-1 所列。

表 12-1 普通牙膏配方示例

组 分	质量分数/%	组 分	质量分数/%
磷酸氢钙	48.0	糖精	0.25
甘油	28.0	香精	1.2
羧甲基纤维素钠	1.2	去离子水	17.85
月桂醇硫酸钠	3.5	防腐剂	适量

(2) 药物牙膏 是为了防止和治疗口腔疾病而在膏体中加入各种不同化学药剂和中草药而制成的。在药物牙膏中，又可分为防龋牙膏、防牙结石牙膏、脱敏牙膏和防治其他疾病的牙膏。

含氟牙膏配方示例见表 12-2 所列。

表 12-2 含氟牙膏配方示例

组 分	质量分数/%	组 分	质量分数/%
焦磷酸钙	48.0	焦磷酸亚锡	2.5
甘油	25.0	糖精	0.2
海藻酸钠	1.5	香精	1.0
十二醇硫酸钠	1.5	防腐剂	适量
单月桂酸甘油酯硫酸钠	1.0	去离子水	18.8
氟化亚锡	0.5		

牙齿上菌斑的主要组分是葡聚糖，故在牙膏中加入葡聚糖分解酶可以控制菌斑；蛋白酶不仅能除掉牙齿表面的蛋白污垢，而且也是良好的消炎剂，对龋齿和牙周病有预防作用，对牙龈炎和牙周出血有治疗作用，并能有效地去除牙齿表面的烟渍。

加酶牙膏配方示例见表 12-3 所列。

表 12-3 加酶牙膏配方示例

组分	质量分数/%		组分	质量分数/%	
	1	2		1	2
磷酸氢钙	50.0		N-月桂酰肌氨酸钠	5.0	
氢氧化铝		40.0	α-磺基肉豆蔻酸乙酯钠盐		2.0
二氧化硅		3.0	月桂醇硫酸钠	0.5	
甘油	25.0		糖精	0.35	0.2
山梨醇(70%)		26.0	香精	1.3	1.0
丙二醇		3.0	去离子水	16.95	23.6
海藻酸钠	0.9	1.0	蛋白酶(单位/每克膏体)	1500.0～2000.0	
明胶		0.2	葡聚糖酶(单位/每克膏体)		2000.0

脱敏牙膏配方示例见表 12-4 所列。

表 12-4 脱敏牙膏配方示例

组分	质量分数/%	组分	质量分数/%
氢氧化铝	50.0	甲醛	0.2
甘油	15.0	糖精	0.3
羧甲基纤维素钠	1.5	香精	1.2
月桂醇硫酸钠	1.5	防腐剂	适量
$SrCl_2 \cdot 6H_2O$	0.3	去离子水	30.0

2. 透明牙膏

含摩擦剂的透明牙膏是 20 世纪 60 年代后发展起来的。为使牙膏透明，要求用作牙膏的摩擦剂的折射率和液体成分的折射率相一致。透明牙膏所用的摩擦剂有无定形 SiO_2、氯化钙、硅酸铝钠和硅酸铝钙等，液体部分常用甘油、山梨醇和水，通过调节三者之间的比例，使之与摩擦剂的折射率一致，即可制成透明牙膏。

透明牙膏配方示例见表 12-5 所列。

表 12-5 透明牙膏配方示例

组分	质量分数/%	组分	质量分数/%
二氧化硅	25.0	糖精	0.2
山梨醇(70%)	30.0	香精	1.0
甘油	25.0	去离子水	16.3
羧甲基纤维素钠	0.5	防腐剂	适量
月桂醇硫酸钠	2.0		

配方说明：因十二醇硫酸钠的溶解性较差，在透明牙膏配方中用量较少，以免使膏体透明度下降。

四、牙膏的生产工艺

牙膏是一种复杂的混合物，它是一种将粉质摩擦剂分散于胶性凝胶中的悬浮体。因此，制造稳定优质的膏体，除选用合格的原料、设计合理的配方外，制膏工艺及制膏设备也是极为重要的条件。目前常用制膏的生产工艺有两种。

1. 常压法制膏工艺

我国牙膏行业多年来主要采用常压法制膏工艺，由制胶、捏合、研磨、真空脱气等工序组成。其工艺流程如图 12-1 所示。

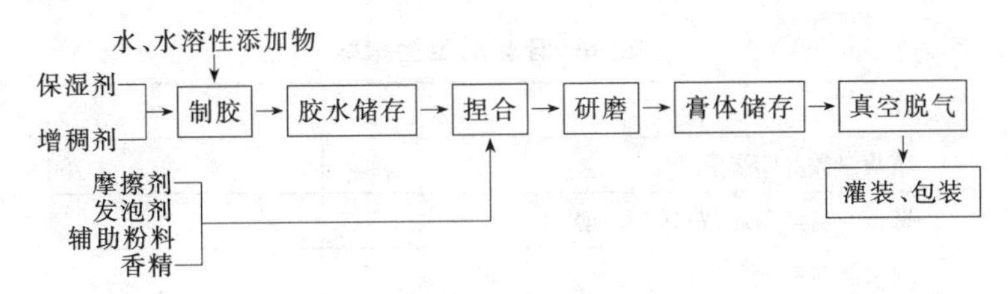

图 12-1 常压法制膏工艺流程示意

(1) 制胶 先将保湿剂、增稠剂吸入制胶锅中，利用黏合剂在保湿剂中的分散性，打胶水底子，然后在高速搅拌下加入水、糖精及其他水溶性添加物（如使用液状发泡剂也在此时加入），黏合剂遇水迅速溶胀成为胶体，继续搅拌，待胶水均匀、透明无粉粒为止，打入胶水储存锅，使其充分溶化、膨胀，得到均匀透明的胶水备用。

(2) 捏合 将胶水打入捏合机中，加入摩擦剂、粉状洗涤发泡剂和香精等，拌和均匀。制成具有一定黏性、稀稠适当的膏体。

(3) 研磨 捏合后的膏体，由齿轮泵或往复泵输送至研磨机中进行研磨，在机械的剪切力作用下，使胶体或粉料的聚集团进一步均质分散，使膏体中的各种微粒达到均匀分布。经捏合、研磨后的膏体，存在较多的气泡，膏体松软。研磨后的膏体打入暂储罐储存陈化，可使小气泡上升变为大气泡，同时也使粉料进一步均化，黏度增大，触变性增强。研磨设备可用胶体磨或三辊研磨机。

(4) 真空脱气 如前所述，经机械作用的膏体，会有大量气泡，膏体疏松不成条。为改善膏体的成形情况，必须采用真空脱气法除去膏体中的气泡。可用真空脱气釜和离心脱气机。脱气后的膏体进行密度测试，合格后即认为脱气完成。此时膏体光亮细腻，成条性好。

(5) 灌装及包装 牙膏的灌装封尾由自动灌装机完成，可根据不同规格和要求，调节灌装量。铝管冷轧封尾。灌装封尾后的牙膏，由人工或自动包装机进行包装。

常压制膏工艺设备简单，每台设备功能单一，操作易于进行。但工序多，相互之间受制约，多次陈化储存延长了生产周期，使生产效率降低，调换品种也会受到限制。

2. 真空法制膏工艺

真空法制膏工艺的主要设备是多效制膏釜，它可将常压法制膏工艺中的四种设备（即制胶、捏合、研磨、脱气）集成一体，同一台设备内既有慢速锚式刮壁搅拌器和快速旋浆式（或涡轮式）搅拌器，又有竖式胶体磨（或均质器），且整个操作在真空条件下进行。详见本书第五章第四节的真空乳化搅拌机。

先将甘油吸入制膏釜内，然后加入增稠剂，利用快速搅拌使其均匀分散。水和水溶性添加物在预混釜中混合均匀后加入制膏釜中，搅拌发成胶水后再进粉料，同时停止快速搅拌，开启慢速搅拌和胶体磨，其他小配料（香精、添加剂等）由活动接口加入。膏料制成后再送入储膏罐备用，使物料自然冷却至常温，同时使物料充分膨胀形成均相的黏合体，提高物料的弹性，在制膏过程中，因捏合、研磨过程会摩擦放热，故在夏季需用夹套冷却水控制温度不大于 45℃。

五、牙膏的质量指标

根据 GB 8372—2008（牙膏）的要求，牙膏的产品质量应符合以下要求。

1. 牙膏的卫生指标

见表 12-6 所列。

表 12-6 牙膏的卫生指标

项目			要求
微生物指标	菌落总数/(CFU/g)	≤	500
	霉菌与酵母菌总数/(CFU/g)	≤	100
	粪大肠菌群/g		不得检出
	铜绿假单胞菌/g		不得检出
	金黄色葡萄球菌/g		不得检出
有毒物质限量	铅(Pb)含量/(mg/kg)	≤	15
	砷(As)含量/(mg/kg)	≤	5

2. 感官、理化指标

见表 12-7 所列。

表 12-7 感官、理化指标

项目		要求
感官指标	膏体	均匀、无异物
理化指标	pH 值	5.5～10.0
	稳定性	膏体不溢出管口，不分离出液体，香味色泽正常
	过硬颗粒	玻片无划痕
	可溶氟或游离氟量(下限仅适用于含氟防龋牙膏)/%	0.05～0.15(适用于含氟牙膏) 0.05～0.11(适用于儿童牙膏)
	总氟量(下限仅适用于含氟防龋牙膏)/%	0.05～0.15(适用于含氟牙膏) 0.05～0.11(适用于儿童牙膏)

第二节 其他口腔卫生用品

一、牙粉

牙粉的功能与牙膏基本相同，它的成分也各牙膏相似，只是省略了液体成分。牙粉一般由摩擦剂、洗涤发泡剂、黏合剂、甜味剂、香精和某些特殊用途添加剂（如氟化钠、叶绿素、尿素和各种杀菌剂等）组成。

牙粉配方示例见表 12-8 所列。

表 12-8 牙粉配方示例

组分	质量分数/%	组分	质量分数/%
碳酸钙	60.3	CMC	0.5
氢氧化镁	25.0	糖精	0.2
碳酸镁	10.0	香精	2.0
十二醇硫酸钠	2.0		

牙粉的生产比较简单，配方中小料（如糖精等）可和部分大料（如碳酸钙等摩擦剂）预先混合，再加入其他的大料中，然后在具有带式搅拌桨的拌粉机内进行混合拌料。香精可在拌粉过程中喷入，也可先和部分摩擦剂混合过筛后加入，最后将混合好的牙粉再经一次过筛，即可进行包装。

二、漱口剂

漱口剂也称口腔清洁剂，简称漱口水。漱口水的特点是漱洗方便，不需要用牙刷配合就可以达到清洁口腔的目的。其主要作用是去除口臭和预防龋齿；杀菌、除去腐败、发酵的食物碎屑。

漱口剂是由杀菌剂、保湿剂、表面活性剂、香精、防腐剂、酒精等组成。

杀菌剂主要是阳离子表面活性剂，如氯化十二烷·三甲基铵、氯化十六烷基·三甲基铵、十六烷基·三甲吡啶鎓等，还有硼酸、安息香酸、薄荷等。

表面活性剂除了上述阳离子表面活性剂外，还有非离子表面活性剂（如吐温类）、阴离子表面活性剂（如月桂醇硫酸钠），以及两性离子表面活性剂。表面活性剂除了可增溶香精外，还有起泡和清除食物碎屑的作用。

保湿剂主要起缓和刺激的作用，另外还有增稠、增加甜味的作用。一般用量为5%～20%，用量过多有利于细菌的生长。常用甘油、山梨醇等多元醇。

乙醇和水是组成漱口剂的主要溶液部分，乙醇除了有溶剂作用外，还有杀菌、防腐的作用。一般用量为10%～50%，当香精用量增加时，酒精的用量也应多些，以增加香精的溶解性。

香精在漱口剂中具有重要作用，它使漱口剂具有令人愉快的气味，漱口后在口腔内留有芳香，掩抑口腔内的不良气味，给人清新、爽快的感觉。常用冬青油、薄荷油、黄樟油、茴香油等，用量为0.5%～2%。

此外，还需加入适量的甜味剂，如糖精、葡萄糖、果糖等，用量为0.05%～2.0%。

漱口与水剂类化妆品的生产过程一致，包括混合、陈化和过滤。配制成的含漱水应有足够的陈化时间，以使不溶物全部沉淀。溶液最好冷却至5℃以下，然后在这一温度下过滤，以保证产品在使用过程中不出现沉淀现象。

漱口剂配方见表12-9所列。

表12-9 漱口剂配方

组分	功能	质量分数/%	
		1	2
十六烷基吡啶氯化铵	杀菌剂	0.1	
月桂酰甲胺乙酸钠	杀菌剂		1.0
聚氧乙烯失水山梨醇单硬脂酸酯	发泡增溶剂	0.3	
聚氧乙烯失水山梨醇单月桂酸酯	发泡增溶剂		1.0
甘油	保湿剂		13.0
山梨醇(70%)	保湿剂	20.0	
柠檬酸	缓冲剂	0.1	
醋酸钠	缓冲剂		2.0
薄荷油	矫味剂	0.1	0.3
肉桂油	矫味剂	0.05	
乙醇	溶剂	10.0	18.0
蒸馏水	溶剂	69.35	63.9
香精	赋香	适量	0.8
色素	赋色	适量	适量

配制方法：将增溶剂、矫味剂、香精等加入乙醇中搅拌溶解，另将杀菌剂、缓冲剂等加入水中搅拌溶解，将水溶液加入乙醇溶液中混合，并加入色素混合均匀，陈化、冷却（5℃），然后过滤即可。

实训项目 8　牙膏的制备

说明：

1. 牙膏的制备可采用常压法、真空法。根据本校设备条件来定，在设备比较缺乏的情况下也可使用高速搅拌分散机和玻璃容器来完成。

2. 建议 8 人为一大组，每一大组分 4 小组，2 人为一小组。

3. 建议完成本实训项目需要 12 课时。

一、认识牙膏的实验室制备过程，明确学习任务

1. 学习目的

通过观看牙膏的制备过程视频，初步了解牙膏生产的方法、工艺过程、所用原料的特点。清楚本实训项目要完成的学习任务（即按照给定原料设计牙膏配方、制定牙膏制备的详细过程、制备出合格的牙膏膏体）

2. 要解决的问题

（1）对膏体制备过程的必要记录。

（2）生产牙膏所用原料的外观；对原料质量要求；原料在配方中的作用。

请完成下表：

原料名称	原料外观描述(颜色、气味、状态)	原料作用	加料时注意事项
碳酸钙			
磷酸氢钙			
氢氧化铝			
月桂醇硫酸钠			
CMC			
海藻酸钠			
甘油			
山梨醇			
薄荷香精			
留兰香精			
糖精			
尼泊金甲、丙酯			
去离子水			

二、分析学习任务，收集信息，解决疑问

1. 学习目的

通过查找文献信息，认识牙膏的配方组成、常用原料、生产方法、步骤、工艺条件等。

2. 学习资料

(1) 本书第十二章的相关内容。

(2) 设计牙膏配方应注意的问题：

在确定牙膏配方时，除了考虑各组分在清洁牙齿、口腔的功能外，还须考虑它们对膏体的稳定性和流变性的影响。特别是摩擦剂、增稠剂、保湿剂、香精、水分这几种组分相互之间的比例，若稍有变化就会对稳定性和流变性带来很大的影响。

① 增稠剂配成的亲水胶体的黏度较高时，摩擦剂粉料的需要量就较少，否则膏体太稠厚，反之，如果是低黏度的亲水胶体，则需投入较多的摩擦剂粉料。

② 甘油、山梨醇等保湿剂属非水溶液，用量要适当，如果甘油的浓度过高，CMC 等亲水溶胶将受影响，轻则溶胶的黏度下降，重则发生沉淀。所以必须控制好水分和非水溶液的比例。

③ 脂肪醇硫酸盐等离子型表面活性剂也能使亲水溶胶的黏度下降，这类表面活性剂在牙膏中的用量不宜过多，以适当的发泡量为宜。

(3) 普通牙膏的配比

牙膏配方中各种组分的用量可在一定范围内变动，以求各种作用相互平衡，最终达到较满意的效果。一般牙膏的配比：摩擦剂（20%～50%）；保湿剂（20%～30%）；增稠剂（1%～2%）；表面活性剂（1%～3%）；甜味剂（0.05%～0.25%）；防腐剂（0.05%～0.5%）；添加剂（0.1%～2%）；香精（1%～2%）；水（余量）。

3. 要解决的问题

(1) 牙膏的配方组成中一般包括哪些部分？各部分所占百分比是多少？

(2) 牙膏配方中对摩擦剂有何要求？常用的摩擦剂有哪些物质？并详细叙述其中 3 种的性质、来源、特点。

(3) 增稠剂在牙膏配方中有何作用？常用哪些物质？并详细叙述其中一种的特点。

(4) 试绘出常压法和真空法制膏体工艺流程，并比较两者的异同。

（5）熟悉牙膏的感官指标、理化指标、卫生指标。

（6）确定制备牙膏的实验配方。（建议每大组制定4个相近配方，分别由每个小组去完成实验；若4个小组使用相同的配方，则可在实验步骤或工艺上做出不同调整，以便于找出影响牙膏质量的因素。）

（7）简要说明所选原料的性质、特点。

（8）制定实验步骤。

三、确定制备牙膏的工作方案

1. 学习目的

通过实验结果调整牙膏的配方及制备步骤、工艺条件等，并制定出制备牙膏的工作方案。

2. 学习资料

（1）牙膏生产中应注意的问题

① 加料次序对产品质量的影响　甘油吸水性很强，能从空气中吸收水分，因此当CMC在甘油中分散均匀后应立即溶解于配方规定的全部水（或水溶液）中，以避免因放置时间过长、吸潮而变浓甚至结块。十二醇硫酸钠一般在捏合时加入粉剂较为合适，并能减少制胶过程中产生大量泡沫。此外，CMC是高分子化合物，溶液具有高黏度，不易扩散，所以胶基发好后必须存放一定时间。

② 离浆现象和解决办法　离浆现象即牙膏生产中常见的脱壳现象。即由于胶团之间的相互吸力和结合的增强，逐渐将牙膏胶体网状结构中的包覆水排挤出膏体外，使膏体微微分出水分，失去与牙膏管壁或生产设备壁面的黏附现象（即称脱壳现象）。如根据黏合剂的黏

度调整其用量，降低胶团在膏体中的浓度，缓和胶团间的凝结能力或适当加大粉料用量，利用粉料的骨架作用，都可减缓离浆现象的发生。

③ 解胶现象和解决办法　解胶现象是由于化学反应或酶的作用，使膏体全部失掉增稠剂，固、液相之间严重分离，不仅将包覆水排除在膏体外，就连牢固地结合水也将被分离出来，使胶团解体，胶液变为无黏度的水溶液，粉料因无支撑物而沉淀分离。这种不正常的解胶现象无论发生的急缓，其后果均严重影响牙膏的质量。为尽量避免解胶现象的发生，当发现亲水胶体浓度增加时，粉质摩擦剂的用量就必须减少；亲水胶体的黏度越高，粉料的需要量则越少；甘油用量增加时，水分应该减少并增添稳定剂，甘油浓度过高会引起亲水胶体水溶液的黏度显著下降。因此，在牙膏生产中应根据每批原料的性能及其相互间的关系适当进行配方和操作的调整，以保证制膏的正常生产。

④ 物料之间的配伍性　在制膏过程中，除了考虑物料的扩散性外，还必须考虑物料之间的相互作用。如氯化锶是脱敏型药物牙膏的常用药，它与十二醇硫酸钠易起反应，生成十二醇硫酸锶和硫酸锶白色沉淀，从而使泡沫完全消失。又如加酶牙膏中不宜用 CMC 作增稠剂，因酶会破坏 CMC 胶体。故在配方设计时，就应避免这类现象发生。

⑤ 膏体的触变性　牙膏膏体是以增稠剂与水组成的网状结构为主体，结合、吸附和包覆了其他溶液，悬浮体、乳状体、气泡等微粒而组成，具有典型的胶体特征。胶体的网状结构对膏体的稳定是关键。影响网状结构的主要原料是增稠剂，由于增稠剂分子定向的特征(即双亲性质)，亲水基都伸入水中，形成结合水层，胶团的性质变化与结合水层有关。当增稠剂、水溶液、粉料配比适当时，即出现胶体特有的触变性。触变性是由胶体的结构黏度而来，结构黏度的结构网在加压或加热时被破坏，黏度下降；但静止一段时间或温度下降后，结构网又复原，黏度恢复正常，这就是膏体的触变性。触变性是正常膏体的特征，一旦牙膏膏体失去了触变性，就标志着膏体将要分离出水而变稠。在生产过程中，必须留意观察膏体受一定限度外力影响时，它的弹性、黏度和可塑性等的变化。只要注意每一工序膏体的触变现象，就可判断膏体的质量并做必要的预防。研磨完毕的膏体静置数分钟后，由于受研磨的影响而软化的膏料又转变为凝胶，这时如果用手指在膏体表面划 0.5～1cm 的槽，该槽若在适当的时间内保持其形状不变，表明膏体正常。太稀薄无弹性的膏体没有正常的触变现象，静置后不会成凝胶状态，以手指在表面划槽会立即被浸没。如果触变现象正常，膏体的凝胶成形是没有困难的。

（2）各种所用设备的操作说明书。

3. 要解决的问题

（1）按设计的实验配方进行实验，并做好实验记录（步骤、工艺条件等）。

（2）评价实验产品：描述膏体外观，测定其 pH 值。

（3）在老师的指导下，根据实验结果调整配方或制备步骤、工艺条件（建议把四个小组的实验结果列表对比，同时还可参考其他组的实验结果）。

（4）按调整的配方、实验步骤再次实验，同样根据实验结果调整配方或制备步骤、工艺条件。

（5）在老师的指导下，按制备3kg（按本校设备生产能力下限而定）牙膏的任务，制定出详细的操作规程。

四、按既定方案制备牙膏

1. 学习目的

掌握牙膏的制备方法，验证方案的可靠性。

2. 要解决的问题

（1）按照既定方案，组长做好分工，确定组员的工作任务，要确保组员清楚自己的工作任务（做什么，如何做，其目的和重要性是什么），同时要考虑紧急事故的处理。

操作步骤	操作者	协助者

（2）填写操作记录

① 称料记录

序号	原料名称	理论质量/g	实际称料质量/g
1			
2			
3			
4			
5			
6			
7			
8			
9			
10			
合计：　g			

② 操作记录

产品名称：　　　　产品质量：　kg　操作者：　　　　生产日期：

序号	时间(__点__分)	温度/℃	搅拌速度/(r/min)	压力/MPa	操作内容
1					
2					
3					
4					
5					
6					
7					

五、产品质量的评价及完成任务情况总结

1. 学习目的

通过对产品质量的对比评价，总结本组及个人完成工作任务的情况，明确收获与不足。

2. 要解决的问题

(1) 产品质量评价表

指标名称		检验结果描述
感官指标	膏体外观	
理化指标	pH 值	
	稳定性	

(2) 完成评价表格

序号	项　目	学习任务的完成情况	签　名
1	实训报告的填写情况		
2	独立完成的任务		
3	小组合作完成的任务		
4	教师指导下完成的任务		
5	是否达到了学习目标，特别是能否正确进行牙膏生产和初步设计配方		
6	存在的问题及建议		

小　结

1. 常用的口腔卫生用品有牙膏、牙粉、漱口剂等，其中牙膏是应用最广、最普及的口腔卫生用品。

2. 牙膏是由摩擦剂、保湿剂、增稠剂、发泡剂、芳香剂、水和其他添加剂（含用于改善口腔健康状况的功效成分）混合组成的膏状物质。

3. 普通牙膏的配比一般为：摩擦剂（20%～50%）；保湿剂（20%～30%）；增稠剂（1%～2%）；表面活性剂（1%～3%）；甜味剂（0.05%～0.25%）；防腐剂（0.05%～0.5%）；添加剂（0.1%～2%）；香精（1%～2%）；水（余量）。

4. 透明牙膏的配比一般为：摩擦剂（10%～20%）；保湿剂（50%～75%）；增稠剂（0.2%～1%）；表面活性剂（1%～2%）；甜味剂（0.1～0.5%）；防腐剂（0.1%～0.5%）；添加剂（1%～2%）；香精（1%～2%）；水（余量）。

5. 在牙膏配方中加入活性添加剂可使牙膏具有一定的疗效，使牙膏在具有基本的清洁、卫生功能以外，还具有辅助治疗、美白、营养作用。目前常用的有：氟化物、中草药、化学抗菌剂、化学脱敏剂、化学美白剂、有机聚合物、维生素、氨基酸、多肽、生物酶等。

6. 制造牙膏的膏体，就是将按配方比例的各种原料，经过一定的操作过程，使其相混合而成为柔软的半固体膏状，国内目前常用的方法有两种：常压法制膏工艺和真空法制膏工艺。

思考题

1. 优良的牙膏应该满足哪些要求？
2. 牙膏是由哪些组分构成的？常用哪些物质？各组分有何作用？（建议用表格表述）
3. 目前国内生产牙膏的方法有哪两种？并作简要的描述。
4. 调查周围同学所用牙膏的品牌、种类、香型及对产品的评价。
5. 根据实训项目的完成情况，小结在设计牙膏配方及制备牙膏中应注意的问题。
6. 仿照实训过程，设计一种透明牙膏配方。

参 考 文 献

[1] 董银卯．化妆品配方工艺手册．北京：化学工业出版社，2005.
[2] 王培义．化妆品——原理·配方·生产工艺．北京：化学工业出版社，2006.
[3] 李明阳．化妆品化学．北京：科学出版社，2002.
[4] 唐冬雁，刘本才．化妆品配方设计与制备工艺．北京：化学工业出版社，2003.
[5] 董银卯．化妆品．北京：中国石化出版社，2000.
[6] 裘炳毅．化妆品化学与工艺技术大全．北京：中国轻工业出版社，1997.
[7] 周波．表面活性剂．北京：化学工业出版社，2006.
[8]《化妆品生产工艺》编写组．化妆品生产工艺．北京：中国轻工业出版社，1995.
[9] 龚盛昭．化妆品与洗涤用品生产技术．广州：华南理工大学出版社，2002.
[10] 钟振声，章莉娟．表面活性剂在化妆品中的应用．北京：化学工业出版社，2003.
[11] 徐宝财．日用化学品——性能 制备 配方．北京：化学工业出版社，2002.
[12] 张友兰．有机精细化学品合成及应用实验．北京：化学工业出版社，2005.
[13] 宋启煌．精细化工工艺学．北京：化学工业出版社，2004.
[14] 谢明勇．王远兴．日用化学品实用生产技术与配方．南昌：江西科学技术出版社，2002.
[15] 肖进新，赵振国．表面活性剂应用原理．北京：化学工业出版社，2003.
[16] 闫鹏飞，郝文辉，高婷．精细化学品化学．北京：化学工业出版社，2004.
[17] 录华．精细化工概论．北京：化学工业出版社，1999.
[18] 徐燕莉．表面活性剂的功能．北京：化学工业出版社，2000.
[19] 章苏宁．化妆品工艺学．北京：中国轻工业出版社，2007.
[20] 刘 玮．皮肤科学与化妆品功效评价．北京：化学工业出版社，2005.
[21] 刘华钢．中药化妆品学．北京：中国中医药出版社，2006.
[22] 方波．日用化工工艺学．北京：化学工业出版社，2008.
[23] 杜克生，张庆海，黄涛．化工生产综合实习．北京：化学工业出版社，2007.
[24] 梁亮．精细化工配方原理与剖析．北京：化学工业出版社，2007.
[25] 中国轻工业联合会综合业务部．中国轻工业标准汇编，化妆品卷．第 3 版．北京：中国标准出版社，2007.
[26] 李东光．实用化妆品生产技术手册．北京：化学工业出版社，2001.
[27] 邱轶兵．试验设计与数据处理．合肥：中国科学技术大学出版社，2008.
[28] 陈魁．试验设计与分析．第 2 版．北京：清华大学出版社，2005.
[29] 韩长日，宋小平．化妆品制造技术．北京：科学技术文献出版社，2008.
[30] 颜红侠．日用化学品制造原理与技术．北京：化学工业出版社，2004.
[31] 刘德峥．精细化工生产工艺学．北京：化学工业出版社，2006.
[32] 童琍琍，冯兰宾．化妆品工艺学．北京：中国轻工业出版社，2002.